普通高等教育“十三五”规划教材

环境系统分析

宁平　孙鬲　编著

化学工业出版社

·北京·

本书共分为6章，概述了系统分析的原理与方法，详细论述了环境系统的模型化与最优化，并探讨了环境系统规划与环境系统决策的基本方法。书中列人了较多的算例，每一章都附有习题与思考题，具有较强的知识性和参考价值。

本书可作为高等学校环境科学与工程及相关专业的本科生、研究生教材，也可作为从事环境规划、评价、设计等领域的技术人员、科研人员和管理人员的参考用书。

图书在版编目（CIP）数据

环境系统分析/宁平，孙鬲编著. —北京：化学工业出版社，2017.12

普通高等教育“十三五”规划教材

ISBN 978-7-122-30832-0

Ⅰ.①环… Ⅱ.①宁… ②孙… Ⅲ.①环境系统-系统分析 Ⅳ.①X21

中国版本图书馆CIP数据核字（2017）第255951号

责任编辑：满悦芝　　文字编辑：孙凤英

责任校对：边　涛　　装帧设计：张　辉

出版发行：化学工业出版社（北京市东城区青年湖南街13号　邮政编码100011）

印　　装：三河市双峰印刷装订有限公司

787mm×1092mm　1/16　印张10½　字数249千字　2018年3月北京第1版第1次印刷

购书咨询：010-64518888（传真：010-64519686）　售后服务：010-64518899

网　　址：http://www.cip.com.cn

凡购买本书，如有缺损质量问题，本社销售中心负责调换。

定　　价：35.00元

前 言

环境科学是一门高度综合的学科。可以说，在原理上只要涉及生态的演化、物质的迁移、气候的变迁等内容，并在方法和技术上与环境改善、污染治理等有关的内容皆可以被纳入环境科学范畴。原理和方法的综合和交叉是环境科学的一大特征。而且多学科的交叉和相互渗透，也使得其子学科——环境工程学变得复杂。

要想在这样一个内涵丰富的学科领域处理科学上或者工程上的具体问题，除了需要根据现实情况正确选择和利用不同门类学科的知识，有时还必须综合地给出一套不同于以往的解决方案。这意味着，人们不仅首先要精通具体学科的原理和方法，还需要具备系统综合和分析的能力。比如说，生态学、流体力学、化学、化工原理等的具体科学在环境科学以及环境工程学中的地位突出，其原理是形成某些治理具体环境污染问题的科学方法论基础，甚至某种程度上这些具体科学已经成为了环境科学或环境工程学分析问题和解决问题的主要支撑；但是，很多时候利用其中单一学科或单一原理其实并不能完全支配某些复杂环境问题，不仅如此，很多环境污染问题或者与此相关的各种现实问题，又与社会科学或经济学之间并非没有现实牵连；所以，在处理环境问题时，我们常常需要更多学科的“会诊”，完成针对问题本身的系统架构，有时为了解决复杂的、综合的环境问题，甚至需要重新建立理论框架——以问题为导向寻找或重新排列矛盾的先后顺序、整理知识脉络。这表明，在环境科学或工程学领域，学科的综合和交叉对研究者提出了更高的要求，也突出了“系统观”和“系统论”的重要性。

如果仅在概念上、观点上强调系统观不免有些空洞，现实工作中完成“系统论”并不容易，不仅要求人们了解具体学科，而且“系统观”还应是一种以问题为导向的综合视角。在面对多学科因素共同影响的复杂问题时，为了分析问题和解决问题需要人们剔除次要因素，在多学科中筛选决定性原理，并找到学科之间关键的相互联系。有时，人们还需要建立不同以往的知识框架，并与同类问题之前的某些解决方案有所差异，甚至与某一门现成的具体科学本身的固有知识体系有所差异。

这里说“系统观”是处理复杂交叉学科的具体应用问题的一种先进的思想方法，然而，“系统”应该如何协同？既然环境问题牵扯各种原理和知识，而为了解决复杂问题本身，不论是在知识或信息层面上（需要综合各种信息，形成全新的知识地图），还是在现实层面上，都应找到冗杂关系中的突出矛盾，归纳支配原理。而这，没有数学工具和分析手段则无法做到精致和精准。

随着计算机科学的发展，数学的应用范围逐渐扩大。数学能够在机理上给出事物变化发展特征量的关键描述，其建立于人们对事物的深刻认识的基础之上。随着很多领域具体科学步入成熟，以及数学本身和计算机技术的发展，数学的方法被越来越多地应用于各种现代科学的应用领域。

从应用的角度上讲，这里强调“数学模型”而非数学科学本身。“数学模型”的一大优势在于其灵活性，特别适用于具体问题具体分析，针对不同的系统内涵和目标可以建立不同的模型。“数学模型”是追求与现实关系原理上相似的知识产品。其不仅已经出现于各种具体先验唯物科学当中，对于新的复杂问题和复杂研究对象，同样需要用量化的手段描述其中已有的关键特征和关系并组织成为人们能够把握的知识产品，而出现在各种规划应用领域。数学模型能够帮助人们对复杂问题建立正确的协同观念，帮助人们进行完整的系统分析。“模型的方法”是“系统观”的基本方法论手段，也是近代交叉科学的关键认识工具。

本书强调“系统观”和“模型方法”的融合，也强调了在处理综合的环境科学应用问题的同时不能脱离于具体科学。

本书共分 6 章。与其他环境类的书籍略有不同，它并不是按照大气、水环境和固体废物的类别划分章节的，为突出模型方法灵活性，本书主要按照环境科学中模型应用的类别划分章节。内容主要涵盖“模型模拟”和“模型优化”，部分章节涉及“模型预报”。这样与众不同的安排，并非为标新立异，而是希望这样能够更好地成为环境科学同类书籍的参照，帮助读者在这个较为开放的应用领域全面了解模型化的方法。除了第 1 章为绪论以外，其余各章分为以下两大部分。

第一部分包括第 2 章到第 4 章，重点讲述物质的迁移、转化规律，主要涉及流体力学和水环境、大气环境系统模型，基本立足于具体学科。模型属于从具体学科中总结出来的机理模型。突出各类变化和传递现象中的质量、能量和动量守恒律。第 4 章把三维扩散方程的有限差分方法单独拿出来介绍，独立成章，分门别类便于有需要的读者学习和查阅。第 4 章中所介绍的常微分方程的求解方法可用于解第 2 章中的箱式模型。其中第 4 章中的对流方程的改进差分方法是全新内容。

第 5 章和第 6 章为第二部分，主要内容是环境规划（优化）。所涉及模型属于规划模型。这与之前部分所主要介绍的机理模型不同。本书机理模型主要立足于质量、能量和动量守恒律。规划模型求解的是在一定客观条件限制下，达到合理目标下人的（环境）干预对策的最优化。第 5 章把数学规划的理论和方法单独整理，作为基础内容独立成章，以便读者学习和使用时查找。第 6 章收集了 6 个环境规划（优化）的例子，内容涉及颗粒物的粒径分布问题、风机微选址问题、轨道交通运力优化问题、大气污染物的统计预报问题、海水入侵问题等多方面。第 6 章大部分内容属于原创性工作。第 6 章与其说是有体系的完备理论，不如说是为不同综合系统问题设计解决方案的一部记录，但又尽可能充分地给出相关具体科学领域的理论或方法，或者相关指引和标注，意在形成一些原理性的沉淀。其实全书也具有这样的特点。

应该强调，环境科学的优化不同于经济优化。环境优化需要全面考虑环境与经济的综合效益。在环境科学中，应该摒弃仅单方面追求经济利益的目标设定、建立模型，而应平衡人为活动对环境的影响，寻求最优结果或“效用最大化”。

不可避免地，本书内容涉及环境科学和应用数学两个体系。第 4 章和第 5 章为本书另一个体系内容，属于环境系统模型需要使用到的应用数学知识和理论。第 4 章归属于计算数学（数值方法）分支，第 5 章归属于最优化理论分支。当中出现的定理证明仅就数学命题而言，而现实问题的建模依据于现实规律，因此两者理论框架属于不同体系。

在环境类书籍中对数学基础理论相关部分的编辑是个难点：其一不能回避，其二不能过深。如果本书回避基础数学理论，让本书仅成为环境科学常用模型的罗列，则不能从根本上满足读者和建模工作者使用的要求，也不能让读者学得求解模型的一般方法。但是如论述不到位，或者将此部分内容穿插到其他章节并仅有所提及，必使读者不能深入理解；数学和其他具体科学有不同的说明和论述规范，不恰当地穿插更容易造成逻辑上的混乱。作为一本学科交叉明显的书籍，本书将建立模型和求解模型分开编写，将具体应用和基础数学内容分开，各自说明论述，恰恰便于不同学科背景读者的阅读理解和查阅使用。而且，书中已有的模型例子毕竟有限，如遇新问题，读者可以查阅此两章节的数学方法推广应用。

本书可作为环境科学和环境工程学专业“环境科学系统与模型”“环境系统分析”或者“环境模拟”的高年级本科生或研究生课程教材，也可以作为数学建模和相关领域的参考用书。书中“*”所标注的部分难度较大，可作为选学内容。

在这里要衷心地感谢北京大学运筹学专家王其文教授对本书第 5 章提出的修改意见。王教授宝贵并且细致的工作让此部分论述更加严谨。还要衷心地感谢上海交大学数值计算方面的专家严波副教授对本书第 4 章提出的专业修改意见。

编著者才疏学浅，错漏在所难免，望读者多多批评指正！

编著者

2017 年 11 月

目　录

第1章　绪　　论

1.1　环境科学是多原理综合学科

传统的具体学科，例如化学、力学、光学和电学等，具有明确甚至单一的一类研究对象，因此也相对容易找到某一个具体原理为该学科的核心。比如说，化学以分子的组成为研究对象，以热力学定律、质量守恒定律为基本的原理；力学以物体的运动为研究对象，以牛顿运动定律和动量守恒定律为原理；遗传学则以基因和分子为研究对象等。但是环境科学往往并不集中于某一研究对象，而是将与环境或环境保护相关的一切问题作为研究对象。

与其他各种具体学科不同，环境科学是多对象、多原理学科。环境科学研究所涉及的内容丰富，涉及的学科背景知识庞多；环境科学视野开阔，体系庞杂。其并不仅针对某一个单一的研究对象而设立。因而按照传统的学科分类，将环境科学划归为一种学科不免有些牵强。首先，环境科学是学科交叉融合发展的产物，也是近现代环境污染问题日益尖锐的产物。比如，环境科学既可以包括具体污染治理的化工技术和方法，也可以包括宽泛行政和政策研究。可以说，所谓“环境科学”的概念指的是现代学科的一种应用领域和发展方向，而非某一个传统的或是古典学科的分类。其次，在具体学科范畴，诸如环境应用的化学问题、环境应用的物理问题以及经济学问题，在各类具体科学的应用领域方兴未艾，却也可以被很自然地纳入环境科学范畴。所以从另一个角度上讲，环境科学也是传统科学应用渗透和迁移的方向。因此，如果一定要将环境科学定义为一门学科的话，这必然是个学科综合以及技术融合的复杂的体系，而在其应用领域结合了多学科理论内容和技术方法，是个多对象多原理的学科。

所以对于环境科学，很难直接找到某一个单一的原理被广泛公认地称为所谓“环境科学基本原理”。这意味着，既然环境科学是多对象学科，关于它的研究内容和研究方法不能一概而论，而应将复杂环境问题分解为多个问题，并牵扯于不同具体科学，利用具体科学各自原理有重点地分别解决，最后可以在系统框架下协调综合。比如说，物理学当中的“守恒律”原理被广泛应用于诸如湖泊等相对封闭体系的物质迁移、转化规律的量化研究；生态学的“多样性”原理在环境科学其他领域有所应用。“最大熵”原理最早产生于信息学，其所揭示的“最大复杂度”原理与“多样性”原理不约而同地一致，而成为环境科学中某些领域的量化原理。经济学当中的最大效益或最小代价原理同样适用于环境规划问题，所不同的是，环境规划问题除了需要考虑经济利益，同时需要重点兼顾环境效益。这些原理，对于不同具体问题，各自体现某些环境问题的主要方面。

文献《环境学原理》[1]强调了“环境多样性原理”“人与环境和谐原理”“规律规则原理”和“五律协同原理”，并将这四方面归纳为“环境科学的四个基本原理”。具体地讲，“规律规则原理”的提法旨在重申人的行为应当与所干预对象的具体规律一致，承认环境科学多对象、多原理的客观性；但其对所谓“规律”“规则”的论述有待明晰和深入。而其所谓“五律”是指：自然规律、技术规律、经济规律、社会规律和环境规律，是使用系统的思维方式对复杂问题的一种概念性的粗略探讨。“环境多样性原理”来自生态学具体科学。只有“人与环境和谐原理”最终体现了环境科学的导向问题。

虽然环境科学包括多原理、多对象，然而这并不是说环境科学的研究缺乏导向，没有从旨；而这里首先应承认一个环境科学的基本原理，以便以此把握各种具体学科的相关科学原理。环境科学的导向必定是有益于环境保护、防止与防治环境污染和恶化的，因而名之为“人与环境和谐原理”。本书以此为环境科学基本原理。

在环境和谐导向意义下，如何估计和评价人对各种具体科学理论以及相关技术方法或者技术产品的使用对环境造成不同可能影响的问题，应是环境科学研究行为首先要做出的技术判断问题。如何避免、缓解以及改善各类环境恶化问题是环境科学方法论的关键性问题。

环境科学不讲系统观和模型论，以上两类问题难以回答。

1.2 系统和系统化

1.2.1 系统的含义

关于系统的定义并不唯一，现有选择性地列举几个系统的定义。

前苏联出版的《苏联大百科全书》中，“系统”一词的解释是由相互联系、彼此相关的构成一定的整体、统一体的因素的集合。

在《韦氏大辞典》(Webster 大辞典）中，“系统”一词的涵义是有组织的或被组织化的整体；由有规则的相互作用、相互依存的形式组成的诸要素集合。

前苏联哲学家列·尼·苏沃洛夫认为系统是某种统一的和整体的共同性，它具有其存在的某些内在规律。系统是由存在于某些关系中的大量要素构成的。他还说：每一系统都是更高层次的系统的要素，它的要素又是低层次的系统。

我国科学家钱学森在 1978 年提出：我们把极其复杂的研究对象称为系统，即相互作用和相互依赖的若干组成部分合成的具有特定功能的有机整体，而且这个系统本身又是它从属的一个更大系统的组成部分。

我国 1987 年出版的《中国大百科全书-哲学卷》关于系统一词的释意是：系统(System）是由元素组成的有机整体。

不论“系统”如何定义，从概念上讲“系统”无非是“元素”和“关系”。更深层次上讲，一个系统还应包含“三个特征”。

这三个特征是：其一，系统和元素的相对性。系统由元素所组成，系统可以分解为各元素。复杂系统由一系列子系统构成，子系统是大系统的元素，子系统内部同样保持系统与元素的相对性。其二，元素间的相互关系。系统的元素之间存在相互影响或反馈机制，或者相互转化的可能性，这种元素间的关系网是组织并使其成为系统的依据之一，或定义系统的依据之一。其三，系统的层次性。大系统可划分为子系统，相对地讲子系统是大系统的元素；并且子系统内部包含了组成子系统的各元素。此为两层系统，如有必要，系统可以分更多层次。系统的层次性体现在：子系统元素不能直接影响整体大系统，其必须通过影响子系统，而间接影响整体。

1.2.2 复杂问题的有限系统化

除了需要在概念上给出单个既成系统所具备的特征描述，这里还应说明定义系统的依据。

首先，本书强调有限范围内的系统定义。也就是一个系统的定义必须被限制在一个范围内，而不能无限扩大系统的外延。这里说有限范围内定义系统，并非否认“系统”具有“开放性”，也就是并不否认研究对象本身是处于更大的关系范畴内部。有限范围内定义系统是突出研究对象本身，强调研究对象的主要特征，将其他较弱的关系或影响放在次要的地位。

不容否认，对于同一个或一组研究对象，仍然存在不同的系统定义方式。所以不论人们以何种方式界定系统，定义系统或划定系统范围，很大程度上取决于研究对象对人们的功用或价值。或者说，人们是在某种功能或价值意义下组织（单个或多个）研究对象建立系统框架的。这里强调，组织研究对象而建立有限系统是基于研究对象对人或现实社会的价值功用。所以系统的定义方式并不是僵化的。因此，系统以及系统中的元素的定义和划分不能排除人的主观因素和意图，以及复杂对象对于人的意义。这就是这单个有限系统的功能或功用属性。

1.2.3 系统工程与系统间工程

定义系统，应该有限地将研究对象放在人的活动或社会活动能够把控的范畴。所以才可以进一步讨论“系统工程”的概念。

“系统工程”（System Engineering）与“系统间工程”（Systems Engineering）的意义并不完全等同。系统工程是指在既已定义的可人为支配的系统的框架范围内，以系统功用最优化的目标支配并调整系统各要素之间的关系，而达到或趋近最优化的目的。系统间工程是指如何调整并协同不同系统之间的关系，实现整体目标的优化。

后者强调不同系统的协同，而前者突出整体视角下单个系统内部的优化。实际上，仅从概念上讲，如果把多个系统组织成一个更为庞大的系统，则对这个庞大的系统进行系统工程，也就是系统间工程了。之所以要区分两种概念，是因为社会劳动和分工的复杂现实，要求人们不仅首先需要从科学研究的角度看待复杂问题，还需要进一步在社会劳动的协同中优化各种关系。

1.2.4 环境科学问题的系统化

本来，从整体上说环境就是一个系统。环境中各种物质存在相互联系和作用，从范围上讲其可以是全球性的也可是局部范围的；在时间上有其演化发展的历史，或者在小的时间尺度上存在一定周期性的变化规律。而且从环境要素的特征和细节上，以及从演化的机理和趋势上，无不体现着环境要素之间的复杂联系。

但是，环境要素的联系表现出相对性，要素间的相互影响和作用在一定范围内是有限的。这为人们有限划分系统提供了便利，也给研究者以不同角度认识复杂事物提供了切入点。

基于环境科学多对象和多原理的特征，主张针对具体问题具体分析，将环境类问题细化和分化归并于不同具体科学中处理，同时，详细考虑不同对象或类别之间的相互影响和牵连，建立系统框架和知识体系。

而利用整体和联系的观点审视复杂环境问题，以现实功用和对象属性定义系统，可以把复杂事物不同侧面的特征突出体现，则能发挥系统观点的优势。

这些就是环境科学问题或研究对象的系统化。在学科交叉中，利用系统科学研究的观点和方法展开环境科学的研究，是环境科学发展的一个方向。

1.3 环境类问题的系统特点

1.3.1 系统的元素和元素的特征

环境科学的研究对象常常非常复杂，必须以系统化的思想去认识，将对象在一定的框架下分解和综合，在系统内部应以研究对象的特征定义元素。

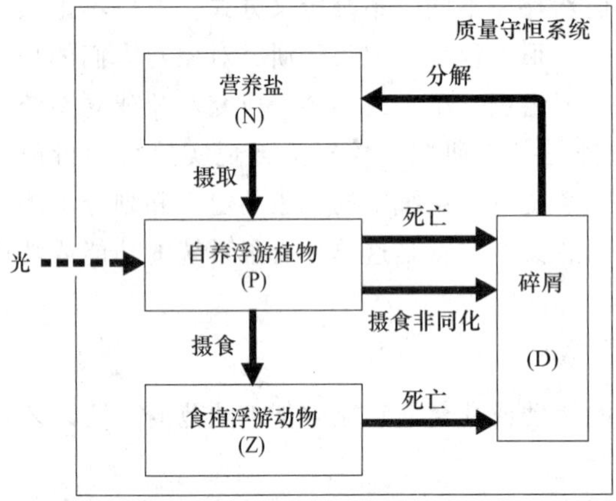

图 1.1 海洋底层生态系统 NPZD 关系模型物质转化示意图

比如说浅海生态系统，为了研究简便，著名的 NPZD 浅海生态模型把生态系统中诸多物种归类为 4 个大类，它们是：营养盐（Nutritive Salt）、自养浮游植物（Phytoplankton）、食植浮游动物（Zooplankton）以及碎屑（Debris），如图 1.1 所示。当然也可以各个物种自成一类，独立研究。而浅海生态系统中物种数量十分繁多，可想而知这样做则会将问题复杂化，同时相对弱化物种类别之间的关系。

“元素”和“关系”构成了“系统”。对研究体系“元素”和“关系”的归纳都必须建立于研究对象或物质的功能或特征这些属性上。NPZD 浅海生态系统中，四类物质营养盐、自养浮游植物、食植浮游动物以及碎屑各扮演浅海生态系统的一种“元素”，取而代之以具体生物为繁复的划分。而划分这些类别的标准，在于其在浅海生态系统物质循环和能量循环过程中所表现出的功能或功用。这种功能上的差异即为“特征”。具体地讲，元素间关系能够成立的核心在于抓住了物种是否能够通过利用光源合成有机物质而维持生命这一特征。NPZD 系统模型则清晰地表达出了物质之间物质和能量转化和走向。因此所谓“特征”即是划分系统元素建立元素关系的切入点，系统框架或模型建立的关键。

1.3.2 系统的层次

元素间关系的间接性，以及系统和元素的相对性决定了系统具有层次性。有时一个系统比较复杂，元素本身还可以继续再被进行细化，将第一层元素再次划分为由若干子元素所组成的子系统。子系统和大系统之间处于两个层次。存在子系统的大系统具备系统的层次。子系统内部元素之间存在关系，各个子系统在大系统内部彼此存在关系，由于关系的间接性，不同层次子系统可以被定义。这可以拿微生物工艺系统说明[2]。

一般认为，微生物生长和微生物产品的生产系统结构具备四个层次。其从低到高依次是：分子水平层次、单细胞层次、种群层次和生物反应器层次，最后由生物反应器组成系统整体，如图 1.2 所示。

首先生化工艺系统是整个生产的宏观系统，各个反应器是生化工艺系统的子系统，此为 0 层系统。而各个反应器本身是复杂的生化系统，为第一层子系统。其由微生物种群体系构成。微生物种群之间以竞争、捕食、共生等生物间关系组成此第二层次子系统，当中各微生物种群为第二层次子系统的子系统。微生物种群是第三层子系统，其由细胞为子系统构成。细胞之间由微生物代谢、物质交换建立联系，此为第四层系统结构。更进一步，在分子化学角度上观察第四层系统的子系统。有机物质与无机物质为系统元素，其间通过生物化学反应建立元素间联系。如有必要，出于细致研究无机物质之间化学反应的考虑，还可以将无机物质体系作为最底层微观系统。

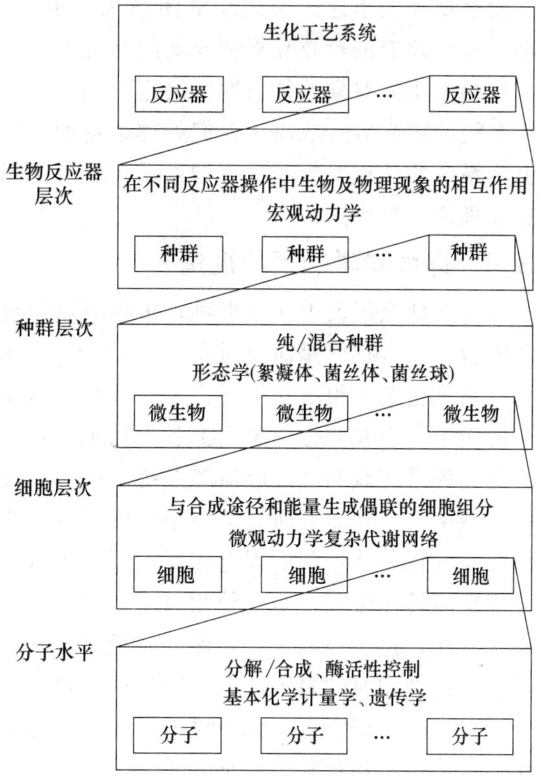

图 1.2　生物工艺过程系统层次示意图[2]

对系统的结构进行多层次划分对弄清元素间的关系十分重要。因为元素间的关系是在子系统内部发生的，不同子系统内部的元素之间是通过子系统发生相互影响的，它们之间只存在间接关系。

当系统元素众多、结构复杂时，应当正确对系统分层讨论，这样有利于清晰系统内部各种复杂关系，因为很多时候系统内部元素之间的影响是间接的但是又是不可忽略的，若只在一个层次上定义系统，则为囫囵吞枣而必将引起混乱。

而且，各子系统所体现的内容并不一定相同，支配各个子系统内部元素间相互作用的关系的类型也并不一定相同。比如说如上例子中，0层系统内部的反应器之间通过传质建立联系，以下系统内部通过生物化学过程建立联系。这个例子大体是按照宏观与微观上的尺度差异划分系统层次的，并不排除以其他方式划分系统层次。

子系统的定义也有助于分解问题规模，便于子系统优化和系统间工程优化。

1.3.3 系统的功用和定义方式

定义系统框架和划分或定义系统内部元素不仅取决于研究对象的客观属性，很大程度上还取决于人们的视角。而这与人把握系统时的目的和出发点有关，即系统的功用。

拿“城市”这个复杂系统举例。城市是人工与自然环境的复合生态系统，人的活动在其中占有重要地位，而城市系统可以从不同视角进行分析。从城市的服务功能上定义城市系统对象，可以将其视为交通职能子系统、城市水循环子系统以及城市社区、商业区、工业区子系统的组合。如果从经济关系上划分城市，以公民个体为元素所构成的企业或者经济实体被视为城市的子系统。其结合城市资源条件子系统，组成城市整体经济体有机整体。此又是一种城市系统的解剖方案。其实对城市的认知方式还有很多，这就说明了系统定义的多样性。

实际上，“城市”是什么并不十分重要，关键是研究者要拿“城市”做什么。比如说，为了合理配置城市的各种服务功能，优化城市的运转，则就应该将城市视为服务功能的组合。如为了优化城市的经济行为，则可以将城市定义为经济体系统来研究。在这种视角下甚至可以将市政府看做特殊的企业，其以改善资源利用和投资环境的付出为成本，以税收为收益，而被视为城市这一宏观经济体系统的最重要统筹关系。这并不是在说“政府是企业”，而是在承认政府的行政和管理职能的基础上，在运行方式上，不否认政府具备某种企业的特征。这是由研究对象的复杂性所决定的。

系统的定义方式取决于人们处理事物的功能视角，和其某方面的功能特征。回到现实功用上，系统的认识对应于系统的可操作性。虽然对对象认识的角度各有不同，但现实功用是认识和理论的落脚点。

1.3.4 环境科学的系统视角

不管在什么层次上认识事物，事物既可以被当做一个整体，也可以被化整为零。“划分”和“整合”的依据就是研究对象的功能特征和相互联系。具备共同特征的被认为是一类事物，联系紧密的一组事物被视为一个系统。这是研究者对客体的认知，如以上所举浅海生态系统的例子，以及在任何层次上和生物工艺系统及其子系统的例子等无不说明这一点。

有一种系统观叫“反应器”系统观或者“反应器”系统视角。在化工过程领域或者环境工程领域中，经常需要研究某一个反应器内部物质的转化细节，用于过程模拟和优化。比如吸附分离过程所使用到的固定床反应器、污水处理所使用到的沉降池或曝气池等。反应器是人造的反应转化装置，是一种相对简单的系统。物质的质量进入反应器内部能够受控地发生传递和转化，这种控制主要是保证质量的转化过程不至于受到无关物质侵入的干扰，不仅在质量上，这种相对的封闭性也可以体现在热量上，比如绝热容器。反应器是研究者所熟知的对象，自然地，研究者也会迁移地使用反应器的思想视角去类比思考和研究复杂体系内部的传递、转化现象和过程。比如对湖泊水质的研究，很多模型将湖泊视为一个巨大的“反应器”，相对地将体系“封闭”起来考虑。在这个前提下再去观察湖泊内部主要物质或所有物质的组成及其传递和转化关键问题。这里，湖泊好比一个鱼缸。更为复杂的是有关某地区大气质量的研究，研究者将这个地区空间范围视为一个“反应器”。虽然体系并不封闭，但是输入、输出体系的质量、动量甚至热量完全被认为是可探知甚至可测量的，剩下的就是观察在这个区域及空间范围内部物质的转化的细节了。

“反应器”系统有两个基本特征。其一，系统相对封闭而不确定性可控；其二，守恒律原理是系统的支配性原理，系统内部的传递或转化行为基本由质量、动量和能量的守恒律原理所支配。

环境科学领域的反应器系统观是一种简化。其将所有物质的输入或输出视为已知，认为不管系统多么复杂，其都是一个相对封闭的体系，内部的物质转化过程不会受到不确定因素的干扰，或干扰可以忽略。这种系统观，直接斩断了与主要观察对象联系稀松的其他对象与主体的牵连，排除外界干扰，将主要观察对象相对地封闭起来处理，能够抓住复杂问题的主要方面，而在环境科学的许多研究中被广泛使用。然而其适用的范围也是有限的，原因还是其“不确定性可控”的特点。如果某个湖泊的水体与地下水系相通，但是地下水体系的结构无从观察，处于未知，则关于此湖泊内物质的传递过程将存在明显的不确定性因素，传统的水质模型失效。另一种情况，对于较为封闭的湖泊，即便与其连通的河流的位置已知及其输入、输出的通量可测，当其底泥过于深厚时，传统的水质模型也将失效。

应该说，包括信息不明在内的各种不确定性有时难以彻底排除，但是传统的“反应器”视角下的系统模型发展较为成熟，也十分可靠。因此，这里仍然建议缩小讨论范围，以有限系统化的处理方式定义系统，而尽可能在信息明确的范围内研究关系和组成，在“反应器”

视角下用好经典的守恒律系统模型。对于随机因素或不确定因素影响显著的问题，建议用发展比较成熟的传统统计学理论和方法。

还有一种系统观叫“经济体”的系统视角。城市主要是人工生态系统，或者城市是企业和个体以及政府的合成，是一个清晰的经济体机构。其中各元素以价值关系建立联系，存在的运行规则可以是人依据最优化原理建立的。再有，污水处理厂是一系列工艺设备的集成，尽管当中每个设备可以看做是个反应器，但是如果要对污水处理的效益（效果）进行优化，则应该将整个污水处理体系视为“经济体”系统：整个污水处理系统的总效益（效果）由各个工艺单位的各自效益（效果）共同决定，虽然它们之间通过传质建立联系，但是支配系统的基本原理不是“反应器”的守恒律原理，而是总处理效益（效果）意义下的经济最优化原理。

以上举了几个例子实际上相对简单，尚可以“反应器”或“经济体”已知的系统视角理想化处理，找到其中的量化关系。而对于某些研究对象，却很难使用固定的量化方法去完整把握它，比如各类生态系统等等。实际上，使用系统的思维方法和观察视角的最终目的是要帮助研究者将问题清晰化而非复杂化。与其追求过于复杂的学科综合，不如回到个别具体学科内部。所以有限系统化、具体问题具体分析以及聚焦复杂对象关键问题十分重要。

1.4 环境系统的模型化

1.4.1 模型和模型方法

“模型”是个既通俗又晦涩的概念。研究者把环境风洞中的地形沙盘叫做模型，又把埋藏在文献中生僻难懂的某些数学公式称作“模型”。实际上，对它们使用共同的名字是恰当的。为了说明这个问题，下面以使用环境风洞的模拟方法研究某地区重气扩散过程的研究行为举个例子。

重气是一类密度高于大气的，有污染或有毒有害气体的总称，因为其密度大的特性，其一旦泄漏容易在地表形成爬流而不易消散，造成污染甚至伤及人群。重气在特殊地貌条件下的传播、扩散行为如何发生发展，并如何针对其在不同大气环境条件下的传播特征设计紧急预案等相关问题，需要通过科学研究给出解答。为给出一个相对正确的答案和相对可靠的解决方案，需要针对泄漏发生的具体情境进行研究和讨论。

设定这样一个情境，如在某山地城市发生液化气泄漏事故，重气将怎样传播、扩散。但如果针对此问题设计实施真实的场地实验，将造成重大环境污染事故，后果将不堪设想，而使得事件性质完全背离科学研究行为。所以研究者愿意选择使用模型，在实验室和计算机里完成整个情境的模拟。这样做甚至可以重复演绎情境过程的发生，或者模拟各种不同情境的污染过程。这是一种安全、相对客观并且廉价和灵活的研究方式。

为此研究者需要设计制作一系列模型。为了最大限度地达到模拟情境与真实情境的相似，研究者首先根据这个城市的真实地形地貌（如图 1.3 所示）建立了一个木制的几何模型（如图 1.4 所示）。把真实地形按比例缩小到实验室中来而实现模拟情境在几何上的相似。进一步，研究者还需要把环境风场“搬”到实验室中来，并放到几何模型上。这就是要实现在地形地貌相似的基础上做到风场的相似。

实际上，环境风场的完全相似是做不到的，但是边界层大气运动的基本规律是可以把握

图 1.3 某山地城市地形

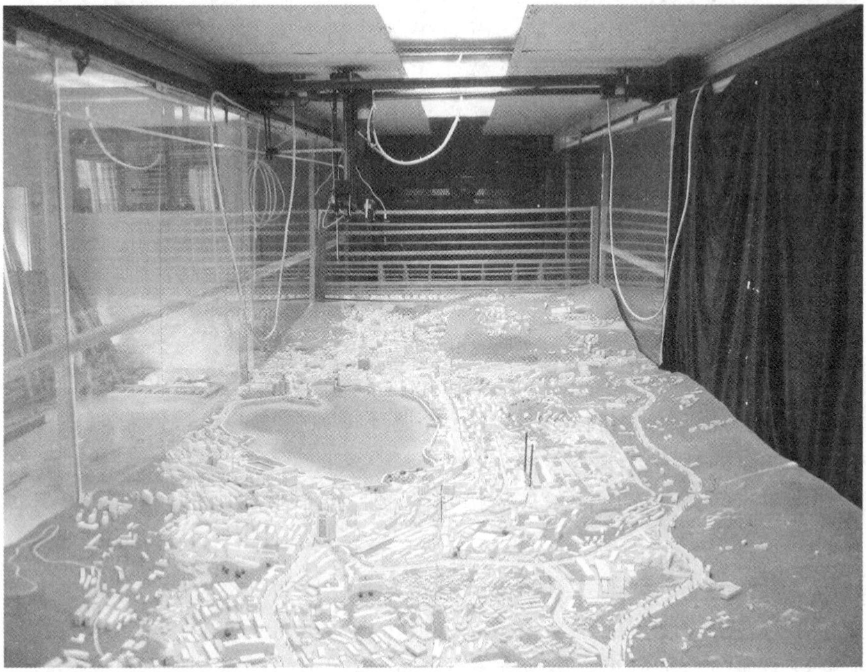

图 1.4 某山地城市几何模型

的。研究者可以根据对大气边界层风场已有规律的认识和现实的观测，在实验室中还原真实风场，而尽可能地在各种动力学特征上做到实验风场与真实环境风场的充分相似。具体地讲，对于此研究，工作人员可以在实地释放探空气球，测量当地风速与高度的变化关系，并记录下来，而在实验室环境中利用风机等设备制造出相似的风场，以达到与风的机械运动相似。因此，环境风洞设备设施就是为实现此两项模型（几何模型、风场模型）相似的功用而建造的。

图 1.5 显示的是两套风洞设备。左边的风洞相对简陋，右边的比较先进。环境风洞属于低速风洞，控制风速常小于 $10m \cdot s^{-1}$，以模拟真实大气边界层的风场。可以说，风洞里面装的就是大气边界层的风场模型，或者是大气机械运动的模型加上一个地形的几何模型。设计环境风洞的目的重点在于建立大气机械运动的相似模型。

这里需要说明以下细节问题。边界层大气机械运动相似的主要指标体现在流体力学的一系列无量纲数的相似上，诸如雷诺数（Reynold Number）、弗洛德数（Froude Number）和

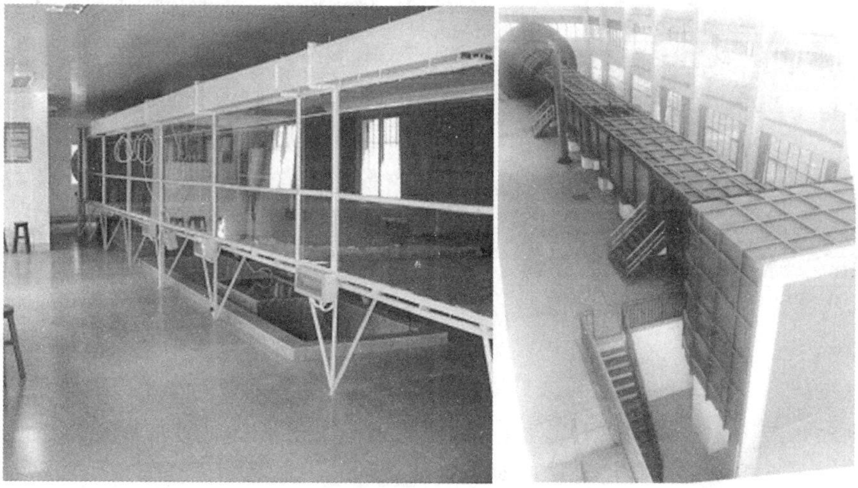

图 1.5　环境风洞

施密特数（Schmidt Number）等[3]，其各分别表示大气湍流剧烈程度、惯性运动相对强度和大气黏度相对分子扩散的强度。除此之外，研究者还需做到实验室条件与真实环境大气条件下风速的垂直变化情况的相似，技术上需要在风洞中还原大气垂直风廓线。在这个语境里“近似”和“相似”并不相同。“近似”指数值上的接近，而“相似”指的是两种事物在特征上的一致。当实验室风场的这些无量纲参数和风廓线参数与真实风场中所测得的这些特征参数达到了数值上的近似时，则可以认为实验室风场与所测量的真实风场实现了相似。

至此，实验室的模型建立完毕。完全可以在此基础上进行此项重气泄漏的研究，在实验室风洞中模拟重气泄漏扩散的情境，并给出相对可靠的结果。但是人们还会关心各种不同情境下重气的运动情况，而对各种泄漏情境反复不断地建立几何模型和风场的机械模型。这是个十分繁复的事情。随着计算机技术的发展，研究者开始热衷于建立虚拟情境，因为在计算机内演绎和模拟重气泄漏的情境会比在实验室中更加可控、成本低廉和安全，特别是当需要模拟多种情境时这些特点更为突出，而虚拟实验尤其适应多情境的模拟研究。如图 1.6 所示，图中显示的是这个城市主城区的山地地形的虚拟几何模型，以及某次泄漏情境的泄漏源位置。图 1.7 给出了此泄漏情境的某个模拟结果，这是泄漏发生后 1 万秒，存在重气参与的混合大气密度的地表分布等值线图。

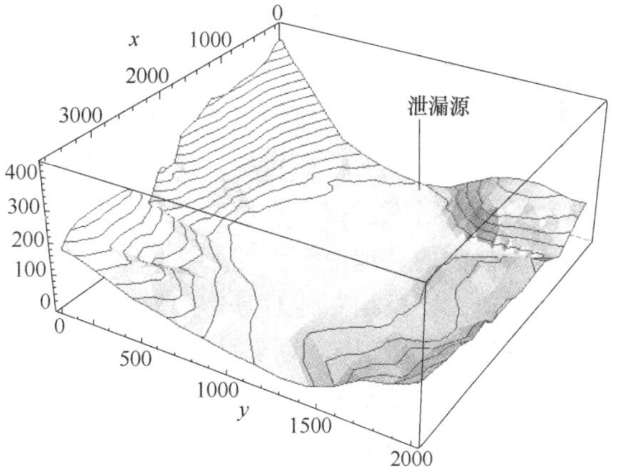

图 1.6　某山地城市虚拟几何模型和虚拟泄漏事故设置

离开了“数学模型”的虚拟风洞是不可能实现的。“数学模型”是虚拟实验方法的核心内容。计算机演算所依据的是数学模型所规定的气态流体的传输和扩散规则，其所演算的代码完全是依据数学模型而编制的算法或算法集成。

不同于以上所提及的“几何模型”和“机械模型”，数学模型实际上是一种“关系规则模型”。上文所举的这个关于重气传播、扩散问题研究的例子使用到了“几何模型”、“机械

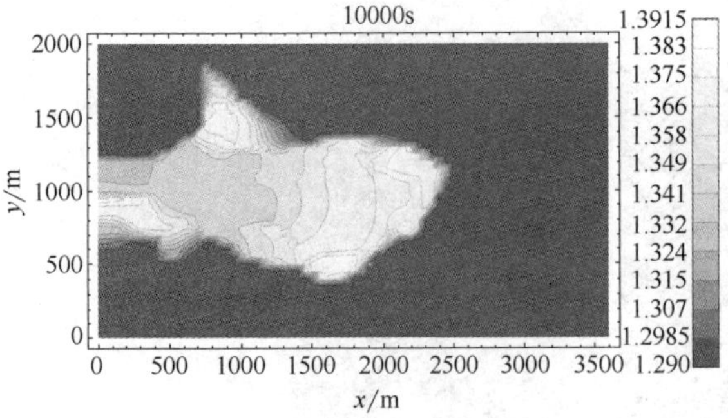

图 1.7 某数值模拟结果

模型”和“关系规则模型”这些模型的基本形态。这个顺序也体现了模型发展逐步脱离“看上去相似”而进入到“特征相似”最后达到“关系和规则的相似”三个阶段。这是认识上的深入。不论在实验室条件下还是在计算机里，无疑，研究者把握了规则，则能够更加方便地重复和演绎过程和现象，而实现各种可能情境的模拟计算。所以“规则关系模型”是模型发展的高级形态，而当中以数学的方式清晰表述数量规则的，被称为“数学模型”。而“数学模型”也仅是“规则关系模型”的一种。

以上讲“关系规则模型”是研究者对规则认识的知识产品，而任何规则模型都有其适用的范围，只能适用于某些条件。在这个重气传播、扩散研究的例子中，所使用到的数学模型是流体动力学模型，可以说这是一种“守恒律客观规则模型”。适用条件是相对可压流体的气相传播过程，应用的范围不涉及化学反应和存在气溶胶的传播过程。

“模型”有“相似”的含义。规则模型就是对规则建立相似。其前提必须承认自然规则的存在，而人可发现、可认知、可表示之。“几何模型”“机械模型”和“关系规则模型”各自分别是在“形态”上、“特征”上、和“关系和规则”上追求与客观对象的相似。“相似”要求模型必须结合客观实际，这是科学研究的根本，但是可以接受“模型”与客体有所差别，这是方法论的现实。

而另一方面，“模型”是一种“产品”，它是人们所观察和认知的事物的一部分内容的加工，而并非全部。“产品”体现了功用的属性，科研中的模型为解决具体问题而设计，并被沿用至其他同类问题，是种知识产品。所以应该这样给模型下个定义：模型是为体现事物或研究对象某（些）方面特征相似，而设计建立的人为具体化产品。

越新的科学研究，越愿意使用“模型”工具或方法，其中一个原因在于“模型”比较于古典科学所热衷的“理论”更加灵活，而适应于具体问题。模型可以偏向于“实验”也可以偏向于“理论”。“模型”针对具体问题，具有“灵活性”的特点，而理论强调认知体系整体的“完备性”。不容否认，对于复杂的系统问题研究，一方面，基于问题本身的事实基础和全新的关系体系，完全有可能归纳出新的原理并形成新理论体系；另一方面，因为系统问题庞大或者复杂，而不必或难以对此建立整个完备的理论体系，有时只需要使用具体科学某方面比较成熟的知识理论深入探讨复杂问题的某一个方面，建立模型产品。所以，模型的设计特别强调原理和实践的结合。

1.4.2 数学模型

数学模型是“关系规则模型”中的一种。“数学模型”应该是一种比较“精致”的规则和关系模型，要求在数量上建立事物联系。现在，使用量化的方法认识和归纳把握事物的关系和变化发展是一种较为成熟的研究风格。而且除了对关键信息量化以外，数学模型需要有等式，这是对关系规则的确切刻画。

数学模型除了可以清晰化研究对象的特征和关系，帮助人们把握对象的主要信息以外，数学模型还有一种功能，就是帮助人们给出问题的解，即模型可操作，便于人们在已有的知识体系下演绎事物的发展过程和结果。这样，人们在模型的帮助下，可以实现从“认知”到

“预知”，再从“预知”到“理性”的行为选择的进步。

人的活动无时不在“改变世界”，但环境污染、资源和能源的浪费却又无时不质疑着人们“改变世界”的正当性和恰当性。以获取和掠夺以及无休止的消费为唯一目的行为初衷固然是不恰当的，但是如何具体回答“均衡”“可持续”的发展方法论问题，优化人们以环境为对象的行为方案，不借助现代数学工具是难以实现的。而且近年来随着计算机技术的发展，与实验研究比较，数学模型灵活、廉价、安全的特点越来越明显。数学模型作为一种重要的研究手段而被广泛地接受。

所有模型的建立必须基于事实基础和正确的科学背景，应用是模型设计的落脚点。应当说明，数学模型并不等同于数学科学本身。在应用科学领域，数学科学常常在交叉学科的建模研究中扮演一门具体的背景科学角色，而与应用科学教学相长，互相促进。

使用数学工具完成模型的建立，重点在于突出事物量的特征和联系。数学模型的建立同样依赖人们对事物的认识观点和认识角度以及事物的现实功用。

虽然，夸大数学模型的价值也不可取，但是正确并恰当地使用理性的数学分析方法看清复杂系统问题的关系结构、针对种种具体应用问题制订解决方案是方法论上的进步。解决方案和操作手段还原认识的真实性。而且应该看到，数学模型建立在系统认识的基础上，离不开人的视角和观点选择性以及功能选择性。因此模型的好坏受认识条件和水平的约束，而认识的深浅决定了方法论的优劣。但是任何时候都不能否认认识的过程也在进步，解决方案也将变得更加准确、合理和巧妙。

如前所述，系统的定义体现研究者对复杂对象以及整体功用的把握，而模型是一种实施方法、处理手段和研究工具。数学模型可以成为系统视角的精确刻画，但是有时面对复杂系统，也无法做到将其中所有关系量化并建立等式，面对这种情况，研究者其实并没有必要将整个系统刻画为模型，也不必论及系统必谈数学模型，如有必要有时只需对其中关键关系使用或建立数学模型。

1.4.3 环境系统的数学模型分类

避繁就简，环境科学当中的数学模型可分为三大类：一是机理模型，二是不确定性模型，三是规划模型。

机理模型指的是建立于已被反复证实的科学原理或规则基础之上的数学模型。比如流体动力学模型、物质的迁移转化模型以及其他物理的、化学的机理模型。这种模型给出的是事物联系必然性的描述。数值模拟必须基于物理、化学机理而有确切的解，大量的数值模拟计算使用的就是此类模型。比如大气污染物在环境中的迁移转化模拟、藻类等物质在湖泊等水体内的迁移转化模拟以及环境工程学中反应器内物质的转化和传递模型。这些模型以质量、动量和能量的守恒律为最基本原理。这种模型因为建立于充分的科学背景知识体系之上，可靠性高而被广泛采信和使用。

不确定模型指的是给出不确定关系的某种数学描述或量化方式的数学模型。这种模型应用于不确知规则或者模糊联系的量化。比如，某地方的某种物质的大气浓度和该地区某种疾病的联系，某地方水质与当地人的体质之间的联系等。它们之间的影响机制不确知或者存在影响关系但不直接，而仅仅是非常模糊间接的关系，甚至是人为的经验联系，而需要某种量化的方式具体化这种联系和影响规则。诸如统计模型、神经网络模型、模糊数学模型等属于不确定模型，也有人把新出现的支持向量机[4]方法作为一种可选的不确定关系的预报方式。

第三种模型为规划模型，指的是在某些约束条件范围内，寻找能够使得效用最大化对策为目的的数学规划方法和模型。这种模型与以上两种模型最大的不同在于，模型除了必须兼顾客观规律以外还体现了人的意图。大多数情况下，约束条件体现客观性和规律性，而最优化目标则是人为的选择和意图。应该强调，在环境科学中，并不能认同将人为选择的优化目标等同于纯粹经济利益，应该将环境和资源等的效用和利益纳入最优化的目标中，或者把环境和资源等因素充分考虑在约束条件中。兼顾环境、资源与经济效益这应该是环境科学规划模型与经济学规划模型的根本不同之处。这类模型的例子有：风电场风机排列和选址（风电场微选址）问题、引水河渠规划问题，以及环境承载力约束下排污企业排污分配的例子等。也有使用数学规划作为方法，寻找不确定关系的模型。诸如带有约束的回归问题等。但从建模的现实功用上看，此类模型应该属于不确定模型。

利用模型可以帮助人们演绎和归纳事物发展的可能结果，而且研究者愿意使用数学模型这么做，是因为就目前来讲这种工具是与实验并行的最为精确的和理性的方法。第一类和第二类模型的功能大致如此。而另一方面，模型也用于给出合理的人为干预和解决方案，而且除了试错的老方法，规划模型尤其能够帮助人们在相对意义下找到合法恰当的人为干预策略。三类模型当中，不论从产生的基础和应用的实际上，机理模型的客观性强、价值突出而特别受到重视。

情景模拟往往也被称为数值实验。数值实验必须以机理模型为基础。尤其是在现代，数值实验的发展成为热点，原因是其成本低廉、安全性高、灵活性强。在环境科学中通过机理模型可以模拟演绎危险情景的发展过程，而不具备安全隐患。比如化工有毒有害气体的泄漏扩散过程，可以通过机理模型的模拟帮助制订紧急预案。大气边界层污染气体的扩散和传播现象的机理模型情景模拟，体现了数值实验在大尺度问题研究方面的廉价的特点。大量环境工程化工反应器内的传递和转化过程模拟帮助研究人员预报产品质量改进工艺，体现了数值实验方法对不同工况具备灵活适应性，并且安全可靠。

图 1.8 将环境科学相关的具体科学与系统模型以及应用数学之间的关系做了初步的总结，仅供参考。

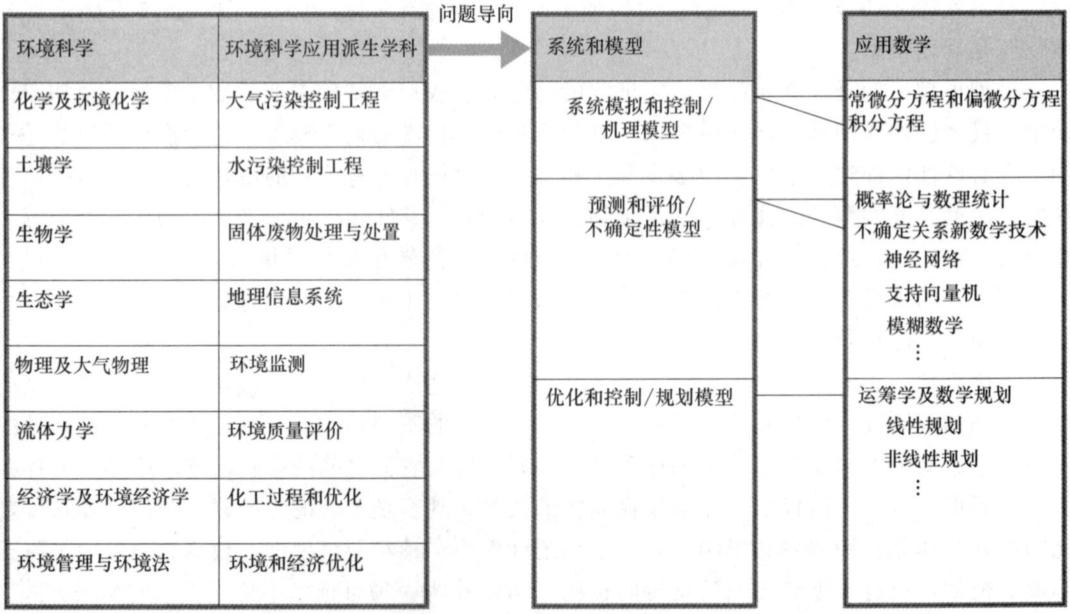

图 1.8 环境科学具体科学与系统模型以及某些应用数学分支学科间的联系

1.5　关于规则和模型

数学模型尽管精致甚至在某种程度上还可以称得上完备，但这仅就模型或知识产品本身而言，而数学模型并不等同于规则本身，其常常是对规则在某种方式上或用途上的接近。作为科学研究，对规则的归纳优先于模型的建立，而过分强调数学模型，而忽视对事物的观察和成因的探究是舍本逐末。

1.5.1　规则和模型的多样性

以特征认识事物，以模型归纳关系。对特征的归纳是有选择性的，这意味着对于同一个或同一类研究对象，刻画其关系特征的数学模型并不唯一，而某一种模型仅只是某一种关系或规则的刻画而已，这可以取决于观察的角度或尺度或条件。但是，虽然同一对象的模型可以不唯一，但不应矛盾，它们之前关联深刻而各自所反应事物的侧重不同。

比如说，同样是大气的运动，在全球或全局尺度下大气运动和中小尺度下大气运动的规律差异很大。因考察尺度的不同，主导气流的运动规律则不尽相同，存在不同的支配方程，但是作为同一事物或者研究对象，不同尺度的流体运动规则之间存在联系。此在第 3 章有详细介绍。

除了以上举的大气运动规则的例子是直接和确定的联系以外，另有更加难以考察的模糊、复杂和间接的联系。比如一个地区煤矿开采水平与当地人口某种肺病的发病率之间的联系就显得十分不清晰，而且两者之间的联系是间接和非决定性的。所以关于两者之间规则或关系的研究在较大程度上取决于人的观察的角度和研究功用侧重。再比如，在无法对某城市地区地下水情况进行全面调查的条件下，如何建立该地区水环境（甚至可以包括地下水系统）全面的污染水平与地区经济发展水平的联系？如果从城市的污水排放入手开始讨论，那就必须首先回答城市的污染与地区水环境之间的确切联系问题。而地表径流系统复杂，城市的排污速率和分布难以统计。当问题涉及地下水，此与诸如城市排污、污染指标、人口数量、降雨水平等指标之间存在复杂关系，而探知的成本高昂，从而更加难以确知。规则的显现十分复杂，即便是明确和直接的规则模型刻画方式尚且不唯一，何况复杂、间接和模糊的关系。所以应当优先探究事物规则，再选择量化的方法，这些应当在一个相对有限的系统定义的范畴内讨论。

1.5.2　发现规则和建模

使用正确的划分和视角观察复杂问题，对发现规则十分有利。比如以上关于城市经济与水环境关系的复杂问题所举的例子。人们确实难以很快归纳出城市经济发展速度和城市区域水环境污染水平之间的确切决定关系，但对于某一方面的工程实际，可以通过缩小问题规模和突出侧重复杂问题某一方面来实现。具体地，可以仅在生态学上单独研究城市水系，和地区的生态自我修复能力条件下研究；或者仅在经济学上单独研究某类排污企业的边际成本问题并与其他城市作比较；还可以仅关注于某一个排污企业的选址。而要把这任何一个问题研究清楚也已经不是简单的事情。这任何一个问题都是对原有城市发展与水环境问题的子问题，各有规则的体现。

有时事物本身的内在关系和人们直观认为的联系并不相同。同样就这个城市经济与水环境关系的复杂问题讨论，人们可以很直接地认为城市的发展和人口的增加势必造成地区水环境的污染，这种思考在概念上或许是正确的，但两者的联系在实际上是通过方方面面和各种细小的现实关系具体发生的。而如果一来就去建立两者的数量联系，则是不恰当的。所以在建立模型之前，首先“体察”事物内部不同方面的关系甚至是细小的联系，找到事物变化的成因，比追求量化的模型更为重要。

规则是可以发现的，也取决于发现的视角和着眼点。对于一个复杂问题，常常需要提取出当中的关键联系而建立模型，在这个过程中，并没有必要将整个系统刻画为模型，甚至有时只需对其中一个关键问题建立数学模型就可以了。所以对问题本身的敏锐观察，和对问题主要潜在规则的察觉，有时比一味地追求建立精美的数学模型形式更加重要。先有规则的发现才有模型的刻画。

规则可以被发现，模型是显性规则的描述，那还是一种比较理想的情况，而有时，对于间接、模糊的现象和关系，客观的规则却不那么容易被确切地发现。比如以上提及的某地采矿水平与当地某种肺病的相关性研究。对此，通常的做法是建立两者联系的回归模型。但是，很显然，直观上采矿水平与肺病之间虽然存在联系，但前者并非后者的直接原因，而中间牵扯到很多的不确定性因素，甚至两件事物的发展“各行其道”，有时，在某些情况下表现出明显的相关性的情况，而在另外某些情况或时间内，两者相关性却很不明显。所以说，称将两者拉上关系的回归模型为其规律，实在是牵强，而只能说，在确切规则难以被探知的情况下，所建立的模型最多是对模糊的规则关系的一种相似和人为把控。

1.5.3 建立规则和建模

以上提及了两种模型的形式。其一，确定规则的模型；其二，不确定规则的模型。关于大气运动的力学模型为确定规则的模型，关于某地采矿水平与当地肺病发病率之间的回归模型属于不确定规则模型。除了对以上两种以外，至少还存在第三种模型形式，即人为规则模型。这三种从模型与规则的关系上划分的模型形式能够与 1.4.3 中三种模型的类别对应起来。

发现规则和建立规则同时存在。特别是规划模型能够在正确的优化目标下给出相对合理的环境干预方式，是人为建立规则的典型例子。例如排放分配问题。在城市污染物排放总量固定的前提下，需要增加排放企业。如何限制各企业的排放，同时保证企业的效益最大化，就是个最优化问题。而这个问题的解是所有企业排放清单，此即为所建立的“规则”。再比如水资源调度问题，如何选择引水河渠路线以保证灌溉或干旱区域利益的前提下，最低化建设成本，即是调度的规则。这种模型已经不再是对现有事物规则的刻板描述，而实现了对人为合理干预的理性和量化分析。

“建立规则”是人的主观行为，但此之所以能够被认可，这里归因于以下两个原因：其一，不论事物的联系多么模糊或间接，规则的客观存在性不容否认，但与此同时不同程度的不确知性也同时存在；其二，模型能够帮助人们理性和合理的安排行动，尽可能地减少不确知性和盲目行为的危害。

而所谓规则可以被“创造”，也是有条件的，这里初步归纳的有以下三个条件：其一，建立人为规则模型应基于事物的现实特征；其二，所建立的规则模型必须在一定程度上对复杂事物之间的某种关系或联系做到充分地相似；其三，目的的合理性。

建模是人的劳动，建模工作对研究者的能力提出了更高的要求。不论是发现规则而建模，还是建立规则而建模，建模工作并不是一件简单的事情。研究者需要具备比较充分的科学背景知识，并且需要遵从科学研究规范。而这两点表明，科学发展到今天，一个较为完备、可靠模型的出现越来越不可能是一个人的单独劳动。具体的科学和实验是建模的基础，随着研究和行业的分化，建模需要团队共同完成。另一方面，研究行为本身存在着规范，此为前人有效、正确工作方式的继承，而且对研究成果的评判也存在着公共准则。这些规范和评价的存在，是为了最大限度地减少个人操作或创造的任意性。

大多数情况下，在环境科学或环境工程学的应用领域，对于“确定规则模型”，人们重点关注的是如何正确选择或使用好已有的模型，如有必要，并在此基础上加以修改，而非重新建立模型。而对于“不确定规则模型”，人们需要使用好描述不确定性的方法，而非某种固定的模式。而对于规划问题，人们则需要具体问题具体分析，针对不同问题和条件建立全新的“人为规则模型”。

1.5.4　模型的验证

以上1.5.1到1.5.3讨论的是建立模型的问题。实际上，建立起了一个关系规则模型，并不能说建模的工作就彻底完成了，因为之后还需经历模型的验证和检验工作，甚至在模型的使用中还需要对模型不断地进行修正。模型的验证工作会依据具体模型的类别不同而有所不同，比如对于机理模型的验证则最为严格，对于不确定模型验证方式较为宽松，而规划模型更多的是需要在实际操作中检验。实际上，此书侧重于对环境科学中出现的某些关系规则的归纳，和以问题为导向阐述如何使用具体科学的知识建立系统框架和分析复杂问题，而关于模型验证的内容已经超出了本书所应涉及的范围。因此这里仅简要讨论模型的验证。

一般来讲，模型的验证需要在三个方面进行：一是科学基础的评估；二是模型的确认；三是模型的检验。

首先，科学基础评估。此主要包括三个内容：其一，关于模型假设的评判。此主要涉及假设的合理性以及假设对所涵盖问题本身的一致性和充分性的评价。其二，科学基础的评判。模型所涉及的具体科学领域当中的概念和关系必须基于广泛公认的科学基础，模型的设计者应对相关领域科学背景有充分了解。其三，模型应用指向以及模型应用局限的评判。根据模型主要考察对象的不同和应用目的的差别应对模型的适用范围、使用条件和局限做出评估。

其次，模型的确认（Verification）。数学模型的建立到模型的求解之间存在计算机算法实现的中间环节。而且对于同一个数学模型的形式，可以有多种算法实现，这就需要对算法的选择和算法对其所求解模型的一致性之间做出评价。严格地讲，模型确认环节评价的目标是需要保证计算机算法的结果不与数学理论和数学形式相悖逆，旨在为模型所选择的算法提出检验。

最后，模型检验（Validation）。模型验证的一般方法是将模型的结果与实验测量比对，在允许误差范围内给出模型的验证。实验情境必须与模型所考察的客观基础一致。可以简化或典型化模型适用条件，根据所允许的实验现实条件，设计情境对某个模型所适用的简单特定情况进行验证。实验数据可以来自公共数据库和设计实验，也可以来自实际操作的历史记录。应当指出，实验验证并不能成功证明模型有效，而只能给出不能证明模型无效的判定。因为所能枚举和设计实现的实验验证情境是有限的，这种条件下的验证“成功”实际上只是做出了对意图否定模型失败的判断。所以，在条件允许的情况下，自然是应该采用多套实测结果和实验情境验证模型。这表明，模型的验证步骤能够容易地剔除过于粗糙或简化的模型设计，而对于在科学和数学上设计的相对完整模型却难以直接地做出模型无效的判定。

越复杂的模型，模型的验证越复杂。所以，从这个角度上来说，也不应该追求建立所谓“完备”的关系规则模型和系统体系。相反，更多的是突出归纳的灵活性，而应主要以问题为导向，针对应用实际，给出或引用有所适用的模型。

1.5.5 不确定规则的支配原理

之前提到，一些模型是关于事物确知的、直接的联系的归纳，有些模型却是关于复杂事物间接联系甚至模糊不确知关系的归纳。在环境科学复杂系统中，出现不确知规则或模糊规则的问题情况并不特殊，甚至甚为常见。而模糊规则的建立也需要基本原理作为支撑。以下初步总结三种模糊规则模型建立的基本客观原理。

其一，大数律统计规律——体现重复的规律性。描述不确定现象历史最久的科学是统计学。统计学及其方法在不确定领域拥有特殊基础地位。

一方面，人们并不能否认随机现象的客观性。比如，虽然在较大尺度范围，诸如百到上千千米范围内污染物浓度的变化情况，大气的传递力学规律能够基本决定污染物的传播，但是在局部位置处污染物浓度受各种随机因素干扰是客观存在的。包括居民的排放、附近的城市建设、车流以及大气湍流现象在局部的对污染物迁移的影响将会尤为明显，而不可忽略。

另一方面，人们不能否认随机现象的规律性。“随机”并不代表“没有规律”或“不可知”。简单地讲，统计学就是对随机现象出现次数或频数进行研究的科学，并且发现了其中毋庸置疑的规律性。审查环境科学领域的某些复杂问题时，我们也能发现这一点。诸如车辆的出行与城市污染气体排放的关系。自然，城市交通情况与城市道路设计有关，也与城市功能区布局也有明显关系，除此之外，单个车辆的出行完全受驾驶员主观意识的控制，是其自由行为。但是，一旦样本数量足够大，所考察的车辆数量足够多时，城市车辆的出行就能够表现出明显的规律性。这样，单个车辆无非是其中一个随机样本而已，则不能说单个车辆的运行是完全任意的了，其同样受统计规律的支配。在某种角度上，这也为城市中车辆尾气造成污染问题的研究提供了思路。

严格地说，统计学并不是数学的分支。其是使用数学方法描述事物的随机现象和出现频率规律的科学，其基本原理是大数律，而非运算规律。大数律是随机模型的最基本支配原理也是建立不确定模型的所应依据的最基本原理之一。

其二，最大熵原理——体现多样性和复杂性。“熵”的概念最早来自于热力学。用于描述体系受功而在温度和宏观机械能不增的条件下，分子无序程度或不规则程度的增加程度。之后美国科学家仙农（Shannon）在信息学中迁移了熵的概念，创造性地使用“信息熵”描述某种编码体系的信息量和复杂程度。

信息熵又被称为仙农熵，在近代不确定科学和数学规划中得到应用，常被应用于确定复杂系统某种指标的概率分布律。比如在环境科学中，某一生态系统，物种的多样性最大化原理与系统的仙农熵最大化原理是一致的。可以使用仙农熵最大化原理估计出，在复杂生态系统中，任一抽取的生物样本为某一具体物种的可能性（概率）的多少，而得到物种的概率分布律，实现对此复杂生态系统生物多样性特征方面的一个整体上的把握。以仙农熵最大化原理所体现的最大复杂性或最大丰度原理可以应用于许多不确定性问题的研究。

其三，最保守原理——体现经济规律性。“经济”即“节约”。反过来说，就是在严格受限条件下的效用最大化。经济的规律性即体系资源消耗的保守性，此要求在确保收益的条件下代价最小化或者在确保代价可控的条件下收益最大化。在经济学及相关应用科学中常以这种方式定义最优化的目标和约束条件。实际上最保守原理就是对存在人为活动的复杂系统的某种客观规律性的揭示，存在着普遍意义。人们的经济活动受到此原理的制约。

这里要强调的是，作为环境科学，以保守原理制订的模型中，不仅要考虑到各种经济条件的制约，而且必须考虑到资源环境等可持续条件的约束；同时，不仅要考虑经济效益的最大化，也要考虑环境效用而达到综合效用的最优化。所以环境科学中的保守原理并非单方面考虑经济收益或代价的狭义经济保守原理，而是需要考虑环境效益、资源以及经济三方面综合效益的广义保守原理。

确定性原理与不确定原理并存是环境科学这一复杂多原理交叉系统科学的特点。对于环境科学这种复杂多原理科学而言，系统化和模型化的研究方式能够发挥学科交叉优势，具体科学无法取代。从某种角度上讲，此体现了环境科学应用研究的特点和发展趋势。

习　题

1. 简单论述具体科学在系统科学以及数学建模中的地位和意义。

2. 结合所谓的“黑箱模型”“灰箱模型”和“白箱模型”相比较，这里给出的“机理模型”和“不确定模型”之间有何联系？

3. 思考与讨论

多级中心城市设计的思想和中心地理论

城市布局一直是人们关心的问题，这不仅关系到社会经济的发展也关系的到普通百姓的日常生活。随着社会的发展，继承自古代城邦或廓城形式而延续发展起来的“摊大饼”式的城市布局表现出越来越多的弊端，备受诟病。人们开始寻找新型的城市布局结构以缓解交通拥堵以及与此关系密切的诸多城市病。

目前，“多级中心”式的城市布局给现代城市结构的设计提出了一种全新的思路。而所谓“多级中心”的要点在于，在一个城市当中并不只有一个“市中心”，在城市的多个地方分布着多个具有主要城市服务功能的“市中心”。这每一个“中心”及其周边因具备商场、影院、医院、市政服务点、交通枢纽站、仓库甚至城市垃圾处理站等服务功能或基础设施而成为城市局部最为重要的功能区。如能使得多个这样的功能区在城市内部分布合理，则能够大大缓解城市交通拥堵、治安混乱、物流低效等诸多大型城市问题。现在世界上许多国家正以这种理念规划和建设城市，同时改造老城。比如新加坡就是多级中心城市规划的典型例子。

这种多系统的耦合，需要有一个整体结构和框架。多级中心城市设计思想也存在相关的系统设计方案。德国城市地理学家克里斯塔勒(Walter Christaller) 1933年提出的“中心地理论”为多级中心的城市设计提供了理论参照。“中心地理论”的思想关键点在于，城市中的每一关键节点（中心地）基本上都能够有同等机会接受另外一个中心地在功能服务上的辐射，反之其也能够辐射其周围其它中心地节点。这种连接主要体现在交通上。而这里所谓的“中心地”也就是“多级中心”城市的一个市中心。关于“中心地理论”的中心地结构和关系图如图1.9所示。

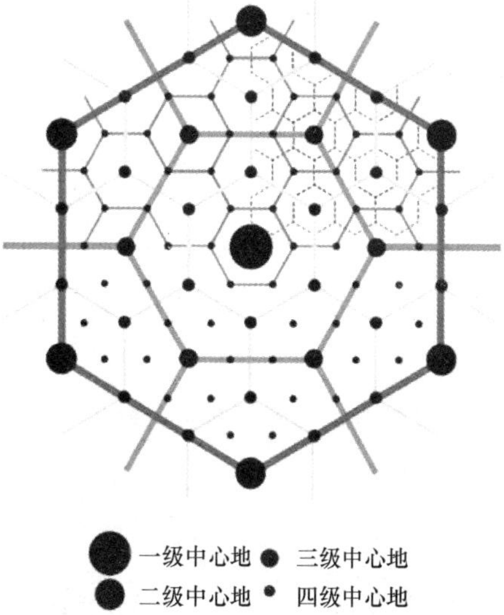

图1.9　中心地结构拓扑图

“中心地”理论是“多级中心”设计理念的一种结构上的实现方式。城市规划是复杂的多系统耦合（大系统）工程，除了必须要考虑自然地理条件以外，还需要考虑交通、市政、商业功能甚至地下输电、煤气以及污水管廊等各自相对独立系统的建设和整合。真实的城市几何结构不可能与中心地的理论所要求的完全一致，但其所体现的城市功能集中于节点式分布并存在对称性的联通以及层次性的结构关系是可能的并且是高效的。不仅如此，现代城市的规划还应考虑到城市的扩大。比如，如何为之后道路、地下管廊的延伸和扩展提供必要的预留接口。城市布局在结构上的一致性能为此提供极大的方便。

问题：①查找关于“多级中心”城市布局的资料和实例，以及“中心地理论”的详细内容。②参照已有的先进城市建设经验，试初步讨论如何在“中心地理论”的框架下以“多级中心”的方式建立如上所提及的诸如交通、市政、商业功能、地下管廊等不同城市系统之间的联系。③进一步思考，“多级中心”的城市布局对提高现代城市在维护环境效率方面有何裨益，如何在“中心地理论”的思想框架下，优化多级中心城市的生活垃圾和污水运输和处理问题。

第2章　箱式动力学模型

所谓箱式动力学模型是指在不考虑物质空间分布不均的情况下，描述物质在环境系统中的转化和反应规律的模型。箱式动力学模型将环境系统对象视为一个相对封闭的体系，并认为物质在体系中已经充分混合，不存在物质在空间分布的不均现象，因此诸如物质浓度在内的各物质的量化指标的变化情况与空间变量无关，而只随时间改变。或者说，箱式模型不考虑箱体内部物质的迁移情况。

从模型是否考虑箱体与外界物质的交换或迁移现象，也可将模型分为迁移、转化、反应动力学模型和转化、反应动力学模型两大类。实际上，反应是转化的特殊具体情况。反应主要指的是化学或生物化学的反应过程。

2.1　几种水环境转化模型

2.1.1　浅海生态系统物质转化模型

以下模型聚焦于海洋生态系统中浅海生态系统内的物质循环。浅海生态系统内的浮游生物扮演着生产者的角色，是研究海洋生态系统的基础。浮游生物包括两个大类：浮游植物和浮游动物。浮游植物的生长受到光合作用和海洋营养盐浓度的限制，浮游动物的生物量取决于浮游植物浓度的分布，浮游动物的死亡将导致物质从生物量向营养盐方向转化。整个过程可看做是一个闭合的生态系统，是海洋生态系统的基础子系统。以下举两个海洋浮游生物动力学模型的例子：其一是最简单的自养浮游植物和营养盐质量转化动力学模型，其二是相对完整的营养盐、浮游植物、浮游动物、碎屑质量转化动力学模型。模型关于浮游生物生物量转化的描述方式在其他水生生态系统中具有一定的推广意义。

2.1.1.1　NP模型

营养盐（Nutritive Salt）和自养浮游植物（Phytoplankton）组成一个最为简单的闭合生态系统。所谓NP模型就是描述这两种物质发生转化的动力学模型。

这个动力学模型的关键在于描述浮游植物受两方面生长条件影响下的生长过程：光辐射，营养盐。模型假设系统仅由营养盐和自养浮游植物两类物质所组成，并且为封闭系统，没有质量脱离系统，也没有外界的质量输入。

NP模型如式（2.1a），式（2.1b）所示：

$$\frac{dP}{dt}=k_P(I,N)P-\varepsilon_P P \tag{2.1a}$$

$$\frac{dN}{dt}=-k_P(I,N)P+\varepsilon_P P \tag{2.1b}$$

式中，P 为浮游植物生物量浓度，kg·m^{-3}；N 为营养盐浓度，kg·m^{-3}；ε_P 为浮游植物死亡比速率，s^{-1}；k_P 为浮游植物的生长动力学比速率，s^{-1}。

浮游植物的生长会受到光辐射强弱和营养盐贫富程度的影响，所以模型中 k_P 可定义为海洋内部光密度 I（$W \cdot m^{-2}$）和营养盐浓度 N 的量的函数，如式（2.2）所示

$$k_P(I,N)=f(I)k_{bio}(N) \tag{2.2}$$

式中，生化反应比速率 k_{bio}（s^{-1}）受营养盐底物浓度影响的关系为莫诺得（Monod）形式并如式（2.3）所示。

$$k_{bio}(N)=k_{Pmax}\frac{N}{K_N+N} \tag{2.3}$$

光密度影响因子 $f(I)$ 函数模型形式常用的有三种，详见表 2.1。

表 2.1 光密度影响因子模型

编号	$f(I)$	参数	说　明	参考文献
1	$I/(K_I+I)$	$K_I(W \cdot m^{-2})$	莫诺得(Monod)形式	[5,6]
2	$(I/I_{opt})\exp[1-(I/I_{opt})]$	$I_{opt}(W \cdot m^{-2})$	斯蒂尔(Steele)形式	[5~7]
3	$[1-\exp(-\alpha I)]\exp(-\beta I)$	$\alpha,\beta(m^2 \cdot W^{-1})$	适用于光抑制现象发生区域	[8]

需要特别说明的是表 2.1 中的光密度影响因子 $f(I)$ 函数的第三种定义方式，其考虑了光抑制现象——过强的光密度损害悬浮植物细胞中的叶绿素，从而降低光合作用发生效率的现象。这种形式的光密度影响因子函数适用于夏季浅水光密度分布较强的条件下。

模型如考虑到光被海水介质所吸收的衰减效应，光密度将随深度的增减而减弱，并服从指数衰减的比尔-朗伯定律（Beer-Lambert Law），如式（2.4）所示：

$$I(d)=I_0 e^{-\lambda d} \tag{2.4}$$

式中，d 为水深，m；λ 为衰减因子常数，m^{-1}。式（2.1）～式（2.4）以及表 2.1 中光密度影响因子的诸多关系共同组成了随深度变化的自养悬浮植物和营养盐质量相互转化的动力学模型。

如有必要，浮游植物生长模型还可以考虑温度的影响，也就是在式（2.2）所定义的浮游植物的生长动力学比速率函数的基础上再乘一个温度因子[9]。篇幅所限，不再赘述。

2.1.1.2　NPZD 模型

NPZD 模型包括的物质种类有：营养盐（Nutritive Salt）、自养浮游植物（Phytoplankton）、食植浮游动物（Zooplankton）以及碎屑（Debris）。它们之间的质量转化关系如图 1.1 所示。营养盐与浮游生物之间的质量转化通过中间物质——海洋碎屑实现。浮游生物死亡形成海洋碎屑，海洋碎屑分解形成营养盐；浮游植物通过摄取营养盐实现生物量增长，浮游植物通过摄食活动实现生物量的增长，摄食的残余物或排泄物进入碎屑体系。不考虑外界质量的输入与输出。四者所组成的海洋底层生态系统封闭体系的动力学方程（组）如式（2.5a），式（2.5b），式（2.5c），式（2.5d）所示：

$$\frac{dP}{dt}=k_P(I,N)P-F(P,Z)-\varepsilon_P P \tag{2.5a}$$

$$\frac{dN}{dt}=-k_P(I,N)P+k_{dec}D \tag{2.5b}$$

$$\frac{dZ}{dt}=\gamma F(P,Z)-\varepsilon_Z Z \tag{2.5c}$$

$$\frac{dD}{dt}=-k_{dec}D+(1-\gamma)F(P,Z)+\varepsilon_P P+\varepsilon_Z Z \tag{2.5d}$$

式中，P，N，ε_P，k_P，I 符号意义同 NP 模型。Z 为食植浮游动物生物量，$kg \cdot m^{-3}$；

D 为碎屑浓度，$kg \cdot m^{-3}$。函数 F 为因食植浮游动物的摄食行为而转化的生物量的转化速率，$kg \cdot s^{-1} \cdot m^{-3}$，$\gamma$ 为吸收率或同化率，无量纲。描述摄食行为的摄食生物量转化速率函数形式不一，表 2.2 给出了其常用的几种形式。

表 2.2 摄食生物量转化速率函数模型

编号	$F(P, Z)$	参数	名称	文献
1	$R_{acq}PZ$	$R_{acq}(m^3 \cdot kg^{-1} \cdot s^{-1})$	Lotka-Volterra 公式	[10]
2	$k_{acq}PZ/(K_P+P)$	$k_{acq}(s^{-1})$	第二类 Holling 公式或 Michaelis-Menten 公式	[10]
3	$k_{acq}P^2Z/(K_P{}^2+P^2)$	$k_{acq}(s^{-1})$	第三类 Holling 公式	[10]
4	$k_{acq}[1-\exp(-\mu P)]Z$	$k_{acq}(s^{-1})$	Ivlev 公式	[10]

NPZD 模型中的营养盐、自养浮游植物、食植浮游动物以及碎屑四种物质组成了一个封闭的质量循环体系，在这个体系中虽然单一种类的质量会发生改变，但总体质量保持守恒。模型虽然也考虑了光的强度等外界因素的影响，但是光的强弱并不直接参与质量的转化，而作为外在条件，通过改变质量转化的速率间接影响质量的转化过程。

可以总结一下研究浅海生态模型和其建立过程给我们的启示。其一，简单明晰系统框架便于问题的研究。对浅海生态系统这个复杂的研究对象，仅划分为 N（营养盐）、P（自养浮游植物）两类物质或 N（营养盐）、P（自养浮游植物）、Z（食植浮游动物）、D（碎屑）四类物质，这是浅海生态模型舍繁求简从功能特征划分系统元素的特点。其二，基本原理与适用性的结合。从模型的设计可以发现，从 NP 到 NPZD 模型，对物质的转化过程的刻画逐渐详细，但模型的建立完全严格遵循基本的质量守恒律原理。与此同时，针对不同条件或具体应用情况的考虑，增长比速率函数的定义有所不同。其三，建模可以逐渐细化或扩展。在这个转化模型的框架基础之上，建模者可以根据需要进一步丰富模型的内容。比如除了考虑光强的影响，某些条件下应该增加温度的对物质增长速率的影响而细化模型。再比如，对于某些渔业生产与生态环境协同问题，需聚焦于某一种鱼类或海产品的生物量，则可以在 NPZD 模型的基础上扩展建立新的模型：根据这种鱼类或海产品的主要摄食物种类别进一步细分浮游动物。

2.1.2 环境水体的氧浓度模型

在湖泊或者河流中最为重要的生态环境指标莫过于水体中的氧浓度含量。水体中氧的贫富程度直接表征了水生生态环境的活性。抓住了这个生态系统氧气的变化规律，则抓住了这个系统的关键。

以 Street-Phelps（S-P）模型为基本的箱式模型将整个水体环境视为一个大型的箱式容器反应器，不考虑容器内部污染物的空间分布不均现象，只考察氧的浓度指标随时间的变化情况，并在此基础上派生出了各种不同的环境水体氧浓度模型。而模型的建立基于此物质转化的守恒律和衰减规律。在直接给出模型形式之前，需要搞清楚氧气在水体中的存在形式和最基本的演变方式。

2.1.2.1 *溶解氧动力学方程*

对于溶解态的氧气，我们并不直接以溶解氧的浓度 C_O（$kg \cdot m^{-3}$）来描述它，取而代之的是水体还能够溶解氧气的浓度“余地”或“空间”，此被称为“氧亏”。氧亏的符号为 D，属于浓度量，单位为 $kg \cdot m^{-3}$。定义 $D=C_{OS}-C_O$。氧亏还体现了水体的缺氧程度。当中 C_{OS}（$kg \cdot m^{-3}$）为水体中氧的饱和溶解浓度常数。这与水环境相对固定的客观条件有关，而被认为是个常数。

氧气在水中的溶解速率取决于水体中氧的饱和溶解量和实际溶解量之间的差距，或者说是水还可以溶解、存纳氧气的溶解空间。因此，在洁净水体中，当仅考虑氧气的溶解过程，则可以以下微分方程（2.6）形式，描述氧气在水中的溶解速率。

$$V\frac{\mathrm{d}C_{\mathrm{O}}}{\mathrm{d}t}=k_{\mathrm{L}}A(C_{\mathrm{OS}}-C_{\mathrm{O}}) \tag{2.6}$$

式（2.6）为氧气的溶解动力学方程。式中，V 为水体体积，m^3；A 为水体与大气的接触面积，m^2；k_L 为空气向水体传递氧气的传质系数或传质速率常数，$m \cdot s^{-1}$。更为简洁明了地，这个方程也可以写为以氧亏 D 为变量的形式，如式（2.7）所示。

$$\frac{\mathrm{d}D}{\mathrm{d}t}=-k_{\mathrm{a}}D \tag{2.7}$$

式中，$k_a=k_LA/V$，单位为 s^{-1}。由于水体的几何形态固定，所以 k_a 也是常数，称为氧亏衰减比速率。衰减比速率与水体和大气的暴露面积成正比，与水体体积成反比。可见，由于氧气的溶解，暴露在大气环境中的水体氧亏指标会随时间发生衰减，水体缺氧的状态会随时间而逐渐缓解。式（2.7）表达了环境水体中氧亏指标所基本服从的衰减律。

2.1.2.2 BOD 和 BOD 自身的衰减

一般情况下，在相对封闭的水体内氧可以以游离的溶解状态存在，也可以被生化反应所使用。前者氧以溶解态的氧存在，后者氧以 BOD 方式存在。所以，除了需要弄清氧气溶解的基本规律以外，也需要同时搞清楚水体中 BOD 溶解态的氧气的变化规律，以及其与溶解氧之间的联系。

首先具体说明何为 BOD，以及为何使用 BOD。水体中有机物是个范畴概念，包含诸多物种，甚至涵盖微生物和没有生命的有机物。对于生物量的直接测量比较困难，考虑到物种的生命过程无不与氧气或氧元素联系密切，使用生化耗氧量（BOD——Biochemical Oxygen Demand）一个指标间接体现水体有机物总量是个简单有效的做法。比如说，有机物在水体内的好氧分解的一般过程可以按照如下式写出：

$$\text{有机物}+O_2\xrightarrow{\text{微生物}}\text{氧化分解产物}(CO_2, H_2O, SO_4^{2-}, PO_4^{3-}, \cdots)$$

而所谓 BOD 则是参与此类生化反应的氧气的量。明显地，通过 BOD 的多少可以估算出水体中有机物含量的多少，还能估算出参与有氧分解过程微生物的量以及两者的总量，对于特定的反应，这些量与 BOD 之间存在倍数关系；而对于综合反应，BOD 指标也能够表达有机物或微生物的量以及总量。通常人们关心的是有机物（包括微生物）的总量。BOD 并非是对有机物（包括微生物）总量多少的直接测量。在自然生态中的环境水体中，微生物种类繁多，好氧生化过程复杂，人们确实难以考察反应的细节，而更加关心整个环境水体中有机物（包括微生物）的总量。通过直接考察测量 BOD 的办法是方便有效的。

在量化的描述中，定义 BOD 浓度 L（$kg \cdot m^{-3}$）。水体的 BOD 浓度指标 L 同样服从衰减律。BOD 的多少与有机物（包括微生物）总量之间存在一致性，所以当存在有机物（非微生物）的好氧分解，以及微生物的死亡作用时，BOD 指标也会随之减少。因此，这种情况下存在如下微分方程式（2.8）：

$$\frac{\mathrm{d}L}{\mathrm{d}t}=-k_{\mathrm{d}}L \tag{2.8}$$

式中，k_d 为有机物降解比速率常数，s^{-1}。这体现了 BOD 自身的变化也符合衰减律。

以上式（2.7）与式（2.8）揭示了氧亏与 BOD 自身变化的衰减律，但是式（2.7）与式（2.8）并未完全体现水体中氧的转化规律，以及氧亏和 BOD 两者的联系。实际上，氧亏和 BOD 的变化速率之间存在互补的关系，并且受到守恒律的约束，这在以下 S-P 模型中有体现。

2.1.2.3　氧转化的 S-P 模型

从变化速率上看，随着有机物好氧分解的进行，氧气被用于生化反应而释放了水体氧气，也就是任何时刻的单位时间内氧亏的总量会增加；与此同时，随着有机物好氧分解的进行，以及微生物的死亡和碎屑的沉淀，对应 BOD 总量减少，而且每单位时间内有多少 BOD 的减少则有多少氧亏的增加，所以 BOD 与氧亏的变化速率之间存在互补的关系，并且满足守恒律关系。

Street-Phelps（S-P）模型描述水体环境中氧的转化规律，属于默认水体中氧气分布均匀的箱式模型。S-P 模型体现了氧亏浓度和 BOD 浓度自身变化过程中的衰减律以及两者在任意时刻的单位时间内的质量互补的守恒关系。先不考虑空间上氧的分布不均问题，S-P 模型已经能够较为清晰地揭示水体中氧随时间的变化规律。S-P 模型以方程组（2.9a），（2.9b）的形式给出：

$$\frac{\mathrm{d}L}{\mathrm{d}t}=-k_d L \tag{2.9a}$$

$$\frac{\mathrm{d}D}{\mathrm{d}t}=k_d L-k_a D \tag{2.9b}$$

从功能上看，也就是从溶解氧在水环境中起到的作用上来看，氧气可以游离地溶解在水体中，也可以因有机物的好氧分解过程而被使用或消耗掉。Street-Phelps（S-P）模型将氧气浓度功能化地划分为两种存在形式——氧亏和 BOD。这又是一种以“特征”定义“系统元素”的思考方式，这种直接抓住事物关键特征的观察角度为复杂系统的分析和进一步建立模型提供了方便。

式（2.9）为 S-P 模型基本形式，在此基础上（如细化环境水体中氧气转化的不同过程），S-P 模型还存在其他变形。

2.1.2.4　S-P 模型的派生模型

S-P 模型的派生模型在原来模型的基础上增加了沉降效应、光合作用等过程。主要的派生模型有托马斯模型、康布模型和欧康奈尔模型。

托马斯模型在 S-P 模型的基本形式的基础上引进了生物量的沉降等去除作用，增加（或细分）了一个衰减项，如式（2.10a），式（2.10b）所示：

$$\frac{\mathrm{d}L}{\mathrm{d}t}=-(k_d+k_s)L \tag{2.10a}$$

$$\frac{\mathrm{d}D}{\mathrm{d}t}=k_d L-k_a D \tag{2.10b}$$

k_s 为因沉降作用而使得 BOD 减少的衰减比速率常数，s^{-1}。

康布模型在托马斯模型的基础上增加了光合作用生物生产对体系氧气的贡献：一方面光合作用产生了水体有机物总量增速率 B（$kg\cdot m^{-3}\cdot s^{-1}$）；另一方面，光合作用产生氧气而减少了氧亏，产生的氧亏减少速率记为 P（$kg\cdot m^{-3}\cdot s^{-1}$）。如式（2.11a），式（2.11b）：

$$\frac{\mathrm{d}L}{\mathrm{d}t}=-(k_\mathrm{d}+k_\mathrm{s})L+B \tag{2.11a}$$

$$\frac{\mathrm{d}D}{\mathrm{d}t}=k_\mathrm{d}L-k_\mathrm{a}D-P \tag{2.11b}$$

欧康奈尔模型是托马斯模型的细化，其将生化耗氧量BOD分为含碳生物耗氧量CBOD和含氮生物耗氧量NBOD分别计算，如式（2.12a），式（2.12b），式（2.12c）：

$$\frac{\mathrm{d}L_\mathrm{c}}{\mathrm{d}t}=-(k_\mathrm{d}+k_\mathrm{s})L_\mathrm{c} \tag{2.12a}$$

$$\frac{\mathrm{d}L_\mathrm{n}}{\mathrm{d}t}=-k_\mathrm{n}L_\mathrm{n} \tag{2.12b}$$

$$\frac{\mathrm{d}D}{\mathrm{d}t}=k_\mathrm{d}L_\mathrm{c}+k_\mathrm{n}L_\mathrm{n}-k_\mathrm{a}D \tag{2.12c}$$

式中，L_c 为含碳生物耗氧量浓度，$\mathrm{kg \cdot m^{-3}}$；L_n 为含氮生物耗氧量浓度，$\mathrm{kg \cdot m^{-3}}$，沉降等去除作用仅表现在CBOD方程上。

2.1.2.5 欧康奈尔迁移-传质-转化模型

到目前为止以上4种形式的S-P箱式模型不考虑水体的流动和物质的扩散所引起含氧量的传递与转移现象，但欧康奈尔模型还存在稳态传输形式。这个模型描述的是稳定状态下水体氧量的传输、传质和转化规律，适用于具有恒定流速的河流内水体氧量的衡算。这个模型的具体内容如下。以河流中轴线上所测量的河流长度为坐标尺度 x，河流流速为恒定值 u，则含碳生物耗氧量的变化率为：

$$\frac{\mathrm{d}L_\mathrm{c}(t,x)}{\mathrm{d}t}=\frac{\partial L_\mathrm{c}}{\partial t}+\frac{\mathrm{d}x}{\mathrm{d}t}\frac{\partial L_\mathrm{c}}{\partial x}=\frac{\partial L_\mathrm{c}}{\partial t}+u\frac{\partial L_\mathrm{c}}{\partial x}=-(k_\mathrm{d}+k_\mathrm{s})L_\mathrm{c}$$

考虑到稳态假设，即认为在自然体系内，较长时间尺度上看水体中物质浓度已经达到稳定：

$$\frac{\partial L_\mathrm{c}}{\partial t}=0$$

因此就有式（12.13a）：

$$u\frac{\partial L_\mathrm{c}}{\partial x}=-(k_\mathrm{d}+k_\mathrm{s})L_\mathrm{c} \tag{2.13a}$$

同样地，对于欧康奈尔模型其他变量，有方程式（2.13b），式（2.13c）：

$$u\frac{\partial L_\mathrm{n}}{\partial x}=-k_\mathrm{n}L_\mathrm{n} \tag{2.13b}$$

$$u\frac{\partial D}{\partial x}=k_\mathrm{c}L+k_\mathrm{n}L-k_\mathrm{a}D \tag{2.13c}$$

模型给出的是河流中轴线上各氧量浓度空间分布规律，已经不属于箱式模型范畴。模型给出稳态条件下因河流的流动和传质转化导致的各氧量指标在空间上的分布。若已知某已固定流量排污的排污口处氧量浓度值，模型则可以此为定解条件，得到下游河道中轴线上氧量的分布解。此为最简单的迁移转化模型。

2.1.3 湖泊污染物箱式模型

污染物的箱式模型将体系视为相对封闭的系统，污染物在其中的空间分布视为均匀，仅考虑其在时间上的变化情况，模型主要考察污染物的转化规律而非迁移规律。在守恒律的支配规则下，当存在河流携带以及沉降作用的情况时，湖泊污染物的箱式模型的重点在于如何描述流体质量的输出与输入。通量的概念是建立模型的基本。沃伦韦德尔（R. A. Vollenweider）模型和吉柯奈尔-狄龙（Kichner-Dillon）模型是两个典型的湖泊污染物浓度衡算的箱式模型，体现质量的守恒规律。在某些条件下也存在描述热量守恒规律的箱式模型，有兴趣请查阅相关资料。

2.1.3.1　沃伦韦德尔模型

模型针对环境水体进行质量衡算。为得到总容积为 V（m^3）的箱式水体内某物质质量浓度 C（$kg \cdot m^{-3}$）的变化规律，模型考虑输入通量、输出通量和因沉降而产生的在铅直方向上的通量对 C 改变的影响。

其一，输入通量为：单位时间内输入水体的营养物质或污染物质量 I_c（$kg \cdot s^{-1}$）。

其二，输出通量为：以流出箱体的水体积通量 Q($m^3 \cdot s^{-1}$) 决定的输出污染物质量 QC（$kg \cdot s^{-1}$）。

其三，沉降通量为：$V_{sed}AC$（$kg \cdot s^{-1}$）。A（m^2）为水体平均截面面积，V_{sed}（$m \cdot s^{-1}$）为沉降速度，因此 $V_{sed}AC$ 为单位时间沉降体积内所含有的污染物质量。如果定义沉降比速率 s（s^{-1}）为单位时间沉降体积占湖泊总体积的比（$s=V_{sed}A/V$），则沉降通量还可以表达成 sVC（$kg \cdot s^{-1}$）。有时 s 还可以写为 $s=V_{sed}/h$，h（m）为平均水深。严格意义上讲沉降速度 V_{sed} 和沉降比速率 s 应该按点定义，即在湖泊内部不同位置上的沉降速率或比速率都不会相同，在接近湖面位置处此两者数值略大，在接近湖底位置处此两者数值趋于 0。但是在箱式模型的均匀混合假设条件下，近似视其为非 0 常数。

模型不考虑水体内部的化学反应或生化反应。由此箱式水体内部某物质质量浓度 C（$kg \cdot m^{-3}$）的衡算衡算方程为式（2.14）：

$$V\frac{dC}{dt}=I_c-QC-sVC \tag{2.14}$$

此为沃伦韦德尔箱式模型。

2.1.3.2　吉柯奈尔-狄龙模型

吉柯奈尔-狄龙模型引入滞留系数 R_c 的概念改写输出通量。R_c 的意义为单位时间内输出河流的物质质量和输入河流的物质质量之比。因此吉柯奈尔-狄龙模型如式（2.15）：

$$V\frac{dC}{dt}=I_c(1-R_c)-sVC \tag{2.15}$$

滞留系数 R_c 的估算方法如式（2.16）：

$$R_c=\frac{\sum_j Q_{out,j}C_{out,j}}{\sum_i Q_{in,i}C_{in,i}} \tag{2.16}$$

式中，$Q_{in,i}$ 为第 i 条汇入河流流入水体的水流体积通量，$m^3 \cdot s^{-1}$；$C_{in,i}$ 为第 i 条汇入河流携带汇入的物质浓度，$kg \cdot m^{-3}$；$Q_{out,j}$ 为第 j 条汇入河流流入水体的水流体积通量，$m^{-3} \cdot s^{-1}$；$C_{out,j}$ 为第 j 条汇入河流携带汇入的物质浓度，$kg \cdot m^{-3}$。

2.1.4　湖泊多箱体模型

2.1.4.1　水体的分区箱式模型

依据质量守恒律，体积为 V 的湖泊箱体内物种 i（第 i 种物种）质量浓度 C_i 单位时间内的增量取决于物质的输入、物质的输出、沉降现象以及化学或生化转化，即传质和转化现象。具体表达如下：

$$V\frac{dC_i}{dt}=F_{in,i}-F_{out,i}-F_{sed,i}+V(r_{che,i}+r_{bio,i}) \tag{2.17}$$

式中各质量通量的定义为，$F_{in,i}$ 为单位时间内输入箱体的物质 i 的质量，可以包括大气向水体的传质，比如溶解氧；$F_{out,i}$ 为单位时间内输出箱体物质 i 的质量；$F_{sed,i}$ 为因沉降作用单位时间输出箱体物质 i 的质量；$r_{che,i}$ 为化学反应转化的物质 i 浓度；$r_{bio,i}$ 为生化反应转化的物质 i 浓度。

以上是将湖泊视为一个箱体的箱式模型基本形式，某些情况下为提高相对的准确性，而将湖泊视为多个箱体的组成。建立多箱体模型的原因一方面在于能够增加模型的准确性。虽然在个别箱体内部同样认为物质混合均匀，不存在浓度差别，但是允许在不同箱体之间存在浓度差别，因而用多个拥有不同物质浓度的箱体所组成的多浓度体系近似描述整个湖泊水体中物质浓度分布不均的现象，这实际上是网格化的一种初级形式或粗糙形式。最为常见的有两种水体的多箱体分区方式，其一是对面积广大的湖泊在水平面积上将湖泊视为多个箱体的组合，比如2.1.4.3 中滇池的分区水质模型。其二是对深度较深的水体在深度的铅直方向上将湖泊分为多个箱体叠落，细致考察其中的沉降现象，比如污水处理厂中的沉降池水质模型。

建立多箱体模型的另一方面的原因在于，湖泊不同区域的物质转化机制的客观现实不同，而必须区分考虑，建立分区箱式模型。比如 2.1.4.2 斯诺得格拉斯（Snodgrass）湖泊分层箱式模型。这个模型考虑到深度较深湖泊由于夏天温度在深度上的分布不均导致了磷酸盐和偏磷酸盐的转化机制有所不同，而将湖泊分层建模。2.1.4.3 中滇池的分区水质模型也考虑了不同区域物质的转化效率的差别，并区分了不同区域转化过程。

一般地，当输入湖泊河流数目为 p，输出河流数目为 q，物种数为 m，箱数为 n 时，输入箱体 k 的物种 i 的质量浓度 C_{ki} 以式（2.18）所示：

$$V_k\frac{dC_{ki}}{dt}=\sum_a^p F^{riv}_{in,kai}-\sum_b^q F^{riv}_{out,kbi}+\sum_{l\neq k}^n(F_{in,kli}-F_{out,kli})+F_{air,k}-F_{sed,ki}+V_k(r_{che,ki}+r_{bio,ki}) \tag{2.18}$$

式中，$i=1, 2, \cdots, m$；$k=1, 2, \cdots, n$。V_k 是箱体 k 的体积。上式右端头两项为河流的输入和输出，当河流与此箱体不连通时，相关河流质量通量为 0。$F_{air,k}$ 是大气向箱体 k 的传质，比如考虑氧气的溶解过程时此项非 0，如忽略大气对水体的传质或者箱体与大气不连通时为 0。$F_{in,kli}$ 和 $F_{out,kli}$ 分别为单位时间内箱体 l 向箱体 k 输入和输出箱体的物质 i 的质量；$F_{sed,ki}$ 为因沉降作用在单位时间输出箱体 k 的物质 i 的质量；$r_{che,ki}$ 和 $r_{bio,ki}$ 分别为在箱体 k 中化学反应转化的物质 i 浓度和生化反应转化的物质 i 浓度。

2.1.4.2 斯诺得格拉斯湖泊分层箱式模型

在夏季，有一定深度的湖泊会出现温度分层的现象。湖水的表面温度接近大气温度，通常为 20℃上下，随着湖水深度的增加，温度先陡然下降，之后温度保持在 4℃以上，并基本维持在恒温水平。不同温度的水体区域是不同的生态环境。温度的分布不均在一定程度上会影响湖泊藻类或微生物群以及营养物质的循环转化，特别是不同存在形态的磷元素的相互转化因温度而不同。

因此，刻画夏季深层湖泊中磷的迁移转化的斯诺得格拉斯模型（Snodgrass Model），将湖泊在铅直方向上分为两个层。模型将温度陡然变化的深度区域称为变温层（Epilimnion），以下直至湖底水域称为均稳层（Hypolimnion）。如图2.1所示。通常情况下跃温层（Thermocline/Metalimnion）是指变温层向均稳层过度的中间区域。斯诺得格拉斯模型还包括冬季磷的转化迁移模型。所不同的是，因为冬季湖泊温度分布较为均匀，皆为4℃左右，冬季湖泊的斯诺得格拉斯模型将整个湖泊视为一个箱体，不再对湖泊分区。夏季和冬季模型皆以正磷酸盐和偏磷酸盐的两类物质的浓度指标为主要变量。模型关于此两个变量建立衡算方程，认为箱体为一个反应器系统，考察了所有主要的影响正磷酸盐和偏磷酸盐两类浓度改变的转化和迁移因素。其中包括箱体与外界磷元素的质量交换、不同箱体之间的质量迁移和箱体内部物质的转化过程。以下分别叙述夏季两箱体模型和冬季单箱体模型。

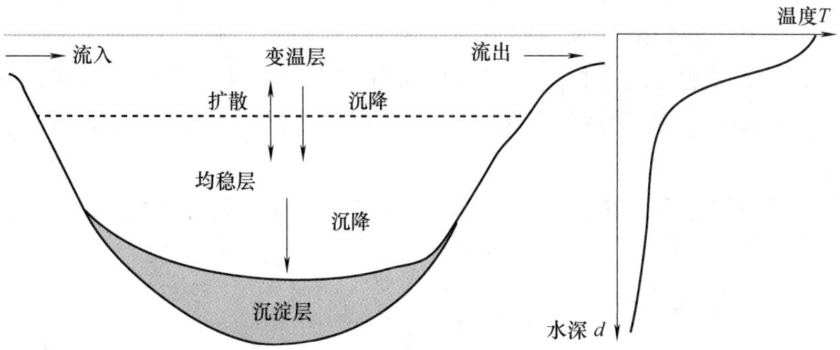

图2.1　湖泊的温度分层及物质迁移示意图

在夏季模型中，分层建模的依据在于正磷酸盐和偏磷酸盐在不同温层的转化过程不同，可以按照以下方式表达：

$$\text{正磷酸盐} \underset{\text{低温/均温层}}{\overset{\text{高温/变温层}}{\rightleftharpoons}} \text{偏磷酸盐}$$

所以在夏季模型中，湖泊的上层主要发生的是从正磷酸盐向偏磷酸盐转化的反应，而在湖泊的下层主要发生的则是偏磷酸盐向正磷酸盐的转化反应。

开始需要声明模型所涉及的变量。在变温层箱体中，正磷酸盐浓度和偏磷酸盐浓度分别以符号P_{1e}和P_{2e}表示；在均温层箱体中，正磷酸盐浓度和偏磷酸盐浓度分别以符号P_{1h}和P_{2h}表示，单位皆为$kg \cdot m^{-3}$。

进一步分述模型所考察的迁移（传质）和转化过程。

变温层处于湖泊上表面，在变温层箱体的迁移（传质）现象包括考虑河流的携带，层间的扩散作用。对迁移（传质）现象以输入输出分述之。首先，输入变温层箱体有两个通量。其一，河流的携带通量：$\sum Q_j P_{ij}$。$i=1$表示正磷酸盐，$i=2$表示偏磷酸盐，j是流入河流编号。其二，因物质的扩散作用，均温层对变温层产生传质通量。这个通量和物质浓度的梯度有关。离散条件下，均稳层向变温层的扩散物质通量为可以这样估算：$A_{th}D_{th}(P_{ih}-P_{ie})/z_{th}$。$i$为正磷酸盐或偏磷酸盐物质编号；$z_{th}$为跃温层高度$z_{th}=(z_e+z_h)/2$；$A_{th}$为跃温层横截面积，也即变温层与均温层交界面面积。其次，输出变温层箱体的通量有两个。其一，河流携带。河流的携带输出通量为：$\sum Q'_k P_{ie}$；$i=1$表示正磷酸盐，$i=2$表示偏磷酸盐，k是流出河流编号。其二，沉降携带：仅有偏磷酸盐发生沉降，其沉降通量为$v_{sed,e}A_{th}P_{2e}$，$v_{sed,e}$为变温层内的沉降速率。

再有，变温层内存在正磷酸盐向偏磷酸盐转化。转化的速率取决于正磷酸盐浓度：

$k_{12,e}V_eP_{1e}$。因此，变温层箱式模型用式（2.19a）与式（2.19b）表示：

$$V_e\frac{dP_{1e}}{dt}=\sum Q_jP_{1j}-\sum Q'_kP_{1e}+A_{th}D_{th}\frac{P_{1h}-P_{1e}}{z_{th}}-k_{12,e}V_eP_{1e} \tag{2.19a}$$

$$V_e\frac{dP_{2e}}{dt}=\sum Q_jP_{2j}-\sum Q'_kP_{2e}+A_{th}D_{th}\frac{P_{2h}-P_{2e}}{z_{th}}-v_{sed,e}A_{th}P_{2e}+k_{12,e}V_eP_{1e} \tag{2.19b}$$

在夏季模型中第二个均温层箱体处于湖泊底层，不需要考虑河流的携带作用，但是存在层间的扩散作用以及偏磷酸盐的沉降作用。

首先，输入均温层箱体有通量两个。其一，对于两种磷酸盐变温层向均温层都存在扩散传质。对于不同的物种 i，扩散传质通量为：$A_{th}D_{th}(P_{ih}-P_{ie})/z_{th}$。其二，上层的偏磷酸盐的沉降带入。上层的偏磷酸沉降质量通量为：$-v_{sed,e}A_{th}P_{2e}$。

其次，由于均温层不与河道相连，仅考虑沉降输出，而且仅存在偏磷酸盐的沉降。其沉降通量为：$v_{sed,h}A_sP_{2e}$。A_s 为底层沉淀区横截面积，近似为均温层底面面积。$v_{sed,h}$ 为均温层内的沉降速率。

再有，均稳层内仅存在偏磷酸盐向正磷酸盐转化过程，转化的速率取决于偏磷酸盐浓度：$k_{21,h}V_hP_{2h}$。因此，均温层箱式模型用式（2.19c）与式（2.19d）表示：

$$V_h\frac{dP_{1h}}{dt}=A_{th}D_{th}\frac{P_{1e}-P_{1h}}{z_{th}}+k_{21,h}V_hP_{2h} \tag{2.19c}$$

$$V_h\frac{dP_{2h}}{dt}=A_{th}D_{th}\frac{P_{2e}-P_{2h}}{z_{th}}+v_{sed,e}A_{th}P_{2e}-v_{sed,h}A_sP_{2h}-k_{21,h}V_hP_{2h} \tag{2.19d}$$

以上为斯诺得格拉斯夏季湖泊磷迁移、转化模型。以下建立冬季模型。

冬季湖泊表面结冰，水下绝大部分区域保持在4℃均温度，故使用单箱模型进行质量衡算。单箱模型不再区分均温层和变温层变量，仅按物质区分浓度变量，实际上只需将两层模型相加就行了。如式（2.20a）与式（2.20b）所示：

$$V\frac{dP_1}{dt}=\sum Q_jP_{1j}-\sum Q'_kP_1-k_{12}VP_1+k_{21}VP_2 \tag{2.20a}$$

$$V\frac{dP_2}{dt}=\sum Q_jP_{2j}-\sum Q'_kP_2-v_{sed}A_sP_2+k_{12}VP_1-k_{21}VP_2 \tag{2.20b}$$

2.1.4.3 刘玉生-唐宗武滇池分区箱式模型

刘玉生、唐宗武[12]建立了滇池富营养化模型。其利用滇池内生化反应相对显著程度以及水流的传输相对扩散的显著程度的空间分布不均性来对滇池进行功能性的分区，建立分区模型箱式模型。具体地，以 *Pe* 数（Peclet Number）以及 *PK* 数为指标作为分区的根据。*Pe* 数的意义是水流输运相对于扩散对物质的传递显著程度。*Pe* 数较大意味着流动传输是物质传递的主要机理，而非扩散。*PK* 数为反应项和传递项的比值，*PK* 数较大意味着局部物质质量的消耗或转移主要靠反应完成而非因流体的流动。该模型将滇池分为5个箱：北部，盘龙河以北草海两个箱，盘龙河以南外海三个箱，如图2.2所示。

模型对各个箱体关于11个物质浓度变量进行质量衡算。这11个物种是8种状态中的元素和3类污染物质，它们分别是：藻类细胞中的碳含量、藻类细胞中的氮含量、藻类细胞中的磷含量、有机碎屑中的磷含量、有机碎屑中的氮含量、沉积物中的磷、沉积物中的氮、可溶性磷以及浮游植物生物量、浮游动物生物量、化学需氧量。

在箱体 j（$j=1$，2，3，4，5）中物质 i（$i=1$，2，…，11）浓度 $C_{i,j}$（$kg\cdot m^{-3}$）的

衡算模型的具体形式如式（2.21）所示：

$$V_j \frac{\mathrm{d}C_{i,j}}{\mathrm{d}t} = D_{i,j-1,j} \frac{C_{i,j-1} - C_{i,j}}{L_{j,j-1}} A_{j,j-1} + D_{i,j,j+1} \frac{C_{i,j+1} - C_{i,j}}{L_{j,j+1}} A_{j,j+1} + Q_{i-1,i} C_{i-1,i} - Q_{i,i-1} C_{i,i-1} + Q_{i+1,i} C_{i+1,i} - Q_{i,i+1} C_{i,i+1} + r_{i,j} \tag{2.21}$$

式中，A 为箱体接触面积，m^2；D 为物质在箱体之间的扩散系数，$m^2 \cdot s^{-1}$；Q 为箱体间流量，$m^3 \cdot s^{-1}$；r 为转化速率 $kg \cdot m^{-3} \cdot s^{-1}$；$V$ 为箱体体积，m^3。

模型的另一个关键问题在于各物质的转化率 r 的确定，其中包含生化反应动力学，并多为莫诺得形式。一般来讲，考虑到湖泊生物动力学过程的复杂性和具体湖泊的特殊性，生化反应动力学形式并不唯一，相比相对固定的迁移过程而言，转化率模型为湖泊环境动力学模型的关键问题，而需要分别单独研究。如果考虑到渔业对湖泊营养物质转移的影响需要模式化生物链子系统及相关的传质过程。

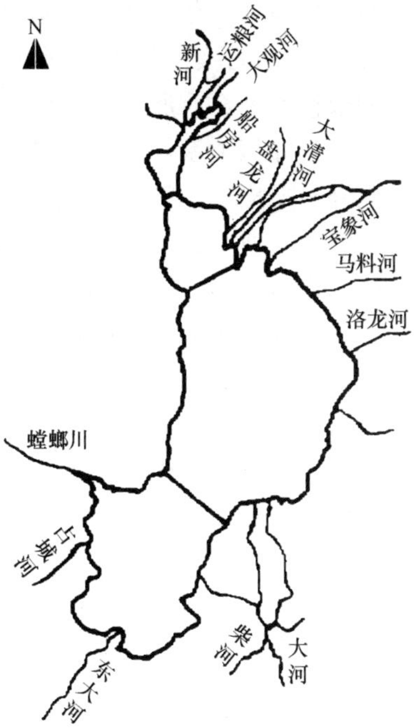

图 2.2　滇池分区箱式模型分区示意图

2.2　反应系统动力学模型

除了传质和转化，物质之间还通过反应的方式传递质量。反应主要包括化学反应和生化反应。在动力学的角度上来看，物质的质量从反应物转化到了生成物上，导致生成物质量的积累和反应物质量的消减。之前所涉及的转化过程仅依照衰减律粗略地进行建模，以下在一般意义上给出多物质、多反应系统的动力学反应转化模型。

2.2.1　化学反应动力学

在某封闭体系内，考虑与某一个或者某一系列化学反应相关的所有反应物和生成物所组成的系统。由于参与反应的物质不止一个，反应也不止一个，所以以物质 i（$i=1, 2, 3, \cdots, n$）的浓度 C_i 表示 i 物质状态，以 j（$j=1, 2, 3, \cdots, m$）反应进行的速率 r_j 表示反应 j 的状态。并视此为动态系统。这当中将可逆反应视为两个方向相反的反应。描述所有反应物和生成物的浓度在化学反应进程中随时间变化的动态规律的模型为此化学反应动力学模型。模型的关键就是要给出各 C_i 和 r_j 的正确联系。r_j 的定义当中已经存在其与物质 i 变化速率 r_{ij} 的联系，以下重申这个内容。

即使在同一个反应中，相关物质的生成或消亡的速率都会有不同，因此对任何一个反应，也需要以某一个标准定义反应进行的快慢。而在化学反应动力学当中，是这样定义反应速率的：以 1mol 物质发生转化时，此物质的转化速率为该化学反应的速率。对于反应 j 而言，如当中 1mol 物质发生转化，同时伴随着 α_{ij} (mol)($\alpha_{ij} \neq 0$)的 i 物质发生转化，那么 i 物质在反应 j 中的转化速率就为 $r_{ij} = \alpha_{ij} r_j$，r_j 即 j 反应的反应速率。当中如 $\alpha_{ij} > 0$，表示反应 j 中有 i 物质生成，$\alpha_{ij} < 0$，则反应 j 中 i 物质被消耗，$\alpha_{ij} = 0$，则 j 反应不影响物质 i

的增减。在当中，依据物质消耗和生成的指向，反应带有方向性。

参数 α_{ij} 来自实际的化学反应，数值上来自化学反应方程式的配平。尽管不同的反应，反应的快慢程度会有所不同，在不同时刻物质的质量存在变化，但 α_{ij} 的正确取值能够反映体系的质量守恒关系。

此外，反应 j 的转化速率 r_j 的具体表达形式通过实验或经验得到，而并不一定和守恒律直接相关。通常情况下，反应的转化速率与所有反应物的浓度有关，反应 j 的反应转化速率：$r_j=f_j(C_1, C_2, \cdots, C_n)$。

所以不难得到在一般情况下，描述这个由多种物质为系统元素，以化学反应为元素关系，守恒律为系统的支配规律的化学反应系统的状态方程（组）——系统模型为如式（2.22）：

$$\frac{\mathrm{d}C_i}{\mathrm{d}t}=\sum_j^m r_{ij}=\sum_j^m \alpha_{ij} r_j=\sum_j^m \alpha_{ij} f_j(C_1, C_2, \cdots, C_n) \tag{2.22}$$

式中，$i=1, 2, \cdots, n$；$j=1, 2, \cdots, m$。式（2.22）是化学反应系统模型常见的表达方式，也可以将式（2.22）写为矩阵和矢量的形式如式（2.23）：

$$\frac{\mathrm{d}\boldsymbol{C}}{\mathrm{d}t}=\boldsymbol{A f}(\boldsymbol{C}) \tag{2.23}$$

$\boldsymbol{C}$ 为 n 维由 n 个物质浓度为元素所组成的物质浓度向量；$\boldsymbol{f}$ 为 m 维包含 m 个化学反应速率的化学反应速率向量。矩阵 $\mathbf{A}$ 为 $n \times m$ 维由各化学计量数 α_{ij} 为元素组成的矩阵。式（2.23）中 $\boldsymbol{f}$ 的具体形式取决于具体反应情况。

特别地，对于本征化学反应（或称基元反应）有式（2.24）表达：

$$f_j=k_j \prod_{\alpha_{ij}<0} C_i^{\alpha_{ij}} \tag{2.24}$$

式中，反应速率系数为众所周知的阿累尼乌斯（Arrhenius）形式如式（2.25）：

$$k_j=A_j \exp\left(-\frac{E_{\mathrm{a}j}}{RT}\right) \tag{2.25}$$

某些并非由本征反应所组成的动力学过程，也使用阿累尼乌斯形式的反应速率近似拟合当中反应速率。

2.2.2 微生物反应动力学

在某封闭体系内，考虑由一系列微生物、营养基底物质（底物）、生化反应生成物所组成的动力学系统。以 $C_{\mathrm{M}i}$ 表示微生物 i 的生物量浓度；以 $C_{\mathrm{B}i}$ 表示底物 i 的浓度；以 C_i 表示生成物 i 的浓度。系统共有 p 种微生物、q 种底物，n 种生成物质；与生成物质相关的（生物）化学反应的数目有 m 个。

生化反应当中微生物凭借底物的营养供给产生生物量的增加，微生物 i 的生物量浓度变化速率可表示为式（2.26）：

$$\frac{\mathrm{d}C_{\mathrm{M}i}}{\mathrm{d}t}=\mu_i C_{\mathrm{M}i} \tag{2.26}$$

式中，$i=1, 2, \cdots, p$。式中 μ_i 为微生物 i 生长的比速率，其取决于各底物的浓度。当存在多种底物共同作用使微生物生物量增加时，其动力学的描述形式并不唯一，但基本上是由莫诺得（Monod）形式派生而来。现取一种最常见的方式为例，体现微生物生物量与底物浓度之间的关系：微生物生长的机理可以表示为由各不同的底物 $C_{\mathrm{B}j}$（$j=1, 2, \cdots, q$）所诱发的 q 个生化反应作用的叠加，对于微生物 i 有式（2.27）说明：

$$\mu_i = \sum_{j=1}^{q} \mu_{ij} \tag{2.27}$$

式中，μ_{ij} 为底物 j 对微生物 i 的比生长速率，其为莫诺得（Monod）形式，称为反应 j 对微生物 i 的莫诺得比生长速率，此进一步可由式（2.28）表示：

$$\mu_{ij} = \frac{C_{Bj}}{K_{Bj} + \sum_{k}^{q} a_{jk} C_{Bk}} \mu_{\max ij} \tag{2.28}$$

$\mu_{\max ij}$，K_{Bj} 皆为莫诺得比生长速率模型参数。

如存在生成物质，其质量浓度的变化速率取决于具体的生化反应。变化速率方程与式（2.23）类似，所不同的是反应速率还可能与微生物生物量浓度有关而如式（2.29）所示：

$$\frac{d\boldsymbol{C}}{dt} = \boldsymbol{A f}(\boldsymbol{C}, \boldsymbol{C}_M) \tag{2.29}$$

$\boldsymbol{f}$ 的具体形式取决于具体反应情况，可以通过实验或从文献中获得。

在微生物生长的同时，底物也在发生消耗。确定底物消耗的量化关系，可以通过以下两种方式。其一，整体质量保持不变如式（2.30）：

$$\frac{d}{dt}\left(\sum_{i}^{p} C_{Mi} + \sum_{j}^{q} C_{Bj} + \sum_{k}^{n} C_k\right) = 0 \tag{2.30}$$

其二，定义产物产率 y_{ij}，为每消耗一单位的底物 j 产生的微生物 i 增量，即 $y_{ij} = dC_{Mi}/dC_{Bj}$。利用其某些条件下为常数的特性，可以容易得到式（2.31）：

$$\frac{dC_{Bj}}{dt} = \sum_{i}^{p} \frac{1}{y_{ij}} \frac{dC_{Mi}}{dt} \tag{2.31}$$

产物产率的具体值或函数形式需要通过问题的实测分析得到或从文献资料中获得。

方程（2.26）～方程（2.31）给出了微生物、底物和生成物质的相互关系。

2.3 灵　敏　度

一个完整的建模过程应该包括：首先建立概念关系模型，之后建立数学模型，模型算法的设计，确定模型参数，以及最后模型灵敏度分析等多个步骤。模型建立完毕后还需要经过模型的验证阶段。

模型灵敏度的分析能够相对地给出模型预报的确定性估计。对于选定的某个模型，有时需要对其主要或所有参数进行灵敏度分析。灵敏度概念是关于模型的某个参数而言的。如果某个参数灵敏度过高，意味着模型对该参数存在着相对较高的不确定性。换言之，模型如关于某参数的灵敏度较高，当此参数的测量或估计存在误差时，则模型会因为此参数的微小误差而导致预报结果明显偏离正确预报值。这样的话，模型可靠性和确定性将大打折扣。

一般来讲模型关于参数 a 灵敏度的定义可以用式（2.32a）表示：

$$S_a = \left| \frac{\Delta F / F}{\Delta a / a} \right| \tag{2.32a}$$

式中 F 为模型的预报结果，比如 NPZD 模型中物种生物量，湖泊水质模型中的指标浓度等。a 为某个考察参数。F 可以是某一个预报结果或者多个预报结果组成的矢量。当 $\boldsymbol{F}$ 为矢量时，模型关于参数 a 灵敏度的定义应改为式（2.32b）：

$$S_a = \frac{1}{|\Delta a/a|}\frac{|\Delta \boldsymbol{F}|}{|\boldsymbol{F}|} \tag{2.32b}$$

模型的灵敏度分析可以考虑关注的某一个预报结果相对于该参数的灵敏度，也可以关注模型所有预报结果相对于该参数的灵敏度。一般地，当参数 a 变化 1%时，S 小于 0.5，认为模型变量 F 关于参数 a 不敏感，模型数值解可信，反之模型相对该参数存在较明显不确定性[10]。关于模型的灵敏度分析和模型算法的设计还有十分丰富内容，需要的读者请查阅相关书籍。

2.4 总　　结

以上各模型将某个环境系统视为相对封闭的系统，建立物质衡算关系。

物质的衡算有三个基本内容：物质迁移、转化和反应。此章节涉及的箱式模型重点考察物质转化和反应的动态过程，而对迁移过程的建模比较简略。

2.1 部分给出了几个环境科学中典型的转化模型，其各有特点。

NPZD 模型中，系统模型中定义一类物质为系统元素。其将复杂的浅海生态诸多物种简单归类为四种，从而使建模过程得到大大简化。而类别的定义在于物质在系统中所体现的功能和特性。比如说 NPZD 模型中将所有能够可以进行光合作用的物种视为一种系统元素，叫做自养浮游植物系统元素 P，而相对地，以是否能够直接被 P 吸收而区分定义营养盐和碎屑，以 P 为食物而定义元素食植浮游动物 Z。

而 S-P 模型却有所不同，其仅关注复杂水生生态系统中单一物质——氧气的转化，却又把氧分为了两类——氧亏和 BOD。这种对氧的定义方式比较抽象，也并不直接，但同样是抓住了元素在系统内在存在方式上的特征。S-P 模型及其派生模型在环境科学中有典型意义，通过封闭水体氧气指标能够直接表征水体的活性和污染程度。而且建模过程体现了守恒律和衰减律。

箱式模型除了主要描述转化过程以外，同样可以描述物质的迁移或传质过程，这是通过定义通量概念而实现的。但是箱式模型认为箱体内物质混合均匀的假设使得其对传质过程描述的十分粗糙。比如沉降现象，明显地，沉降速率在水体不同深度上是不同的，尤其在水体底部沉降速率为 0，而箱式模型中沉降速率通常是以一个固定值出现。细化箱式模型描述物质在迁移转化上的天生缺陷的一般办法是通过对水体分区而建立多个箱体实现的。

斯诺得格拉斯模型和刘-唐滇池水质模型是湖泊多箱体分区模型的典型例子。斯诺得格拉斯模型应用于深水湖泊，其以温度分层和不同温度环境影响转化过程客观现象为分层的依据。关于浅水湖泊的滇池分区模型，以局部物质变化的两种原因——反应的消耗或是迁移携带的作用在局部的相对强弱来分区，或者以扩散和流体流动的携带对物质转移的影响的相对强弱来分区。两个模型都体现出多箱体模型的箱体和区域的划分也要有所现实依据。

2.2 部分一般性地给出了反应系统模型的框架。反应包括化学反应和生化反应，其各自系统模型在整体上和基本规律上同受守恒律的支配，而对于不同类型的反应，具有不同的反应动力学形式。此中列举了本征化学反应的阿累尼乌斯动力学和生物化学反应的莫诺得形式的反应速率，但并不排除存在其他方式的或者更为广义的“转化”速率的模型定义方式，而这取决于研究者将面临何种问题。模型框架可应用于复杂反应环境系统的建模。建模中值得借鉴的是守恒律与反应速率动力学分别建模思想。

本章节关于转化和反应模型主要针对质量的变化而言，而实际上物质的迁移、转化和传递并不仅局限于质量上，后面将进一步讨论包括质量以及热量和动量的迁移、转化和传递现象、机理和模型。

虽然在某些情况下，研究者可以直接使用专门的模拟软件完成模型分析和预报，而不必重复繁复的建模工作；但是因研究角度和应用的不同，以及所选问题的具体特点，也不乏存在对具体问题进行重新建模的需要。所以基于以上实例掌握建模的原理和过程十分必要。而且从以上建模过程可以看出，模型的建立也存在技巧。研究者可以保持模型的框架不变，根据具体的应用情境修改细节。比如 NP 模型中的光密度影响因子（如表 2.1）以及 NPZD 模型中的摄食生物量转化速率（如表 2.2）具有多种应用形式，吉柯奈尔-狄龙模型修改了河流流出通量。

下一章流体动力学模型能够精确描述物质的迁移或传质过程。

习　题

1. 试解出参数为常数时的 Street-Phelps 模型及其派生模型的解析解。

2. 本章动力学模型哪些严格满足质量守恒律，哪些没有？为什么？是否扩大系统的范围则能使其严格满足守恒律？

3. 思考与讨论

物种的捕食动力学模型

Lotka-Volterra 方程是描述存在捕食现象的两种物种之间数量关系的最基本方程。这个模型于 1910 年由美国物理化学学者阿尔弗雷德·詹姆斯·洛特卡（Alfred James Lotka）建立，最早用于描述自催化化学反应，之后发现能够较好地表现猎物和捕食者之间生物量的变化关系而被广泛认识。

这个模型的基本形式为：

$$\frac{\mathrm{d}M}{\mathrm{d}t}=a_1M-a_2MN \tag{2.33a}$$

$$\frac{\mathrm{d}N}{\mathrm{d}t}=-b_1N+b_2MN \tag{2.33b}$$

式中，参数 a_1、a_2、b_1、b_2 皆为正数。M 表示被捕食物种的生物量（或种群数量），N 表示捕食者的生物量（或种群数量）。从方程可以看出，被捕食者为生产者，其可以依赖营养物质或光合作用而实现其生物量的增长，捕食者的捕食是其数量减少的因素；而另一方面，捕食者作为消费者，其数量的变化情况则截然相反。

这个方程可以用于描述大型动物的种群数量变化规律，比如鱼群之间的关系。方程的变形和推广甚至被用于捕鱼业生产规律中的理论分析和某些定性的优化。而这个方程最常用于揭示微生物的物种生物量，也被用于描述水生藻类和细菌之间生物量的变化规律。实际上，Lotka-Volterra 模型及其派生模型在微生物等方面更为实用，也更便于得到检验，从而可以指导实验等实际操作过程。

这个模型较为突出的特点在于，它反映出了捕食关系中，两种物种数量的周期性的震荡规律。而其它许多动力学方程所表现的规律则是物质的量的变化趋于平稳。比如，本章所提及的 Street-Phelps 模型，以及诸多化学反应动力学方程。Street-Phelps 模型的 L 和 D 两个氧指标最终将趋于 0，而常见的诸多化学反应将停止在化学平衡条件下。但是 Lotka-

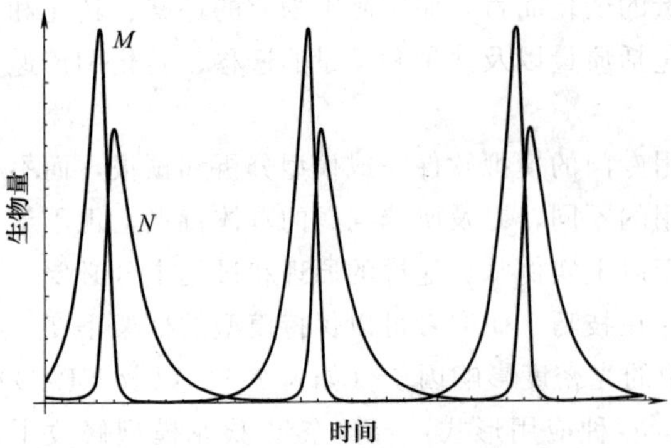

图 2.3 Lotka-Volterra 模型的一个解

Volterra 方程模型则有所不同。如图 2.3 所示。图 2.3 是 Lotka-Volterra 模型的一个解的情况，这体现出两种物种生物量在捕食关系下周期性消长的特点。

Lotka-Volterra 模型正是能够反映存在捕食关系的种群间生物量关键规律的最基本和最简单的数学模型形式而被记住。基于此，派生出了多种物种间的捕食和（或）竞争关系的 Lotka-Volterra 方程，甚至描述各种物种种群关系的其他方程和模型。

问题：①本章哪些模型体现出了物种间的捕食关系，且具备 Lotka-Volterra 方程的特点。②查找资料学习和进一步了解 Lotka-Volterra 模型和多物种的 Lotka-Volterra 模型，比较并简单讨论微生物反应动力学当中的 Monod 形式比速率在何种条件下体现出 Lotka-Volterra 方程所表现出的种群间捕食的特点。③查找生物种群的动力学的实际例子，比如微生物处理污水、水体中水化或藻类的变化模型等，学习 Monod 形式比速率是如何在各种条件下体现出微生物之间的捕食、竞争以及共生等关系的。

第3章 流体动力学模型

流体力学在于认识流体的宏观运动，给出运动流体特征的客观描述和关键状态的界定，从而较为完整地刻画流体运动和运动规律，以及进一步揭示流体的运动与流体的热力学状态之间的内在关系。从工程的角度上讲，除了需要对宏观运动流体进行现象认识、状态界定、规律刻画这三个基本科学范畴的探讨以外，还需要在此基础上实现对流体运动状态的预报。因此，关于宏观流体运动规律的数学描述——流体动力学控制方程才是流体动力学理论的最关键内容，也是工程学的预报工作所应遵从的最基本理论框架。本章文字也以此作为最终落脚点。

总的来讲，流体力学的控制方程有三个基本的组成部分：其一，动态流场方程（组）；其二，物质传输-扩散方程（组）；其三，传热方程（组）。流场方程（组）包括连续流体介质的动量守恒和动量传递方程（组）以及质量的连续方程两个部分。对于多物种在流体中的迁移现象，可以用多个物质的传输-扩散方程来描述，这些组成了第二个部分。能量的传递同样是流体动力学的一个重要组成部分。能量的传递通常体现在体系温度的动态分布和变化上，刻画流体热传递现象的运动规律的方程（组）部分为传热方程（组）部分。本章主要介绍前两个部分，重点在于流体的运动特征。关于流体的能量传递本章从略。遵从从易到难的原则，以下首先从物质的传输和扩散开始。

3.1 扩散和传输

扩散（Diffusion）现象是个宽泛的概念，包括物质分子扩散、热量的扩散以及湍流现象中关于质量和热量的湍流扩散。质量的分子扩散是指在介质中，物质分子从高浓度区域向低浓度区域转移，直到均匀分布的现象。本章不涉及湍流扩散。

传输（Advection）现象特指通过速度流携带物质而引起物质的质量、热量以及动量在流体介质（气体或水等）中发生转移的现象。

传输和扩散是流体介质物质传播的最基本方式。

3.1.1 分子扩散菲克定律

在宏观角度上描述分子扩散现象的规律是菲克定律（Fick's Law）。菲克定律给出了扩散传质的方向和大小。其基本内容是物质在某方向上的扩散通量面密度在数量上与该方向上物质的浓度梯度成正比，方向指向其梯度的反方向，从高浓度向低浓度扩散。所谓扩散通量面密度是指单位面积上因扩散而转移物质的量的速率，可以以体积量来衡量转移物质的量，也可以以质量衡量转移物质的量，前者属于体积通量面密度概念，后者为质量通量面密度。

比如在 x 方向上发生分子扩散，（体积）浓度为 c（$m^3 \cdot m^{-3}$）的物质的体积扩散通量

面密度 $F_{\mathrm{diff},x}^{V}$（$\mathrm{m^3 \cdot s^{-1} \cdot m^{-2}}$）满足式（3.1）所示关系：

$$F_{\mathrm{diff},x}^{V}=-D_x\frac{\partial c}{\partial x} \tag{3.1}$$

式中，D_x（$\mathrm{m^2 \cdot s^{-1}}$）为 x 方向上的分子扩散系数常数。关于（质量）浓度为 ω（$\mathrm{kg \cdot kg^{-1}}$）的物质的质量扩散通量面密度 $F_{\mathrm{diff},x}^{M}$（$\mathrm{kg \cdot s^{-1} \cdot m^{-2}}$）为式（3.2）：

$$F_{\mathrm{diff},x}^{M}=-D_x\rho\frac{\partial \omega}{\partial x} \tag{3.2}$$

式中，ρ 为扩散发生所在介质的密度，$\mathrm{kg \cdot m^{-3}}$。如扩散发生在水当中，则 ρ 为水的密度；如扩散发生在空气当中，则 ρ 为空气密度。

如果扩散是各向同性的，也就是说在各个方向上的扩散系数是相同的，这种情况下分子扩散的体积通量面密度（矢量）的菲克定律可以表示为式（3.3）：

$$\boldsymbol{F}_{\mathrm{diff}}^{V}=-D\nabla c \tag{3.3}$$

式中，D 为扩散系数，$\mathrm{m^2 \cdot s^{-1}}$。符号“$\nabla$”表示梯度，在空间直角坐标系下，其定义为式（3.4）：

$$\nabla=\left(\frac{\partial}{\partial x}, \quad \frac{\partial}{\partial y}, \quad \frac{\partial}{\partial z}\right)^{\mathrm{T}} \tag{3.4}$$

多元函数的梯度是个矢量，如∇c。在局部，其指向为函数 c 升高最快的方向，其大小取决于该点函数 c 变化剧烈程度。

类似地，各项同性的分子扩散的质量通量面密度为式（3.5）：

$$\boldsymbol{F}_{\mathrm{diff}}^{M}=-D\rho\nabla\omega \tag{3.5}$$

3.1.2 浓度的扩散方程

当只考虑扩散现象时，根据菲克定律和质量守恒关系建立物质浓度的衡算方程，如图3.1所示。以体积浓度为例，任意体积 Ω 内的物质浓度的增减仅来自于在体积边界上发生的扩散现象对物质的转移的贡献，如方程（3.6）所示：

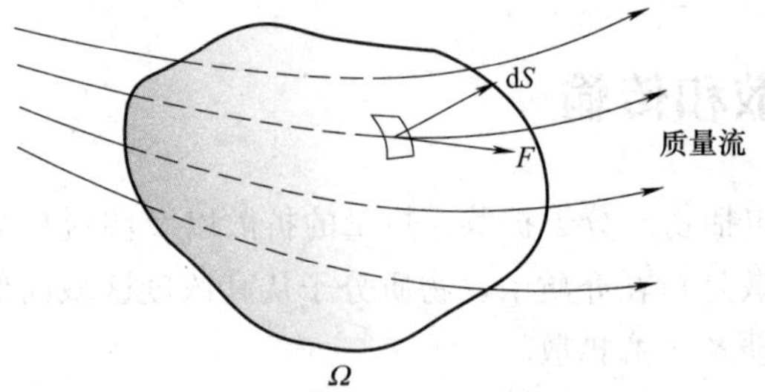

图 3.1　通过任意体积 Ω 的传质通量

$$\frac{\partial}{\partial t}\iiint_{\Omega} c\,\mathrm{d}\tau+\oiint_{\Omega}\boldsymbol{F}_{\mathrm{diff}}^{V}\cdot \mathrm{d}\boldsymbol{S}=0 \tag{3.6}$$

需要注意的是方程（3.6）中 Ω 表面积的面积微元 $\mathrm{d}\boldsymbol{S}$ 的方向指向 Ω 表面积的外法线方向。所以方程（3.6）中左端第一项为单位时间内体积 Ω 内物质的体积的增（减）量，方程（3.6）中左端第二项为扩散质量流经过 Ω 的外表面积带出（或代入）体积 Ω 的物质的体积总和。利用高斯散度定理将面积分换成体积分，如式（3.7）所示：

$$\frac{\partial}{\partial t}\iiint_{\Omega} c\,\mathrm{d}\tau+\iiint_{\Omega}(\nabla\cdot \boldsymbol{F}_{\mathrm{diff}}^{V})\mathrm{d}\tau=0 \tag{3.7}$$

则有式（3.8）：

$$\frac{\partial c}{\partial t}=\nabla\cdot D\nabla c \tag{3.8}$$

同样地，对于质量浓度，扩散方程为（3.9）：

$$\frac{\partial \rho\omega}{\partial t}=\nabla \cdot D\rho\nabla\omega \tag{3.9}$$

如介质（气体或水）密度为常数时两个方程形式上完全相同。

3.1.3　物质的传输和扩散

为建立物质浓度的传输-扩散方程，首先应计算计入传输和扩散两种传质方式的浓度的通量面密度。

首先仅考虑传输传质。明显地，既然传输是流体（气体或水）流速的携带，所以传输的方向是流体速度的方向，其大小取决于流体流速的大小。具体地，因传输而发生的浓度为 $c(\mathrm{m^3 \cdot m^{-3}})$ 的物质的体积通量面密度（$\mathrm{m^3 \cdot s^{-1} \cdot m^{-2}}$）为式（3.10）：

$$\boldsymbol{F}_{\mathrm{adv}}^{V}=c\boldsymbol{v} \tag{3.10}$$

式中，$\boldsymbol{v}$ 是流体介质（气体或水）的流速速度矢量，$\boldsymbol{v}=(u, v, w)^{\mathrm{T}}$，单位 $\mathrm{m \cdot s^{-1}}$。此具有另外一层物理意义——单位时间内通过流线方向单位截面积的流体体积，即流体体积通量面密度矢量，单位 $\mathrm{m^3 \cdot s^{-1} \cdot m^{-2}}$。这表明（3.10）的意义就是仅因速度的携带作用而发生的浓度为 c 的物质的体积传递速率（体积通量面密度），$\rho\boldsymbol{v}$ 是流体质量通量面密度矢量，单位 $\mathrm{kg \cdot s^{-1} \cdot m^{-2}}$。所以，因传输而发生的浓度为 ω（$\mathrm{kg \cdot kg^{-1}}$）的物质的质量通量面密度（$\mathrm{kg \cdot s^{-1} \cdot m^{-2}}$）式（3.11）所示为：

$$\boldsymbol{F}_{\mathrm{adv}}^{M}=\omega\rho\boldsymbol{v} \tag{3.11}$$

当计入扩散传质，物质受传输和扩散两种传质方式共同作用而发生的物质的体积或质量通量面密度分别是以下两个矢量和的形式，如式（3.12）、式（3.13）所示：

$$\boldsymbol{F}^{V}=\boldsymbol{F}_{\mathrm{adv}}^{V}+\boldsymbol{F}_{\mathrm{diff}}^{V}=c\boldsymbol{v}-D\nabla c \tag{3.12}$$

$$\boldsymbol{F}^{M}=\boldsymbol{F}_{\mathrm{adv}}^{M}+\boldsymbol{F}_{\mathrm{diff}}^{M}=\omega\rho\boldsymbol{v}-D\rho\nabla\omega \tag{3.13}$$

3.1.4　浓度的传输-扩散方程

对任意体积 Ω，建立该范围内的质量衡算关系，如图 3.1 所示。以体积浓度为例，任意体积 Ω 内的物质浓度的增减仅来自于在体积边界上发生的扩散和传质对物质转移的贡献，如式（3.14）：

$$\frac{\partial}{\partial t}\iiint_{\Omega} c\,\mathrm{d}\tau+\oiint_{\Omega}\boldsymbol{F}^{V}\mathrm{d}\boldsymbol{S}=0 \tag{3.14}$$

利用高斯散度定理将面积分换成体积分如式（3.15）：

$$\frac{\partial}{\partial t}\iiint_{\Omega} c\,\mathrm{d}\tau+\iiint_{\Omega}(\nabla\cdot\boldsymbol{F}^{V})\mathrm{d}\tau=0 \tag{3.15}$$

则有式（3.16）：

$$\frac{\partial c}{\partial t}+\nabla \cdot c\boldsymbol{v}=\nabla \cdot D\nabla c \tag{3.16}$$

同样地，对于质量浓度，传输-扩散方程为式（3.17）：

$$\frac{\partial \rho\omega}{\partial t}+\nabla \cdot \rho\omega\boldsymbol{v}=\nabla \cdot D\rho\nabla\omega \tag{3.17}$$

如介质（气体或水）密度为常数时两个方程式（3.16）和式（3.17）形式上完全相同。

在连续不可压流体介质中，体积浓度的传输-扩散方程能够被进一步简化而被写为如下式（3.18），此在 3.2.1 中有所说明。

$$\frac{\partial c}{\partial t}+\boldsymbol{v}\cdot\nabla c=\nabla\cdot D\nabla c \tag{3.18}$$

图 3.2 给出了传输-扩散方程（3.18）的数值解。该模拟计算中所设定的流速方向指向东南方向（为陈述方便，规定横坐标正向为“东”向，纵坐标正向为“北”向），速度矢量向东南方向弯曲。在如图所示的初始浓度条件下，传输和扩散两种质量传递方式使浓度随时

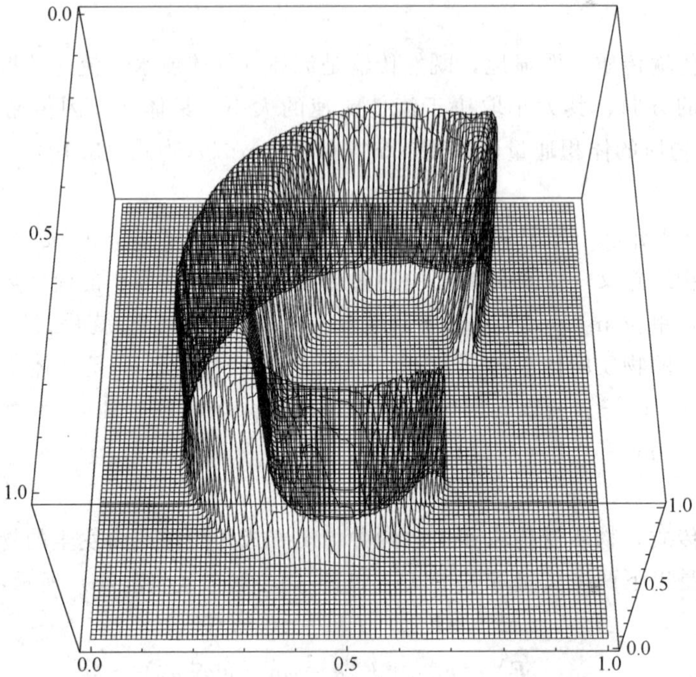

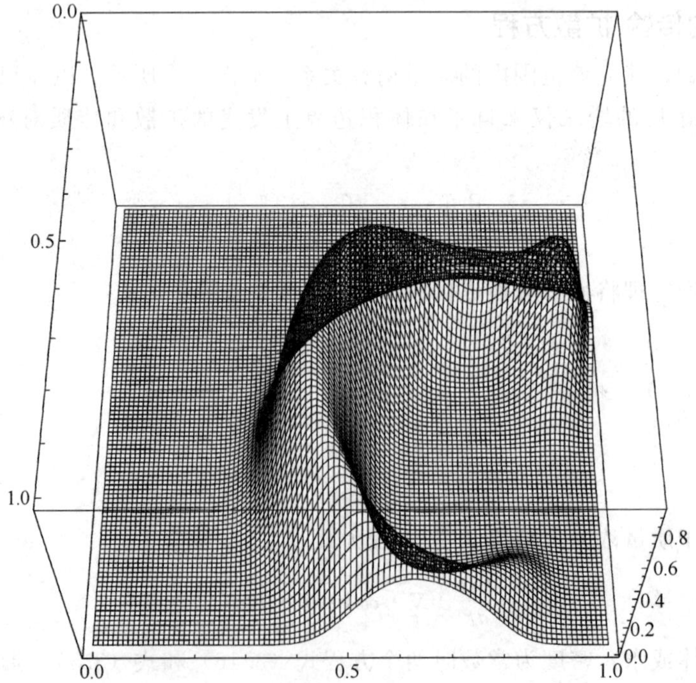

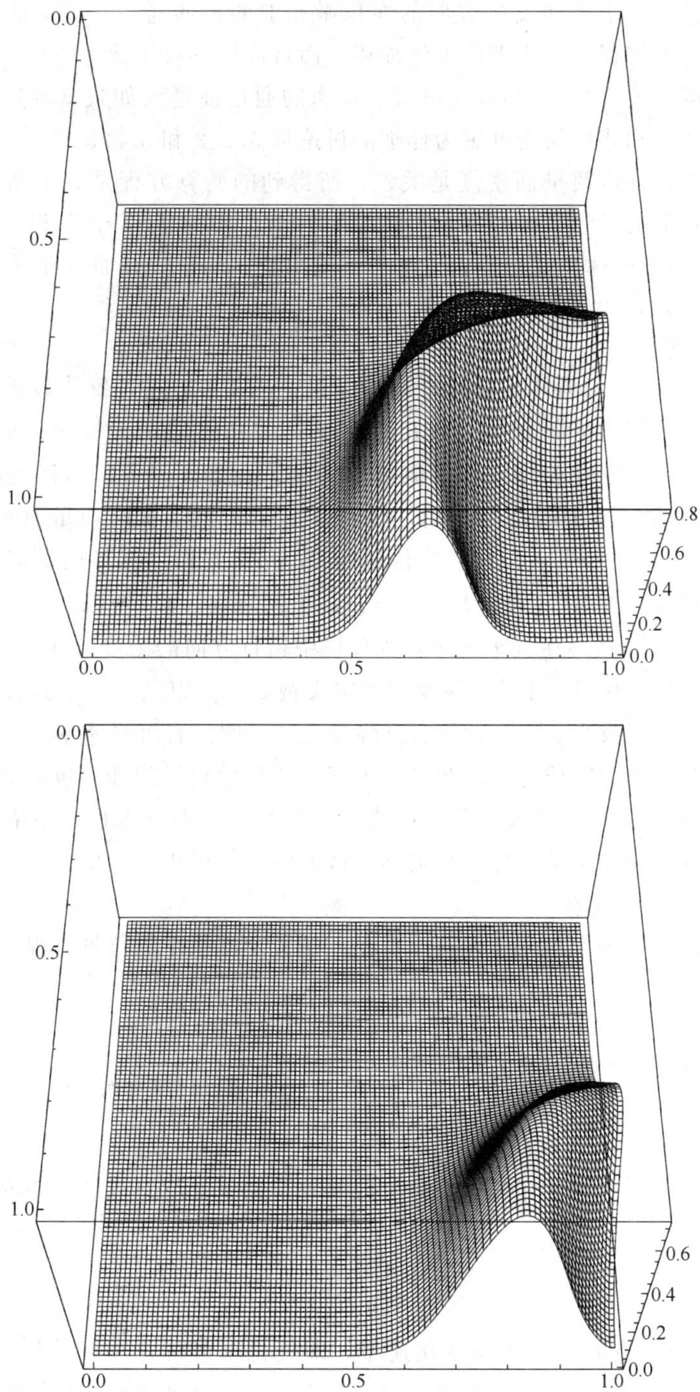

图 3.2　浓度的传输扩散方程数值解

间发生改变。浓度向浓度的中心以外发生扩散并随流场迁移，图像显示了浓度传播的过程。

3.1.5* 关于浓度方程的进一步讨论

3.1.5.1* 确定通量面密度是关键

不论何种质量的传递类别，都有传递的快慢问题。局部位置、特定指向的“传递快慢”的准确物理描述叫传递“通量面密度”，即垂直于传递发生方向的面积上物质的传递速率的分布情况，或者说垂直于传递发生方向的面积微元上的传递通量。比如流体各位置处的流速，实际上是面元上体积输送快慢的矢量描述，而且面元垂直于流速方向。菲克定律所描述的扩散通量面密度如式（3.3）和流速携带而传递的通量面密度如式（3.10）都属于体积通量面密度。关于通量和通量面密度更为详细的讨论见3.2.2和3.2.3。

建立传递模型，确定通量面密度是关键，所得到的衡算方程是关于通量面密度和浓度（或者温度）的关系表达。仅以体积浓度方程为例，实际上不论方程（3.8）还是方程（3.16）都可以归纳地以体积通量面密度的方式给出统一的形式，如方程（3.19）：

$$\frac{\partial c}{\partial t}+\nabla \cdot \boldsymbol{F}(c)=0 \tag{3.19}$$

$\boldsymbol{F}$（$m^3 \cdot s^{-1} \cdot m^{-2}$）为体积通量面密度矢量。当 $\boldsymbol{F}=\boldsymbol{F}_{\text{diff}}$，仅代表扩散通量面密度的时候，方程（3.19）即为扩散方程。当 $\boldsymbol{F}$ 包括了扩散和传输两种机理的时候：$\boldsymbol{F}=\boldsymbol{F}_{\text{diff}}+\boldsymbol{F}_{\text{adv}}$，方程（3.19）为传输-扩散（或对流-扩散）方程。如还需考虑到其他质量传递的类别，比如悬浮颗粒物在水环境中的沉降作用，就需要在 $\boldsymbol{F}$ 中加入沉降通量面密度的模型：$\boldsymbol{F}=\boldsymbol{F}_{\text{diff}}+\boldsymbol{F}_{\text{adv}}+\boldsymbol{F}_{\text{sed}}$。此时方程（3.19）为传输-扩散-沉降方程。沉降通量需要视具体情况而建模，一种可以接受的模型[13]是：$\boldsymbol{F}_{\text{sed}}=-D_{\text{sed}} \cdot \text{Max}\{0, c(c-c_{\text{e}})\} \cdot \boldsymbol{k}$。当中 D_{sed} 为沉降系数常数；c_{e} 为沉降最终达到平衡时，水环境中铅直方向的浓度分布 $c_{\text{e}}=c_{\text{e}}(z)$；$\boldsymbol{k}$ 为铅直方向单位矢量：$\boldsymbol{k}=(0, 0, 1)^{\text{T}}$。该模型的定义视 $c>c_{\text{e}}$ 以及 $c \leqslant c_{\text{e}}$ 两种情况而分段，在水体中任何局部位置只有当 $c>c_{\text{e}}$ 时才有沉降发生，否则没有沉降速率。

传输和扩散是流体中物质迁移的最基本方式。流体中热量的迁移也需要通过两种方式实现。热量的传播也满足传输-扩散方程。形式上不同的是，衡算方程当中浓度变量由温度变量替换，其他参数做相应调整，保持传输和扩散的两种传递机理不变。

3.1.5.2* 迁移和转化耦合

有时为了方便使用全变化率体现衡算关系。定义全变化率算符见方程（3.20）：

$$\frac{\mathrm{D}}{\mathrm{D}t}(\quad)=\frac{\partial}{\partial t}(\quad)+\nabla \cdot \boldsymbol{F}(\quad) \tag{3.20}$$

可以将方程（3.18）简写为方程（3.21）：

$$\frac{\mathrm{D}c}{\mathrm{D}t}=0 \tag{3.21}$$

此蕴含迁移的守恒关系。如考虑化学反应或者其他质量产生或消亡的因素，衡算方程的形式为方程（3.22）：

$$\frac{\mathrm{D}c}{\mathrm{D}t}=r_{\text{c}} \tag{3.22}$$

其中 r_{c} 表示物质产生或消亡的体积变化速率，即转化项或源汇项，单位 $m^3 \cdot s^{-1} \cdot m^{-3}$。$r_{\text{c}}$可以体现并囊括化学反应速率、生化反应速率或（和）源排放速率等物质的转化速率。式（3.21）蕴含了迁移和转化守恒关系，式（3.22）是一种物质迁移、转化和传质的一种相对完整的表达方式。

3.1.5.3* 扩散方程的解

因为迁移-转化模型不仅仅需要考虑到局部物质的转化还要考虑物质在空间中的迁移，其涉及空间和时间变量，多为偏微分方程的形式。偏微分方程的解有两种形式，其一为解析解，另外就是数值解。

仅分析微分方程本身并不足以确定方程的解。在这一点上偏微分方程与常微分方程类似，需要定解条件与微分方程联立而确定具体的解。关于某未知函数的偏微分方程的定解条件包括：在任何时刻，对求解范围边界上的该未知函数取值做出限制的边界条件；在初始时刻，对所有空间位置上的该未知函数的取值做出限制的初值条件两者。简单地讲，边界条件为求解区域边界上各时刻未知函数［比如方程（3.18）的未知函数 c］所应满足的条件方程。其一般有两种形式，一为导数边值，二为固定边值。前者以边界上未知函数的导数或梯度向量的方式给出边界取值条件，后者直接以函数的形式直接给出边界条件。初值条件规定了初值时刻（或者某一时刻）各空间位置上函数的取值条件。

不论讨论解析解还是数值解，定解条件必须具备。图3.2中第一张图就显示了此算例的的控制方程（3.18）的初值条件，即初始时刻浓度的分布函数。该算例中使用0导数边值作为边值条件。

只有一种情况下定解条件不需要边值条件。此为无限区域范围的偏微分方程的定解问题。以 l 表示空间变量 $\boldsymbol{x}$ 的维数，即当 $\boldsymbol{x}\in\boldsymbol{R}^l$ 时，不存在边界情况下的偏微分方程定解问题，这种偏微分方程的定解问题叫做柯西问题。

分子扩散现象和布朗随机游走过程之间存在着深刻的联系，并在某些条件下可以等同。可以直接验证关于最为简单的扩散方程（3.8）存在如下形式的一个解析解，见式（3.23）：

$$C_n(t,\boldsymbol{x}-\boldsymbol{\xi})=\frac{1}{\sqrt{(4\pi Dt)^l}}\exp\left[-\frac{(\boldsymbol{x}-\boldsymbol{\xi})^{\mathrm{T}}(\boldsymbol{x}-\boldsymbol{\xi})}{4Dt}\right] \tag{3.23}$$

式中，l 是空间变量 $\boldsymbol{x}$ 的维数，l 等于1、2或3。$\boldsymbol{\xi}$ 表示扩散源的位置。明显地，由式（3.23）所规定的函数 $C_n(t,\ \boldsymbol{x}-\boldsymbol{\xi})$ 为以 $\boldsymbol{\xi}$ 为均值，以 $2Dt$ 为方差的标准多元正态分布函数。这体现出，从另外一个角度上说，分子扩散现象是分子布朗运动的随机过程。随扩散的发展，浓度的分布区域的半径随时间不断扩大，而此半径的大小与发生扩散所持续的时间成正比。

利用布朗运动的特性，可以针对某些复杂问题构造比较巧妙的数值算法。比如一种描述大气湍流作用的粒子统计模型就是以每步迭代时间步长 $2D$ 倍为正态方差来构造正态分布随机数，通过空间中布朗随机游走的粒子的动态位移来模拟带有湍流的扩散现象。

方差为时间的线性函数是一般扩散的主要特征，具备这种特征的扩散被称为Fick扩散，不具备这种特征的扩散现象被称为反常扩散。普通扩散方程（3.8）并不能描述反常扩散，而描述反常扩散的微分方程非常复杂，甚至用到分数阶导数微分方程。从实际应用上看，热衷于追求过于复杂的数学形式确实有违于工程学利用模型有效分析和解决的初衷。反常扩散在物理现实中比较少见，而使用微分方程解析反常扩散也非常复杂。但是，通过对式（3.8）解析解［方程（3.23）为其解析解之一］的分析以及一般布朗运动的分析可以看出，对于反常扩散问题，其实也可以灵活地利用特殊的布朗运动方差构造随机数，设计算法，实现对反常扩散的模拟。这意味着，模型和算法的设计并不一定要拘泥于固定的方程形式，应立足于问题本身灵活建立简便易行的模型和方法。

关于仅考虑扩散而不考虑传输的一类扩散-转化问题，偏微分方程（3.22）的柯西问题存在解析解。在整个 l 维空间 $\boldsymbol{R}^l$ 上，以 $C_0(\boldsymbol{x})$ 为初值条件的该问题的通解为方程（3.24）：

$$C(t,\boldsymbol{x})=\int_{\boldsymbol{R}^l}C_0(\boldsymbol{\xi})C_n(t,\boldsymbol{x}-\boldsymbol{\xi})\mathrm{d}v_{\xi}+\int_0^t\int_{\boldsymbol{R}^l}r_{\mathrm{c}}(\tau,\boldsymbol{\xi})C_n(t-\tau,\boldsymbol{x}-\boldsymbol{\xi})\mathrm{d}v_{\xi}\mathrm{d}\tau \tag{3.24}$$

式中体积微元 $\mathrm{d}v_\xi=\mathrm{d}\xi_1\mathrm{d}\xi_2\cdots\mathrm{d}\xi_l$。这里 τ 表示时间。方程（3.24）有清晰的物理意义。因扩散和转化导致浓度在空间中呈现动态分布，并由两部分加和而成，即等号右端两项的加和。这两部分分别是：其一，扩散机理所形成的浓度场（等号右端第一项）；其二，转化机理所形成的浓度场（等号右端第二项）。第一部分可以具体解释为：在 $\boldsymbol{x}$ 位置处的扩散机理所形成的浓度场是空间中所有不同于 $\boldsymbol{x}$ 位置或所有 $\boldsymbol{\xi}$ 位置浓度扩散至此的浓度的叠加，或者说是当前位置处的浓度值是其他任何有浓度存在的位置为扩散源再扩散至此的浓度叠加；数学方式上为初始浓度场的正态分布平均化的结果。第二部分可以解释为：在 t 时刻的转化机理所形成的浓度场，是历史上所有 τ 时刻（$\tau<t$）时的，以转化机理 r_c 所规定的相对初始浓度场为扩散的开始状态，经过扩散传播持续了（$t-\tau$）时间，发展到当前时间 t 所形成的扩散场的积累。历史上任何时刻的转化行为都会影响到当前时刻浓度场的分布。

从积分与微分的可交换性可以看出式（3.24）的核函数——如下给出的式（3.25）也同样满足扩散-转化模型方程。实际上，在某些情况下式（3.24）的核函数也可以直接作为扩散和转化问题的一种简化模型：

$$C_k(t,\boldsymbol{x})=C_0(\boldsymbol{\xi})C_n(t,\boldsymbol{x}-\boldsymbol{\xi})+\int_0^t r_c(\tau,\boldsymbol{\xi})C_n(t-\tau,\boldsymbol{x}-\boldsymbol{\xi})\mathrm{d}\tau \tag{3.25}$$

这种积分形式的扩散-转化方程的优点在于其清晰给出了扩散源的位置，以及扩散过程与正态随机过程的深刻联系。反过来，可以利用更为一般形式的多元正态分布函数描述非各向同性的扩散现象。这对更为复杂或特殊的扩散现象，比如渗流现象的模型研究是有用处的。

进一步，可以直接验证传输-扩散-转化方程，如式（3.26）所示：

$$\frac{\partial c}{\partial t}+\boldsymbol{v}\cdot\nabla c=\nabla\cdot D\nabla c+r_c(t) \tag{3.26}$$

存在积分形式的解，如方程（3.27）所示：

$$C_k(t,\boldsymbol{x})=C_0(\boldsymbol{\xi})C_n[t,\boldsymbol{x}-\boldsymbol{\xi}(t)]+\int_0^t r_c(\tau)C_n[t-\tau,\boldsymbol{x}-\boldsymbol{\xi}(t)]\mathrm{d}\tau \tag{3.27}$$

其中扩散源随流场移动，如式（3.28）所示：

$$\frac{\mathrm{d}\boldsymbol{\xi}}{\mathrm{d}t}=\boldsymbol{v} \tag{3.28}$$

利用积分和微分的可交换性可知，式（3.27）所定义的 $C_k(t,x)$ 在 $\boldsymbol{R}^l$ 上的积分也是传输-扩散-转化方程的一个解。虽然将此称为传输-扩散-转化方程的解，实际上，这是此类物理-化学过程的另外一种数学表述形式，此与偏微分方程本身并无先后之别。此给出不同形式的扩散方程旨在说明对于同一个物理问题的数学描述方式可以不唯一。因观察的角度和建模的切入点的不同，会产生不同的模型。而且不同模型之间存在深刻的相互联系。不同角度的模型具备各自特点，能够突出体现物理现象的不同侧面。

3.2 流体的传递

3.1 介绍了流体最为一般的质量迁移方式——浓度扩散和速度传输，这是物质迁移最基本的方式。物质在流体中的迁移依赖流体介质的速度场，流体当中的速度场满足何种规律，以及如何确定流体速度场是此部分的主要内容。

速度场由流体的性质和状态所决定，而流体状态由流体的质量分布、动量分布以及能量的时空分布所组成。

“流体是连续的”——这是以下一系列推导的前提假设。流体为连续介质的水流或气流，首先认为当中不存在气泡或（和）其他杂质。

3.2.1 流体的质量衡算方程

在仅存在传递现象的条件下，以质量守恒律描述流体密度的动态变化和空间分布规律。质量流仅因速度的携带而迁移，因此流体的质量通量面密度 $\boldsymbol{F}_\rho$（$kg \cdot s^{-1} \cdot m^{-2}$ 或 $mol \cdot s^{-1} \cdot m^{-2}$）为式（3.29）：

$$\boldsymbol{F}_\rho = \rho \boldsymbol{v} \tag{3.29}$$

如图 3.1，在控制体积 Ω 内利用传递守恒得到质量衡算关系式（3.30）：

$$\frac{\partial}{\partial t}\iiint_\Omega \rho \mathrm{d}\tau + \oiint_\Omega \boldsymbol{F}_\rho \mathrm{d}\boldsymbol{S} = 0 \Rightarrow \frac{\partial \rho}{\partial t} + \nabla \cdot \rho \boldsymbol{v} = 0 \tag{3.30}$$

方程（3.30）是描述流体迁移的最基本方程，称为“连续方程”。ρ 可以是水的密度也可以是大气的密度。特别地，对于水，此类不可压流体而言，流体的密度可视为常数，这种条件下流体的连续方程为式（3.31）：

$$\nabla \cdot \boldsymbol{v} = 0 \tag{3.31}$$

这是不可压流体的体积守恒方程，此表明，在流体介质内任何位置处，单位时间内进出体积微元 $\mathrm{d}\tau$ 的流体的体积是相等的，而不发生局部体积的积累，从而使流体密度保持不变。在大气科学模型中，有时为了简化将中尺度或更大尺度的大气视为不可压流体，此可见本章 3.5 部分。

所以对于不可压流体，扩散方程（3.16）可以被简化为式（3.18）的形式。结合连续方程（3.30），扩散方程（3.17）可以化简为方程（3.32）：

$$\frac{\partial \omega}{\partial t} + \boldsymbol{v} \cdot \nabla \omega = \frac{1}{\rho} \nabla \cdot D\rho \, \nabla \omega \tag{3.32}$$

方程（3.30）和方程（3.31）描述的是质量传递守恒时的情况。某些情况下质量的时空分布并不满足传递守恒。比如对于气体流体而言，当存在排放源或化学反应的情况下，因为源的原因，除传递之外，气体的质量还会增加；若说在排放源位置处质量的时空分布满足传递守恒的，则不恰当。这里所说的化学反应是指气-固反应，或者气-液反应。如有少量能够生成气体的固体或液体分布于气体流体当中，反应导致局部气体质量增加，则连续方程（3.30）并不适用，而且也不符合质量的传递守恒。这样的例子并不少见，如石油雾珠或面粉散布于大气并被激发燃烧爆炸的情况。对于有泄漏源的情况也是如此。虽然这种情况流体并非均相介质，但可以近似视为均相介质讨论。

现同样以控制体的方式建立存在排放源情形的质量方程，如图 3.1。此时控制体 Ω 内部存在排放源，或存在化学反应（气-固反应或气-液反应）源，而需要引入源排放或化学反应生成质量的（空间）密度函数 r_ρ，或称为排放/化学反应源质量速率函数（$kg \cdot s^{-1} \cdot m^{-3}$ 或 $mol \cdot s^{-1} \cdot m^{-3}$），用以描述各点上的除传递之外的质量增加。从而有式（3.33）：

$$\frac{\partial}{\partial t}\iiint_\Omega \rho \mathrm{d}\tau = \oiint_\Omega \boldsymbol{F}_\rho \cdot \mathrm{d}(-\boldsymbol{S}) + \iiint_\Omega r_\rho \mathrm{d}\tau \tag{3.33}$$

式（3.33）的微分形式为式（3.34）：

$$\frac{\partial \rho}{\partial t}+\nabla \cdot \rho \boldsymbol{v}=r_{\rho} \tag{3.34}$$

对于不可压流体 $\rho=\text{const}$，则有式（3.35）：

$$\nabla \cdot \boldsymbol{v}=\frac{r_{\rho}}{\rho} \tag{3.35}$$

函数 r_{ρ} 可以小于 0，此时 r_{ρ} 以汇的方式表示局部位置的质量损失的相反情况。称式（3.34）或式（3.35）为质量衡算方程。

考虑气体流体，在这种情况下，质量浓度的传输-扩散方程的建立也需要考虑源的影响。当泄漏源以固定质量浓度 ω_0 泄漏，则在控制体 Ω 内有如下衡算关系方程（3.36）：

$$\frac{\partial}{\partial t}\iiint_{\Omega}\omega\rho \mathrm{d}\tau=\oint\!\!\!\oint_{\Omega}\boldsymbol{F}^{M}\cdot \mathrm{d}(-\boldsymbol{S})+\iiint_{\Omega}\omega_0 r_{\rho}\mathrm{d}\tau=\iiint_{\Omega}(-\nabla\cdot \boldsymbol{F}^{M}+\omega_0 r_{\rho})\mathrm{d}\tau \tag{3.36}$$

结合式（3.34）得到方程式（3.37）：

$$\frac{\partial \omega}{\partial t}+\boldsymbol{v}\cdot \nabla\omega=\frac{1}{\rho}\nabla \cdot D\rho\, \nabla\omega+\frac{\omega_0-\omega}{\rho}r_{\rho} \tag{3.37}$$

可见，如果源贡献的质量分数 ω_0 比环境中（同一个位置处）本来的质量分数 ω 高，泄漏源将导致这种组分的质量分数增加，反之，泄漏源起到的是稀释作用。

同样地，在存在源的条件下，当已知排放源以体积分数 c_0 泄漏某种气体，可以在控制体内建立该气体的体积浓度的传输-扩散方程（3.38）：

$$\frac{\partial}{\partial t}\iiint_{\Omega}c\,\mathrm{d}\tau=\oint\!\!\!\oint_{\Omega}\boldsymbol{F}^{V}\cdot \mathrm{d}(-\boldsymbol{S})+\iiint_{\Omega}c_0\frac{r_{\rho}}{\rho}\mathrm{d}\tau=\iiint_{\Omega}\left(-\nabla\cdot \boldsymbol{F}^{V}+c_0\frac{r_{\rho}}{\rho}\right)\mathrm{d}\tau \tag{3.38}$$

明显地，以上量 $(r_{\rho}\mathrm{d}\tau)/\rho$，为每单位时间排放单位质量该气体的体积。进一步直接得到方程（3.39）：

$$\frac{\partial c}{\partial t}+\nabla \cdot c\boldsymbol{v}=\nabla \cdot D\, \nabla c+\frac{c_0}{\rho}r_{\rho} \tag{3.39}$$

体积浓度的方程（3.39）推导并没有使用到式（3.34），泄漏源导致的稀释作用在方程（3.39）中通过速度的散度运算体现。

以上方程（3.37）和方程（3.39）是存在泄漏源情况下单一物种浓度的传输-扩散方程，对于多物种：$i=1, 2, \cdots, s$，各个物种 i 的浓度 ω_i 或 c_i 则同样以式（3.37）或式（3.39）所表达的方式为控制方程，而于环境中传递。但所涉及的排放源信息也应当包括所有各个物种，而应给出各 ω_{0i}（$i=1, 2, \cdots, s$）或 c_{0i}（$i=1, 2, \cdots, s$）。对于气-固反应或气-液反应，对于仅有部分物种生成的情况，模型中其 ω_{0i} 或 c_{0i} 非 0，其余物种的 ω_{0i} 或 c_{0i} 为 0。

3.2.2 以分布和传递的视角观察流体

在以下讨论中流体皆为均相连续的流体整体，在流体的体积当中认为不存在诸如气泡或其他物质在内的杂质。比如均相的水体或气体。在流体内部无不体现着介质的连续性。流体的运动状态可以以三种特征量的动态分布进行描述，即流体的质量、动量和能量。

对于流体的运动，可以将其与我们所熟知的具有一定体积的简单刚体运动做一下比较。明显地，对于一定体积的刚体，这个物体在某位置范围内“存在”而在其他位置并不“存在”。而对于流体而言，比如房间里的空气，房间里任何位置都有空气“存在”，而只是存在的密集程度有所不同而已。所以应该以“分布”的局部视角看待连续的流体介质，而并非用过去刚体力学里的个体的视角去看待。分布是一种密度量，对于连续存在的物质，表述其在每单位体积上的这种物质的某种量的多少。

流体力学中用于描述流体质量、能量和动量的三种特征量，是分布量。流体的密度 ρ 描述流体的质量分布；能量以空间各点每单位体积的流体的内能描述流体的能量分布；动量 $\rho\boldsymbol{v}$ 是个分布矢量，描述各时刻、各位置处的动量矢量。因此对运动流体正确的观察方式就是去记录每时每刻流体内部各位置上的质量、动量和能量的连续分布情况。这意味着，流体的质量分布、动量分布和能量分布可以被视为时间和空间位置的函数。

以上讨论了流体“存在的连续性”，和以分布的视角看待流体。除了静态的流体，对于运动的流体，同样应该将其特征量视为分布函数，也就是其质量、动量和能量的空间分布函数的随时改变。而且其改变并非随机的或是任意的。首先，局部质量（能量或动量）减小（增加）的同时必伴随着其他部分相应量的增加（减少），这种“此消彼长”的关系体现着质量、动量和能量的守恒性原理。不仅如此，局部流体的质量（能量或动量）增加（减少）发生之后，必立即导致“旁边”流体的质量发生减少（增加）。而这种改变不间断地相连发生，此体现着质量（能量或动量）的改变也随时体现着连续性。所以在运动上，流体兼备守恒性和连续性。这意味着质量（能量或动量）的改变过程是个“传递”的过程和传递守恒的过程。因此，对于流体的运动，应该从“分布”和“传递”的视角去观察。以下在这个视角下介绍“体积通量面密度”和“体积通量”两个概念。

既然存在“传递”就伴随有“传递的快慢”和“传递的方向”问题。物理上以体积通量面密度准确给出了传递的快慢和传递的方向。体积通量面密度的定义为，通过所有有向面元，每单位面积的流体的体积流速，单位 $m^3 \cdot s^{-1} \cdot m^{-2}$，或 $m \cdot s^{-1}$。由于三维空间中每点处，有且仅有三个相互垂直的有向面元，其可以是 $\mathbf{dydz}$、$\mathbf{dxdz}$ 和 $\mathbf{dxdy}$，各方向分别为 x、y 和 z 三个坐标轴的正向。所以，体积通量面密度包含了通过这三个面积微元的体积通过速率，是个矢量，方向与体积传递的方向一致。如图 3.3，在连续介质流体中某点处，流体的体积通量面密度矢量被分解为与三个面积元 $dydz$、$dxdz$ 和 $dxdy$ 的外法线方向所平行的方向。而传递就是自面积元的一侧向另外一侧发生的。

实际上，“体积通量面密度”矢量就是流体的流速。图 3.3 的示例中“体积通量面密度”矢量 $\boldsymbol{v}$ 的三个分量即为此点处流体流速的三个分量 u、v 和 w。这里无非是用“传递”的观察角度去重新定义流体流速，以体现运动流体内部时时刻刻发生着的物质连续的转移。所以，流体当中“速度”的意义与简单刚体的质点运动中“速度”的意义完全不同，前者的大小体现传递现象发生的快慢，后者的大小描述刚体质点位置发生改变的速率。前者矢量的指向为连续介质内物质转移和传递的发生方向，后者的指向为位移改变的方向。

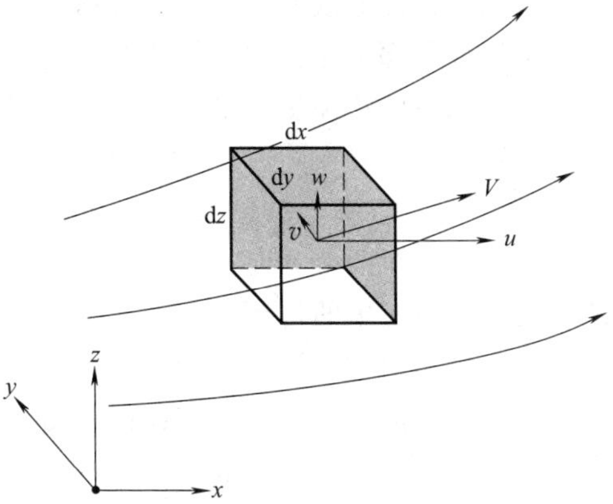

图 3.3 体积通量面密度矢量

从“体积通量面密度”可以直接派生得到“质量通量面密度”，即矢量 $\rho\boldsymbol{v}$。而 $\rho\boldsymbol{v}$ 在不同情况下可以表示动量分布，也可以表示质量通量面密度。

“体积通量”是单位时间内，通过某指定面积流体体积传递的总量，单位为 $m^3 \cdot s^{-1}$。与体积通量面密度不同的是，体积通量相对于人为所选定的参考面积而言，是个标量。在均

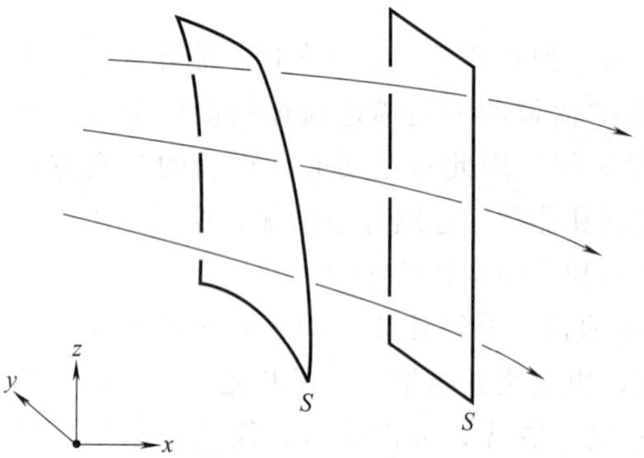

图 3.4 体积通量

匀流场中，体积通量 Q_V 与体积通量面密度 $\boldsymbol{v}$ 矢量的关系为：$Q_V=\boldsymbol{v}\cdot\boldsymbol{S}=\boldsymbol{v}^{\mathrm{T}}\boldsymbol{S}$。$\boldsymbol{S}$ 是考察体积通量时，所选定的有向参考面积，数值上为参考面积的大小，方向为参考面积的外法线方向。而在不均匀速度分布的流场中，体积通量 Q_V 与体积通量面密度 $\boldsymbol{v}$ 矢量的关系为：$Q_V=\int_S\boldsymbol{v}\cdot\mathrm{d}\boldsymbol{S}=\int_S\boldsymbol{v}^{\mathrm{T}}\mathrm{d}\boldsymbol{S}$，$S$ 为参考面积，$\mathrm{d}\boldsymbol{S}$ 为参考面积上的有向面积微元。图 3.4 显示了某流场中通过指定面积的体积通量，这个指定面积 S 可以是平面，也可以是曲面。

3.2.3 流体的惯性和惯性的传递

定义动量的目的在于描述运动物体所具有的相对惯性。惯性是运动物体的基本属性，与质量和能量的地位等同，共同刻画物质的现实存在和关系特征。惯性的实质是物质运动的存在状态。运动物体所具有的相对惯性的多少就是其动量的大小。

毋庸置疑，连续运动流体内部的各个位置、时时刻刻存在着惯性。对于流体这种连续介质的物质，由于其运动状态在每点位置不同，我们当以“分布”的视角去观察流体的惯性。使用分布量描述流体的存在状态，此突出体现了流体运动状态的连续性和分布的不均性。流体惯性的体积密度为位置和时间的函数，即 $\rho\boldsymbol{v}$。此虽然与之前 3.2.2 中所提到的质量通量面密度的矢量相同，但是意义不同，这里 $\rho\boldsymbol{v}$ 表示每单位体积的流体的动量，是流体动量的分布。

流体内部运动状态也存在随时改变的现象。这种改变的发生，同样并非随机或任意的。诸如河道决堤，洪水涌入旁边低洼处的这个过程。起初运动只发生在河道当中，决堤之后附近低洼处内存在流体的运动。并且从局部总量上来讲，河道中有多少运动惯性的减少，低洼处中就有多少运动惯性的增加。流体惯性的改变也体现着连续性和守恒性的基本属性。所以，对于流体惯性的改变同样是“传递”过程。

定义惯性局部传递快慢的具体方式为动量通量面密度。与质量和能量这些标量的传递所不同的是，动量的传递是矢量的传递。所以关于动量通量面密度的定义也比之前的体积通量面密度的定义方式复杂得多。动量通量面密度指的是，通过所有有向面元（每单位面积上的）动量的通过速率，单位 $\mathrm{kg\cdot m^{-1}\cdot s^{-2}}$。这个定义当中存在两个方向：其一，沿有向面元的法线方向而发生的传递方向；其二，在流动流体中所传递动量矢量自身的指向。动量通量面密度包括两重方向，这种存在两重方向的量在力学和数学中被称为张量。

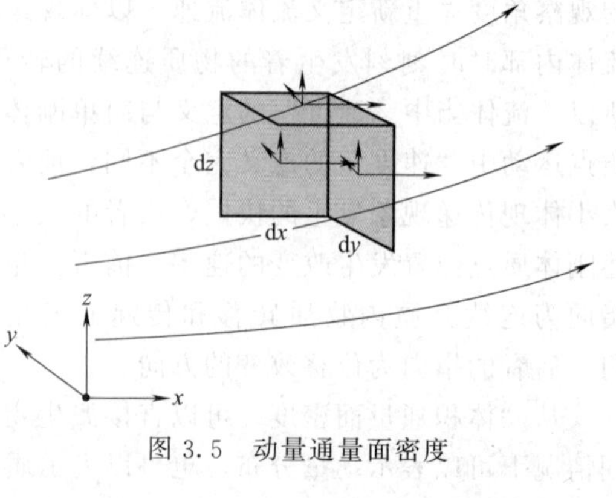

图 3.5 动量通量面密度

图 3.5 说明了三维空间中，直角坐标系下动量通量面密度张量的定义方式。如图 3.5，在自左下至右上流动的流体内部的空间某点，分别存在且仅存在三个相互垂直的有向面积微元，其可以是面积元 $\mathbf{dydz}$、$\mathbf{dxdz}$ 和 $\mathbf{dxdy}$，其外法线方向（或朝向）分别是 x，y 和 z 轴的正方向。观察通过各面积元侧面的流体动量

的传递。首先，经由接触面积元 $dydz$，面积元左边的流体向面积元右边的流体传递着动量矢量，而此动量矢量可以被分解为分别平行于三个坐标轴方向的动量分量。另经由 $dxdz$ 面积元，面积元前后两侧流体之间所传递的动量存在三个方向分量。同样，通过面积元 $dxdy$ 所传递的动量矢量也存在三个方向的分量。所以，三维空间中，在该点的，经过各个面元每单位面积的不同方向的动量通过速率可以用一个 3×3 矩阵表示：它的第一行元素依次是单位时间内通过法线方向为 $\boldsymbol{i}$ 方向面积元 $dydz$ 的 $\boldsymbol{i}$、$\boldsymbol{j}$、$\boldsymbol{k}$ 三个指向的每单位面积上的动量；第二行元素依次是单位时间内通过法 $\boldsymbol{j}$ 方向面积元 $dxdz$ 的 $\boldsymbol{i}$、$\boldsymbol{j}$、$\boldsymbol{k}$ 三个指向的每单位面积上的动量；第三行元素依次是单位时间内通过法 $\boldsymbol{k}$ 正方向面积元 $dxdy$ 的 $\boldsymbol{i}$、$\boldsymbol{j}$、$\boldsymbol{k}$ 三个指向的每单位面积上的动量。式（3.40）给出了密度为 ρ 的流体的动量通量面密度张量的具体形式：

$$\boldsymbol{\varphi}=\begin{pmatrix}\rho uu & \rho vu & \rho wu\\ \rho uv & \rho vv & \rho wv\\ \rho uw & \rho vw & \rho ww\end{pmatrix} \tag{3.40}$$

动量通量面密度张量明确了动量传递的两个关键问题：其一，动量传递的空间分布不均现象；其二，动量传递的双重方向。

“动量通量面密度”刻画了动量传递的局部速度问题，而定义动量传递总量的具体方式为“动量通量”。通过某个指定面积的动量总量被称为动量通量。动量通量为矢量，单位为 $kg\cdot m\cdot s^{-2}$。在数学上，这个定义为：$\boldsymbol{Q}_P=\int_S\boldsymbol{\varphi}^{T}d\boldsymbol{S}$。$S$ 为参考面积，$d\boldsymbol{S}$ 为参考面积上的有向面积微元，$d\boldsymbol{S}=(dydz, dxdz, dxdy)^{T}$，$\boldsymbol{\varphi}$ 为动量通量面密度张量（矩阵）。矢量 $\boldsymbol{Q}_P$ 的各分量分别是单位时间内 x、y 和 z 方向动量通过该面积 S 的通过总量，或者 S 面积上 x、y 和 z 方向动量的通过速率。图 3.4 也可以从直观上示意说明动量通量。

观察以上所有标量或矢量的通量和通量面密度的定义可以看出，“通量面密度”是每单位有向面元上的通量。

3.2.4　关于动量通量和力

“动量通量”的单位与“力”的单位一致，同为 $kg\cdot m\cdot s^{-2}$，并且同为矢量，两者之间存在深刻的联系。

“力”是物体惯性状态改变的速率和快慢程度，数学上写为 $\boldsymbol{F}=d\boldsymbol{P}/dt$，$\boldsymbol{P}$ 为物体的动量矢量。这意味着，只要存在物体动量的改变，便说其受到了“力”的作用。“力”是一切动量改变的作用效果的统称，并且对所讨论物体的形态不加以限制。比如刚体的碰撞，流体内部各部分流体的相互作用等。甚至对于不存在相互接触的物质之间，诸如引力场中的行星、电场或磁场中带电或有磁性物体等，只要物质发生动量的改变，则在动量守恒的框架下，以“力”的方式加以讨论其间动量的交换。

“力”的作用方式多种多样，动量通量仅着眼于连续介质内动量的传递现象。从效果上看，动量通量是“力”的一种。以例子说明：河道中，对于动量空间分布不均的水流，在水体内部设定某一截面积。这样，通过这个截面积，上游的水体不断向下游的水体传递动量可以以图 3.4 示意。下游水体的动量不断增加，导致动量的改变，而其动量改变的速率即为动量通量的大小。换言之，下游水体受到了上游水体的“力”的作用，力的大小由该截面积上的动量通量给出。同时，依据动量的传递守恒原理，上游水体不断输出动量，其动量改变（减少）的速率是其通过此截面积施与下游水体“力”的作用而导致的。这说明，传递现象是物质动量改变的一种原因，动量通量可以视为动量的传递为力的一种作用方式。在这个例子中动量的改变与局部质量的改变有关。

“力”的概念常常着重于聚焦于个别物体的观察视角。动量通量建立于体系内物质的传递本身，相对于“力”其可以更方便地应用于动量的转化场景中。比如在风力发电的场景下，由运动气流和旋转的发电机叶片组成系统。对风机叶片甚至气流进行受力分析是很复杂的，利用风机的运动状态推知气流的动态过程难以实现。但是如能得到风机的发电功率等信息，就能够近似推知气流向发电机所支出或者传递动量的速率，进一步估计出气流的运动状态的改变情况。风力发电机叶片所扫过面积（或体积）范围是不同介质（流体与发电机叶片）之间动量相互转化的范围。此区域内的动量被转化为发电机角动量，转化的速率完全可以由发电机的发电功率所估计。甚至下游风场所受到的风机角动量的作用，实际上是上游风场部分动量所转化而来。在动量转化发生的区域和转化的速率已知的条件下，大气风场的变化情况可以近似计算。这当中，使用动量转化的观点是方便的。

特别说明一点，在连续介质物体的力学研究中，“动量通量面密度”的单位与“应力”的单位一致，同为 $kg \cdot m^{-1} \cdot s^{-2}$，但是两者在意义上也并不完全相同。前者是对局部面积上动量传递快慢的描述，着眼于动量的传递过程，而后者是力在不同朝向面积上的面密度。“应力”同样也可以是张量。本章主要涉及牛顿流体的黏性应力，关于此详见 3.2.6。

3.2.5 三种动量的传递方式

三种最为常见的动量传递方式为：惯性传递、压强作用和流体黏性导致的动量传递。以下以例子说明。

如图 3.6 所示，在管道中水的动量传递。图 3.6（a）显示的是在一个水平管道中水流以恒定的平均流速 u_x 通过管道，记经由管道的截面积 A 左边的水体向右边的水体传递动量通量的速率为 φ_1。由于单位时间内通过 A 的水的体积为 u_xA，因此 $\varphi_1 = \rho u_x(u_xA)$。此情况显示了动量通量包括流体的纯粹惯性部分的传递：ρu_x 是每单位体积管中流体的惯性大小。

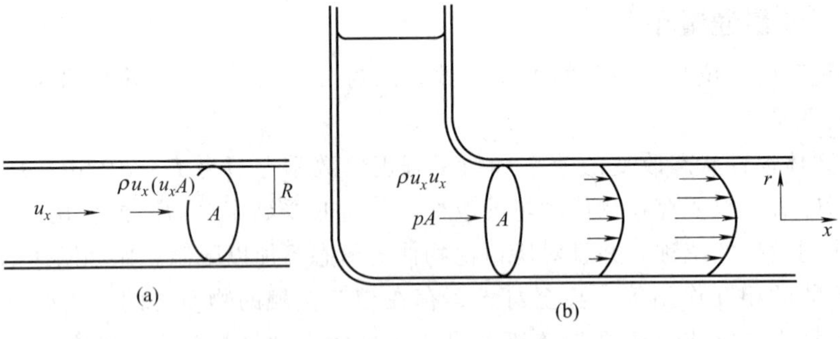

图 3.6 管道中水的动量传递

图 3.6（b）显示了在一个左高右低的弯曲管道中，存在压力推动流体流动的情况。截面积 A 左边部分的液体向右边部分的液体传递动量。此时通过管道的截面积 A 处的动量通量有两部分组成：$\varphi_1 + \varphi_2$，当中 $\varphi_1 = \rho u_x(u_xA)$，以及 $\varphi_2 = pA$。φ_2 是压力，此是因为压强的作用使得截面积右端的流体单位时间内动量增加的部分，也被计入截面积 A 范围内动量的传递速率当中。

而且在水体内部处处存在黏性，水体内部黏性的作用往往使得水的流速在空间中的分布趋于一致。比如，在图 3.6（b）的例子中，若管内水流的水平流速在 x 轴方向存在明显的梯度，并且水流速度较为缓慢，则在黏性的作用下，水平流速会平缓地趋于均匀。这种现象对黏性较大的流体非常明显。如果管内不是水，而是沥青或者其他黏性较高的有机液体，则能够更为清楚地观察到这种现象。对于水而言，通过实验可以总结得到[14]，管道横截面积 A 的单位面元的黏性力的大小为（$\mu>0$）式（3.41）：

$$\tau_{xx}=-\mu\frac{\partial u_x}{\partial x} \tag{3.41}$$

关于黏性的进一步讨论详见 3.2.6。

上述例子说明动量传递的主要方式包括三种，它们是：惯性的迁移、压强的作用以及流体自身的黏性导致的动量的传递。除此之外，外力的作用也会改变流体的动量动态分布情况。比如图 3.6（b）的例子中，水流还会受到管壁对它的摩擦阻碍，这种摩擦阻碍通过水流和管道的接触面积——管壁发生作用。虽然管道向水的作用使得水流的水平动量减少，而水对管道也存在反作用力，但是并没有发生水体的水平动量向管道传递，原因是显然的，水和管道是两种介质，它们之间不存在质量的转移。其他常见情况中重力也属于流体与外界力的作用范畴。

3.2.6　流体的黏性应力

3.2.6.1　管道内水流的黏性和管壁的摩擦

简单地说，黏性产生的原因是流体内部微观上分子之间的相互作用，但是在宏观上却能对流体的运动表现出种种不同的作用。为了说清楚这个问题，我们通过一个具体的情境来讨论。

现在研究水平管内水流的动量动态分布情况，如图 3.7 所示。选取环状参考体积 Ω，对水平管内动量的传递过程建模。

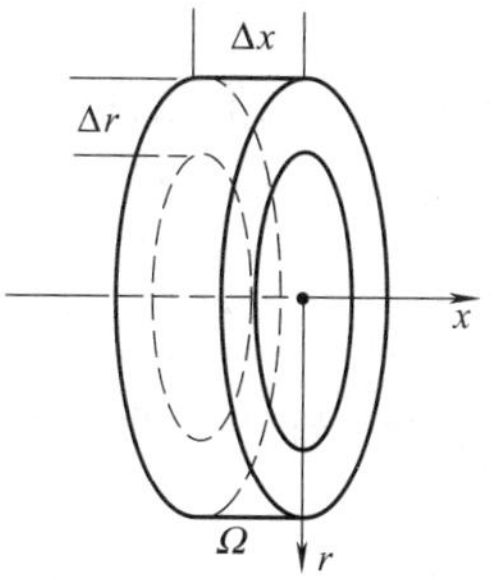

图 3.7　管道中水的动量传递衡算

参考体积 Ω 完全处于管道内部。称与 x 轴垂直的面积为“截面”，与 r 轴垂直的面积为“管面”。如图所示，参考体积 Ω 为由分别在 x 和 $x+\Delta x$ 位置处两个截面所夹体积，以及分别在 r 和 $r+\Delta r$ 位置处两个管面积所夹体积相交而成的环状体积。依据动量守恒原理，在无外力作用的条件下，Ω 内水流水平动量的增加等于外界通过 Ω 的表面积向该体积内传递输入或输出的水平动量之差。所以：

$$\frac{\partial}{\partial t}(\rho u_x 2\pi r\Delta r\Delta x)=[\rho u_x u_x+p+\tau_{xx}]_x 2\pi r\Delta r-[\rho u_x u_x+p+\tau_{xx}]_{x+\Delta x}2\pi r\Delta r$$
$$+[\tau_{rx}]_r 2\pi r\Delta x-[\tau_{rx}]_{r+\Delta r}2\pi(r+\Delta r)\Delta x \tag{3.42}$$

以上衡算关系式（3.42）中，通过左端竖直面积 $2\pi r\Delta r$ 单位时间内传递输入的动量通量为：$[\rho u_x u_x+p+\tau_{xx}]_x 2\pi r\Delta r$；通过右端竖直面积 $2\pi r\Delta r$ 单位时间内传递输出的动量通量为：$[\rho u_x u_x+p+\tau_{xx}]_{x+\Delta x}2\pi r\Delta r$。符号 τ_{xx} 表示在垂直于 x 轴的面积元上因流体黏性而产生的水平动量的传递的速率，或称垂直于 x 轴方向面元上平行于 x 轴的黏性应力。考虑到水流在轴向上没有流速：$v_r=0$，在管面上只有因流体黏性而产生的动量传递，所以在靠近管道中轴线的管面面面积 $2\pi r\Delta x$ 上，单位时间内输入的动量通量为：$[\tau_{rx}]_r 2\pi r\Delta x$；在远离管道中轴线管面面积 2π（$r+\Delta r)\Delta x$ 上，单位时间内输出的动量通量为：$[\tau_{rx}]_{r+\Delta r}\,2\pi(r+\Delta r)\Delta x$。符号 τ_{rx} 表示垂直于 r 轴的面积元上因流体黏性而产生的水平动量的传递速率，或称垂直于 r 轴方向面元上平行于 x 轴的黏性应力。这里先承认和标记两个黏性应力：τ_{xx} 及 τ_{rx}，之后说明其计算方式。

对衡算关系式（3.27）两边同除以 Ω 体积 $2\pi r\Delta r\Delta x$，再令 Δx 和 Δr 趋于 0，得到方程（3.43）：

$$\frac{\partial \rho u_x}{\partial t}+\frac{\partial \rho u_x u_x}{\partial x}=-\frac{\partial p}{\partial x}-\frac{\partial}{\partial x}\tau_{xx}-\frac{1}{r}\frac{\partial}{\partial r}r\tau_{rx} \tag{3.43}$$

在水流比较缓慢的条件下，水中黏性应力 τ_{xx} 与 u_x 的关系满足等式（3.41），并且通过实验可以总结得到[14]，水中黏性应力 τ_{rx} 为（$\mu>0$）：

$$\tau_{rx}=-\mu\frac{\partial u_x}{\partial r} \tag{3.44}$$

式（3.43）为管道内部水平动量传递守恒方程，在初值和边值条件已知的情况下，其解完全规定了管道内部的水平动量或水平流速在 x-r 坐标系下的动态分布情况。

这里额外说明一下最为常见的固定压降条件下的稳态情况。如认为管道入口到管道出口的压降（梯度）为固定值：$-\Delta p/\Delta L=(p_{\text{in}}-p_{\text{out}})/\Delta L>0$ 时（ΔL 为管道长度），并且 u_x 不随时间 t 和长度 x 变化，方程（3.43）退化成一个关于 $u_x(r)$ 的常微分方程（水的密度 ρ 为常数）（3.45）：

$$-\frac{\Delta p}{\Delta L}+\frac{\mu}{r}\frac{\mathrm{d}}{\mathrm{d}r}r\frac{\mathrm{d}u_x}{\mathrm{d}r}=0 \tag{3.45}$$

在定解条件（边值条件）$u_x'(0)=0$ 及 $u(R)=0$ 的约束下（R 为管道半径），能够直接解出流速廓线 $u_x(r)=v(r)$的方程式为（3.46）：

$$v(r)=\frac{v_{\mathrm{M}}}{R^2}(R^2-r^2) \tag{3.46}$$

式中 v_{M}为中轴线处的最大流速：$v_{\mathrm{M}}=-\Delta pR^2/(4\Delta L\mu)$。函数 $v(r)$ 是抛物线型管道轴向流速廓线。

现在在数学上分析一下黏性应力。以下分析皆建立在流速较为缓慢的层流条件下。如图 3.8 所示，首先在轴向上看 u_x 的变化。如果管道中流体的轴向流速 u_x 随 x 的增加而增加，并且流速在 r 方向的分布为抛物线形式。则从表达式（3.41）可以看出，$\tau_{xx}<0$，这表明，在截面上，黏性迫使 x 方向动量从高流速的位置向低流速的位置传递，也就是从右向左传递。黏性的作用使得流速在 x 方向上趋于均匀化。另外据式（3.44），对于如图 3.8 所示速度廓线，有 $\tau_{rx}>0$，这表明，在径向方向上任何 r 位置处，黏性迫使动量向管道中心线外侧传递，从而导致在管道内侧的动量减少的同时外侧动量增加。这样，在径向上，黏性应力的作用同样也是使得流速趋于均匀化。这就好比黏性使得流速发生了“扩散”。

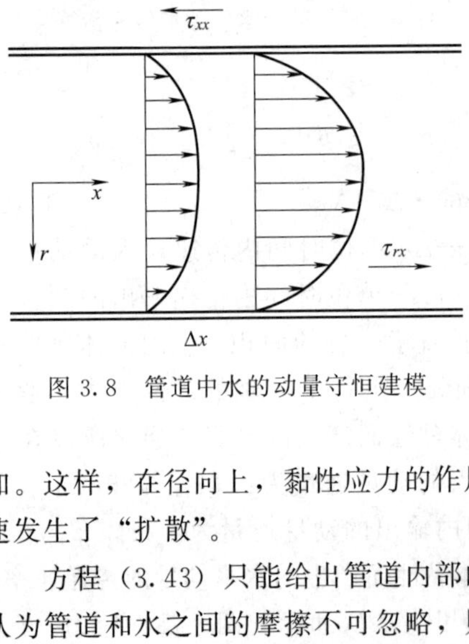

图 3.8　管道中水的动量守恒建模

方程（3.43）只能给出管道内部的水流流速情况，但是方程并不是此例的全部内容。如认为管道和水之间的摩擦不可忽略，则由于管壁对水流的摩擦，水流的水平速度在轴向上会存在分布不均的现象。而且流速分布不均的程度直接体现了摩擦阻碍的大小。在管壁边界上，水体受到壁面每单位面积的摩擦力 σ_{rx} 与水平流速在径向上的 u_x 改变率满足等式（3.47）：

$$\sigma_{rx}=\mu \left.\frac{\partial u_x}{\partial r}\right|_{r=R} \tag{3.47}$$

μ 为（正）常数。

可见，$r=R$ 处摩擦应力 $\sigma_{rx}<0$ 指向 x 轴负方向。所以摩擦应力与流体内部的黏性效果不同：$r<R$ 范围内 $\tau_{rx}>0$。按照如上分析，在管道内部，流体的黏性有时会使得流体的流速减缓，有时会帮助流体局部速度增加，使得流速在总体上趋于均匀化。而在边界上，虽然摩擦阻碍产生的原因同样来自于流体自身黏性的性质，但是，边界上流体的黏性总使得流体的水平流速减缓。虽然流体和管道之间的摩擦应力以及流体内部自身黏性的作用力产生的原因都是微观上分子的相互作用，但是在宏观上有这两种表现。

某些模拟条件下可以小于0已知量 σ_{rx} 使用式（3.47）建立导数边界条件求解方程（3.43）。

3.2.6.2　基于实验观测定义的黏性应力

一般来讲，应力的定义是作用在不同朝向有向面积微元上不同指向的力，即经由面积接触而发生的力的面密度（张量），属于动量通量面密度张量范畴，单位是 $\mathrm{N \cdot m^{-2}}$。因为在流体内部各个位置，各个侧面都存在因黏性而导致的流体惯性的转移，所以应以张量的方式定义流体的黏性应力。黏性应力张量的两重方向是指：流体发生黏性相互作用的参考面积单元所垂直的方向和力的指向。具体地讲，在直角坐标系下，黏性应力张量的数学形式为式(3.48)：

$$\boldsymbol{\tau}=\begin{pmatrix} \tau_{xx} & \tau_{xy} & \tau_{xz} \\ \tau_{yx} & \tau_{yy} & \tau_{yz} \\ \tau_{zx} & \tau_{zy} & \tau_{zz} \end{pmatrix} \tag{3.48}$$

其中，第一行三个元素：τ_{xx}、τ_{xy} 和 τ_{xz} 分别表示是作用在垂直于 x 轴方向面元上的，分别平行于 x、y 和 z 三个坐标轴方向的黏性应力；第二行三个元素：τ_{yx}、τ_{yy} 和 τ_{yz} 分别表示作用在垂直于 y 轴方向面元上，分别有指向平行于 x、y 和 z 三个坐标轴方向的黏性应力；第三行三个元素：τ_{zx}、τ_{zy} 和 τ_{zz} 分别表示作用在垂直于 z 轴方向面元上，分别有指向平行于 x、y 和 z 三个坐标轴方向的黏性应力。各自分量的正负对应于黏性力所平行坐标轴的正反方向。

流体的黏性来自于流体分子间相互作用等流体自身的自然属性，但是黏性应力的定义方式通常并不是从机理上给出的。因为如果要填平微观分子相互作用到宏观流体介质的运动之间的"鸿沟"，从机理上给出分子黏性应力的模型并不实际。所以黏性应力的具体定义和量化的模型，更多的是对实验观察的记录而非过多的机理刻画。其从有黏性流体运动的现实表现或者效果上对流体黏稠属性，以及其强弱程度做出定义和建立模型。

对于较为简单的情况，比如水和空气，黏性的强弱可以由流体速度的空间分布不均表现出来。因为速度在各个方向的梯度是流体体积形变速率的一种表现形式，所以流体在传递过程中体积形变的剧烈程度体现了其自身黏性的大小。而以实验的方式可以归纳得到水的黏性应力与流速的关系。除了水以外，包括大气在内的很多种类的流体都能够表现出黏性应力和流速梯度之间相对简单的线性对应关系。而这一类流体被称为牛顿（Newton）流体。表3.1显示了包括三维直角坐标系在内的不同坐标系下牛顿流体的黏性应力的计算方式。此类流体所表现出的这种黏性和流速梯度间的规律被称为牛顿黏性定律。

表 3.1　不同坐标系下的流体的 Newton 黏性应力

项目		黏性应力表达式	坐标架示意图
直角坐标	黏性应力张量分量	$\tau_{xx}=-\mu\left(2\frac{\partial u}{\partial x}\right)+\left(\frac{2}{3}\mu-\kappa\right)(\nabla\cdot\boldsymbol{v})$ $\tau_{yy}=-\mu\left(2\frac{\partial v}{\partial y}\right)+\left(\frac{2}{3}\mu-\kappa\right)(\nabla\cdot\boldsymbol{v})$ $\tau_{zz}=-\mu\left(2\frac{\partial w}{\partial z}\right)+\left(\frac{2}{3}\mu-\kappa\right)(\nabla\cdot\boldsymbol{v})$ $\tau_{xy}=\tau_{yx}=-\mu\left(\frac{\partial u}{\partial y}+\frac{\partial v}{\partial x}\right)$ $\tau_{xz}=\tau_{zx}=-\mu\left(\frac{\partial u}{\partial z}+\frac{\partial w}{\partial x}\right)$ $\tau_{yz}=\tau_{zy}=-\mu\left(\frac{\partial v}{\partial z}+\frac{\partial w}{\partial y}\right)$	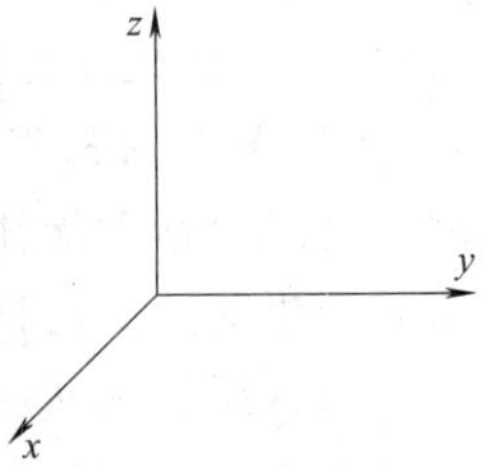
	散度	$(\nabla\cdot\boldsymbol{v})=\frac{\partial u}{\partial x}+\frac{\partial v}{\partial y}+\frac{\partial w}{\partial z}$	
柱坐标	黏性应力张量分量	$\tau_{rr}=-\mu\left(2\frac{\partial v_r}{\partial r}\right)+\left(\frac{2}{3}\mu-\kappa\right)(\nabla\cdot\boldsymbol{v})$ $\tau_{\varphi\varphi}=-\mu\left[2\left(\frac{1}{r}\frac{\partial v_\varphi}{\partial\varphi}+\frac{v_r}{r}\right)\right]+\left(\frac{2}{3}\mu-\kappa\right)(\nabla\cdot\boldsymbol{v})$ $\tau_{zz}=-\mu\left[2\frac{\partial v_z}{\partial z}\right]+\left(\frac{2}{3}\mu-\kappa\right)(\nabla\cdot\boldsymbol{v})$ $\tau_{r\varphi}=\tau_{\varphi r}=-\mu\left[r\frac{\partial}{\partial r}\left(\frac{v_\varphi}{r}\right)+\frac{1}{r}\frac{\partial v_r}{\partial\varphi}\right]$ $\tau_{rz}=\tau_{zr}=-\mu\left(\frac{\partial v_r}{\partial z}+\frac{\partial v_z}{\partial r}\right)$ $\tau_{\varphi z}=\tau_{z\varphi}=-\mu\left(\frac{\partial v_\varphi}{\partial z}+\frac{1}{r}\frac{\partial v_z}{\partial\varphi}\right)$	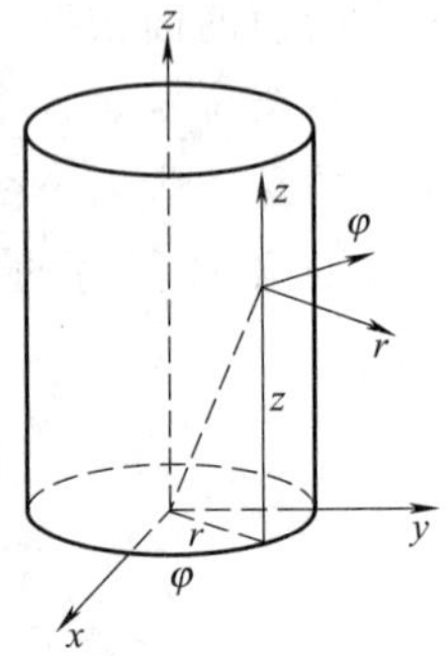
	散度	$(\nabla\cdot v)=\frac{1}{r}\frac{\partial}{\partial r}(rv_r)+\frac{1}{r}\frac{\partial v_\varphi}{\partial\varphi}+\frac{\partial v_z}{\partial z}$	
球坐标	黏性应力张量分量	$\tau_{rr}=-\mu\left(2\frac{\partial v_r}{\partial r}\right)+\left(\frac{2}{3}\mu-\kappa\right)(\nabla\cdot\boldsymbol{v})$ $\tau_{\theta\theta}=-\mu\left[2\left(\frac{1}{r}\frac{\partial v_\theta}{\partial\theta}+\frac{v_r}{r}\right)\right]+\left(\frac{2}{3}\mu-\kappa\right)(\nabla\cdot\boldsymbol{v})$ $\tau_{\varphi\varphi}=-\mu\left[2\left(\frac{1}{r\sin\theta}\frac{\partial v_\varphi}{\partial\varphi}+\frac{v_r+v_\theta\cot\theta}{r}\right)\right]+\left(\frac{2}{3}\mu-\kappa\right)(\nabla\cdot\boldsymbol{v})$ $\tau_{r\theta}=\tau_{\theta r}=-\mu\left[r\frac{\partial}{\partial r}\left(\frac{v_\theta}{r}\right)+\frac{1}{r}\frac{\partial v_r}{\partial\theta}\right]$ $\tau_{r\varphi}=\tau_{\varphi r}=-\mu\left[r\frac{\partial}{\partial r}\left(\frac{v_\varphi}{r}\right)+\frac{1}{r\sin\theta}\frac{\partial v_r}{\partial\varphi}\right]$ $\tau_{\theta\varphi}=\tau_{\varphi\theta}=-\mu\left[\frac{1}{r\sin\theta}\frac{\partial v_\theta}{\partial\varphi}+\frac{\sin\theta}{r}\frac{\partial}{\partial\theta}\left(\frac{v_\varphi}{\sin\theta}\right)\right]$	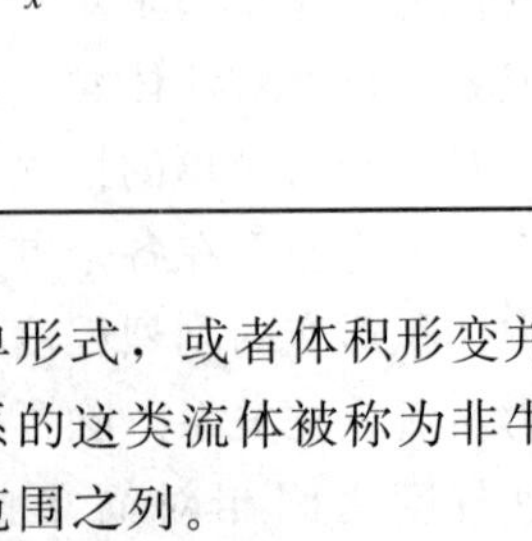
	散度	$\nabla\cdot\boldsymbol{v}=\frac{1}{r^2}\frac{\partial}{\partial r}r^2v_r+\frac{1}{r\sin\theta}\frac{\partial}{\partial\theta}v_\theta\sin\theta+\frac{1}{r\sin\theta}\frac{\partial}{\partial\varphi}v_\varphi$	

注：κ 为膨胀黏度，对于低密度单原子气体为 0。

还有许多情况下流体的黏性不能被总结为表 3.1 所显示的简单形式，或者体积形变并不是流体黏性的唯一结果或反应。不满足表 3.1 黏性应力与速度关系的这类流体被称为非牛顿流体。比如黏性更大的沥青、石油等有机液体。此不在本章讨论范围之列。

在柱坐标系下，黏性应力的张量定义方式与直角坐标系下不同。在 3.2.5 和 3.2.6 管道的流体动量传递的情境中，已经给出了 τ_{xx} 和 τ_{rx} 的形式，而在完整 3 维柱坐标 r-θ-x 坐标系下，还存在 τ_{rr}，$\tau_{r\theta}$，$\tau_{\theta r}$，$\tau_{\theta\theta}$，$\tau_{\theta x}$，τ_{xr}，和 $\tau_{x\theta}$ 黏性应力，这是基于 r-θ-x 坐标系面积元的具体情况而建立定义的，而与直角坐标系下的定义方式不同。在球坐标系下牛顿黏性应力的定义方式如表 3.1 所示。

3.2.6.3　湍流和湍流黏性

从 3.2.6 中这个管道动量传递的例子，分析了两种黏性的作用方式：其一，在流体内部使得流体的速度趋于均匀；其二，在流体与管壁的接触面积上，产生摩擦效果。除此之外，对于流速较大的管道流动，流体的黏性还会产生第三种作用，即湍流。湍流是种现象，这种现象在管道中的表现是，流速并不按照图 3.8 所示的平缓和均匀的方式分布于管道当中，而当湍流发生时，管道内出现旋涡，如图 3.9 所示。相对于“湍流”的叫“层流”，即图 3.8 所显示的流速缓慢时流体的流态。在实验上，人们通过雷诺数 Re（Reynold Number）数量指标界定其发生的剧烈程度。雷诺数的定义和意义是惯性力和黏性力的比值，具体条件下其估计方式会略有不同。而所谓惯性力，这里可以表示为 $\rho U_x U_x A$，即流速惯性给流体造成的动量改变。此处使用大写 U_x 特指管道内的平均速度，而与点速度 u_x（t，r，x）有所区别。实验条件下，认为 $Re \geqslant 10^4$ 时，湍流充分发展。所以湍流现象的一种直观的物理解释可以是：流体自身惯性足够大，以至于打破了黏性规则所能限制的程度，而自然地出现了旋涡，以动量转化为角动量的方式分散消解流体的动能。实际上，湍流产生的原因仍然是微观分子之间的相互作用，此保证了流体的整体性。

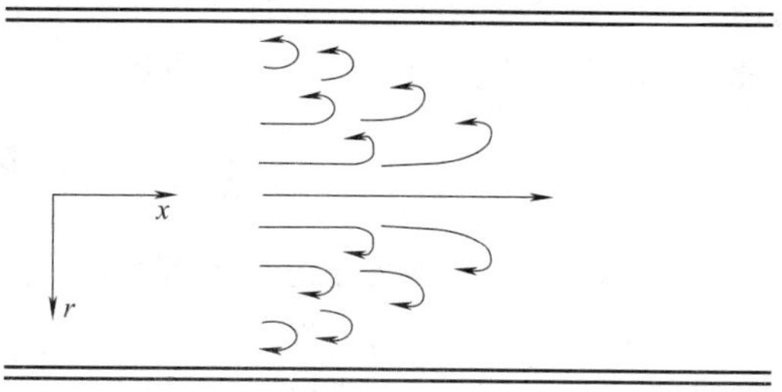

图 3.9　管道中水的湍流流动

流体随时因其自身黏性致使流体的运动惯性发生转移，或者表现为在所有方向上的流体的运动惯性的“扩散”，或者表现为将层流转化成湍流——流体以漩涡的方式，将过大的惯性分散出去。所以黏性应力的模型可以被划分为两类。一是用来描述使得流体的运动惯性均匀化的黏性力，另外则是专门用来描述使层流惯性转移为涡流角动量的效果力，后者称为湍流黏性，其实际上是以平均化的方式，给出旋涡动量转化的效果。所以严格地说，虽然黏性是导致湍流发生主要原因，但是“湍流黏性”并非“黏性”，可以说湍流黏性模型不过是模型的建立者类比黏性的描述方式描述湍流的惯性传递。湍流现象十分复杂，关于湍流的分析和建模不属于本章内容。

3.2.7　流体动量传递的一般衡算方程

在直角坐标系下，暂不考虑外力的影响，动量通量面密度的完整形式由表 3.2 给出。此表是动量通量面密度总张量，其中包括了：惯性传递部分、压力输送部分以及黏性导致的动量传递。动量通量面密度张量（总量）被分解为通过直角坐标系内三个相互垂直的有向面元 **dydz**、**dxdz** 和 **dxdy** 上的动量通量（总量），见表 3.2。

表 3.2　三维直角坐标系下流体的动量通量面密度总张量

动量指向 / 面元法向	$\boldsymbol{i}$ $\boldsymbol{\Phi}_x$	$\boldsymbol{j}$ $\boldsymbol{\Phi}_y$	$\boldsymbol{k}$ $\boldsymbol{\Phi}_z$
$\boldsymbol{i}$	$\rho u^2+\tau_{xx}+p$	$\rho vu+\tau_{xy}$	$\rho wu+\tau_{xz}$
$\boldsymbol{j}$	$\rho uv+\tau_{yx}$	$\rho v^2+\tau_{yy}+p$	$\rho wv+\tau_{yz}$
$\boldsymbol{k}$	$\rho uw+\tau_{zx}$	$\rho vw+\tau_{zy}$	$\rho w^2+\tau_{zx}+p$

不妨从另外一种角度去解释表 3.2 所给出的动量通量面密度张量。动量通量面密度张量是由各个方向动量的传递速度矢量所组成的。表 3.2 的第一列则为 x 方向的动量的传递速度，以符号 $\boldsymbol{\Phi}_x$ 记。其三个分量：$\rho u^2+\tau_{xx}+p$、$\rho uv+\tau_{yx}$ 以及 $\rho uw+\tau_{zx}$ 分别是在 $\boldsymbol{i}$ 方向上传递的、在 $\boldsymbol{j}$ 方向上传递的以及在 $\boldsymbol{k}$ 方向上传递的流体 x 轴方向动量的传递速率。表 3.2 第二列为 y 轴方向的动量的传递速度 $\boldsymbol{\Phi}_y$，第三列为 z 轴方向的动量的传递速度 $\boldsymbol{\Phi}_z$。利用 $\boldsymbol{\Phi}_x$、$\boldsymbol{\Phi}_y$ 和 $\boldsymbol{\Phi}_z$ 可以很方便地建立三个方向动量的守恒方程。

首先对 x 轴方向的动量进行衡算。直角坐标系下，在空间连续流体的内部，任意划定一定体积范围 Ω，并确保该范围完全处于流体内部。此部分流体整体受到外力 $\boldsymbol{F}$ 的作用，$\boldsymbol{F}=(F_x, F_y, F_z)^{\mathrm{T}}$。依据动量守恒和牛顿第二运动定律，这部分体积流体 x 轴方向的动量的增（减）完全来自于外界向体系内的动量传递（体系向外界的动量传递）和外力的作用。因此，x 轴方向上的动量满足衡算方程（3.49a）：

$$\frac{\partial}{\partial t}\iiint_{\Omega}\rho u\,\mathrm{d}\tau=\oiint_{\overline{\Omega}}\boldsymbol{\Phi}_x\cdot\mathrm{d}(-\boldsymbol{S})+F_x \tag{3.49a}$$

这里需要计算外界传递进入 Ω 的动量通量，所以传递的方向是 Ω 边界面积的内法线方向，即 $-\boldsymbol{S}$ 方向，因此当方程（3.49a）左边为体积内动量的增率时，方程（3.49a）右端面积分是通过 Ω 边界进入体积 Ω 的总动量通量。

同样地，在另外 x、y 两个方向的动量满足守恒方程（3.49b）：

$$\frac{\partial}{\partial t}\iiint_{\Omega}\rho v\,\mathrm{d}\tau+\oiint_{\overline{\Omega}}\boldsymbol{\Phi}_y\cdot\mathrm{d}\boldsymbol{S}=F_y \tag{3.49b}$$

$$\frac{\partial}{\partial t}\iiint_{\Omega}\rho w\,\mathrm{d}\tau+\oiint_{\overline{\Omega}}\boldsymbol{\Phi}_z\cdot\mathrm{d}\boldsymbol{S}=F_z \tag{3.49c}$$

考虑到控制体积 Ω 的任意性，积分形式的流体运动方程（3.49）具有一般性。当外力 $\boldsymbol{F}$ 只包含重力时，也就是：$F_x=0$，$F_y=0$ 以及式（3.50）：

$$F_z=-\iiint_{\Omega}\rho g\,\mathrm{d}\tau \tag{3.50}$$

则可以利用高斯散度定理，将积分方程（3.49）写成如下偏微分方程（3.51a），方程（3.51b）与方程（3.51c）的形式：

$$\frac{\partial\rho u}{\partial t}+\frac{\partial\rho uu}{\partial x}+\frac{\partial\rho uv}{\partial y}+\frac{\partial\rho uw}{\partial z}=-\frac{\partial p}{\partial x}-\left(\frac{\partial\tau_{xx}}{\partial x}+\frac{\partial\tau_{yx}}{\partial y}+\frac{\partial\tau_{zx}}{\partial z}\right) \tag{3.51a}$$

$$\frac{\partial\rho v}{\partial t}+\frac{\partial\rho vu}{\partial x}+\frac{\partial\rho vv}{\partial y}+\frac{\partial\rho vw}{\partial z}=-\frac{\partial p}{\partial y}-\left(\frac{\partial\tau_{xy}}{\partial x}+\frac{\partial\tau_{yy}}{\partial y}+\frac{\partial\tau_{zy}}{\partial z}\right) \tag{3.51b}$$

$$\frac{\partial\rho w}{\partial t}+\frac{\partial\rho wu}{\partial x}+\frac{\partial\rho wv}{\partial y}+\frac{\partial\rho ww}{\partial z}=-\frac{\partial p}{\partial z}-\left(\frac{\partial\tau_{xz}}{\partial x}+\frac{\partial\tau_{yz}}{\partial y}+\frac{\partial\tau_{zz}}{\partial z}\right)-\rho g \tag{3.51c}$$

此为重力外力条件下，流体一般运动方程的偏微分方程形式。对于牛顿流体，利用表 3.1 黏性应力的计算方式，方程（3.51）则规定了流体各个方向的速度的变化情况。

需要说明的是，方程（3.51）中压强既能够改变流体的局部动量，体现出力学性质，又是流体的热力学特征的描述。力学上，压力体现内部压强"撑顶"或者"挤压"的作用效果。压力就是特指垂直于接触面积的压强作用效果。比如作用在垂直 x 轴方向面元 $\mathrm{d}y\mathrm{d}z$ 上的压力，写成矢量的形式为 $(p, 0, 0)^{\mathrm{T}}$，其只在平行于 x 轴方向存在压力作用；作用在面元 $\mathrm{d}x\mathrm{d}z$ 上的压力为 $(0, p, 0)^{\mathrm{T}}$，其只在平行于 y 轴方向存在压力作用；作用在面元 $\mathrm{d}x\mathrm{d}y$

上的压力为（0，0，p）^{T}，其只在平行于 z 轴方向存在压力作用。所以在表 3.2 中压强 p 只出现在动量通量面密度总张量的对角线上。而压强“撑顶”或者“挤压”的原因可以是因为局部密度的积累，也可以是因为局部气体内能的增加。所以在热学上，压强的产生可以来源于流体的质量和内能。另一种角度上，压强体现了流体物质所携带的，可以转化为机械能的能量空间分布，其单位或可被换算为 $\mathrm{J \cdot m^{-3}}$。某些条件下压强是某种流场“势能”的体密度。在存在化学反应耦合的流体力学问题中，诸如气体的燃烧或爆炸等反应，因反应改变局部压强而影响气体的流场和流速则很明显。

这里并不称式（3.49）或式（3.51）为流体的动量传递守恒方程，原因在于，当有气-固反应或气-液反应的化学反应发生（如 3.2.1 中所说的石油雾珠或面粉散布于大气并被激发燃烧爆炸反应）时，反应产生热量使局部流体的压强陡然增加，或反应产生气体使局部物质增加、体积膨胀，则不能说运动流体仍然满足动量的传递守恒。虽然此时动量的传递守恒并不满足，但是方程（3.49）或方程（3.51）仍然适用，而通过压强体现流体的状态。

还有另一类情况，比如存在泄漏源的情况——泄漏源局部位置处存在速度贡献；以及考虑平原上耦合风力发电机作用的流场的动量传递问题。这些“外部因素”对流场动量传递的影响并不通过压强实现，而是通过外力的方式作用到流体。对此通常可以接受的处理方式是，在式（3.51）三个方程的右端各加上一个外力空间密度分布函数：ρf_x、ρf_y 和 ρf_z，给出“外部因素”对动量改变的影响。数学上，ρf_x、ρf_y 和 $\rho f_z - \rho g$ 的体积积分即 F_x、F_y 和 F_z。其加速度项：f_x、f_y 和 f_z 实际上是将泄漏源或者风机对流场在特定位置的作用力（加速度）平均化分布到每点上的效果，但其具体形式的确定往往并不容易，这已超出本章内容。当人们所要关注和考虑的环境流场的尺度比较其泄漏源以及风机的大小要大得多时，这种近似是可以接受的。

3.2.8 Navier-Stokes 方程

Navier-Stokes（N-S）方程和连续方程是水、气体等牛顿流体动力学最基本的运动方程。其对黏性应力项做了简化，认为各个朝向各个方向的黏性应力为式（3.52）：

$$\tau_{ij} = -\mu \frac{\partial u_j}{\partial x_i} \tag{3.52}$$

i 和 j 代表坐标标号，即 x、y 或 z。利用式（3.52）并结合连续方程（3.30），动量守恒方程（3.51）被简化为如式（3.53a），式（3.53b）与式（3.53c）的形式：

$$\frac{\partial u}{\partial t} + u\frac{\partial u}{\partial x} + v\frac{\partial u}{\partial y} + w\frac{\partial u}{\partial z} = -\frac{1}{\rho}\frac{\partial p}{\partial x} + \frac{\mu}{\rho}\left(\frac{\partial^2 u}{\partial x^2} + \frac{\partial^2 u}{\partial y^2} + \frac{\partial^2 u}{\partial z^2}\right) \tag{3.53a}$$

$$\frac{\partial v}{\partial t} + u\frac{\partial v}{\partial x} + v\frac{\partial v}{\partial y} + w\frac{\partial v}{\partial z} = -\frac{1}{\rho}\frac{\partial p}{\partial y} + \frac{\mu}{\rho}\left(\frac{\partial^2 v}{\partial x^2} + \frac{\partial^2 v}{\partial y^2} + \frac{\partial^2 v}{\partial z^2}\right) \tag{3.53b}$$

$$\frac{\partial w}{\partial t} + u\frac{\partial w}{\partial x} + v\frac{\partial w}{\partial y} + w\frac{\partial w}{\partial z} = -\frac{1}{\rho}\frac{\partial p}{\partial z} + \frac{\mu}{\rho}\left(\frac{\partial^2 w}{\partial x^2} + \frac{\partial^2 w}{\partial y^2} + \frac{\partial^2 w}{\partial z^2}\right) - g \tag{3.53c}$$

当存在外力作用时在 N-S 方程右端增加外力加速度项，计入外力对流体速度变化率的贡献。

3.2.9 流体状态

对于不同状态的流体，压强 p 存在不同的定义或建模方式，此取决于考察问题的重点，和近似的程度。

对于气体可以使用理想气体的状态方程定义压力：$p = R\rho T$。这需要给出温度。有时也使用 van der Waals 气体状态方程（3.54）作为气体状态：

$$\left(p+a\rho^2\right)\left(\frac{1}{\rho}-b\right)=RT \tag{3.54}$$

此处 a、b 为常数，视不同气体而不同。对于大气问题通常使用气体的可压状态方程或气体的热膨胀方程。气体的可压给出状态方程（3.55）：

$$\beta=\frac{1}{\rho}\frac{\partial\rho}{\partial p} \tag{3.55}$$

β 为气体可压性参数，在一定温度范围内对于特定的气体为常数。气体的热膨胀方程（3.56）：

$$\alpha=-\frac{1}{\rho}\frac{\partial\rho}{\partial T} \tag{3.56}$$

α 为气体的热膨胀系数，在一定平均温度和压强范围为常数。

关于水可以使用静压能定义压力：$p=\rho g(z_0-z)$，z_0 为水面的纵坐标位置。有时也使用静压能给出中尺度或更大尺度大气的压力。对于大气可以使用状态方程：$p=-\rho gz$。

连续方程（3.30）和 N-S 方程（3.53）共同定义了流体介质的运动状态，如不考虑温度的分布不均现象，在状态方程确定的情况下，式（3.30）和式（3.53）封闭，利用数值算法能够据此解出流体的流速矢量。此与物种浓度的扩散-传递方程耦合能够得到完整的迁移扩散的解。气体中混合组分物种的迁移问题，使用摩尔密度的守恒律连续方程较质量密度更接近物理实际，因为这体现了分子个数的守恒，而不纠缠于不同气体物种分子质量对气体体积的影响。

3.3 一维河道的物质的迁移-转化模型

具有代表性的一维流体动力学模型是水流的圣维南（Saint-Venant）方程[9,15]。该方程于 1871 年由法国科学家圣维南提出，故名。圣维南方程适用于一维河道内无携带泥沙的清洁水体流态的计算，被广泛应用于河流水动力学模拟和水质模型当中。使用圣维南方程耦合一维传输、扩散方程能够得到一维河道的物质的迁移-转化模型。此同时也是计算量相对较低的河流问题的迁移-转化模型。

3.3.1 圣维南（Saint-Venant）方程

在一维河道当中，沿河道中轴线上建立河流长度坐标轴 x 轴，正方向指向河流流向。如图 3.10 所示。假设河流有固定宽度 W（m），河水密度固定，记为 ρ（$\mathrm{kg\cdot m^{-3}}$）。记变量 u（$\mathrm{m\cdot s^{-1}}$）为河流流速，A（$\mathrm{m^2}$）为河流横截面积，h（m）为河流水体平均高度，Q（$\mathrm{m^3\cdot s^{-1}}$）为河道体积通量或称过水流量——单位时间内通过横截面积 A 的水体积，皆为关于时间 t（s）和位置 x（m）的函数。

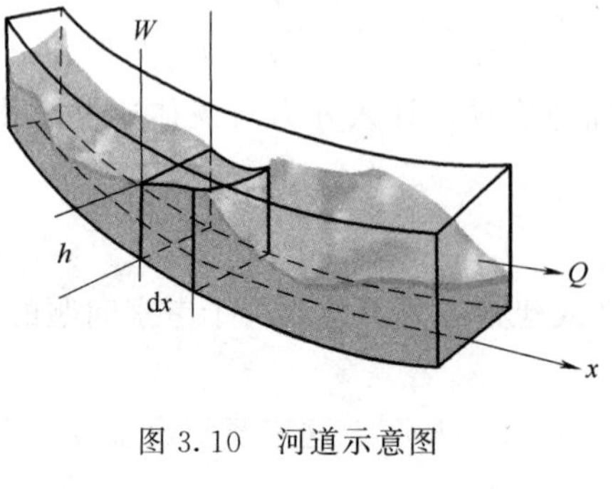

图 3.10 河道示意图

在长度范围 Δx 内对河流水体进行质量衡算。单位时间内体积 $A\mathrm{d}x$ 内水体质量的增加来自于河流流速的携带，以及局部其他水流的贡献，并将后者称为源的汇入。记源汇入质量的比速率为 k_{src}（$\mathrm{s^{-1}}$）。其物理意义是当前位置处每单位时间内因源的贡献，增加的质量与目前质量的比值。明显地，模型中应规定 k_{src} 是一个关于 x 的分布函数。实际上，k_{src} 不仅可以用于描述河道局部源的贡献，也可以用于描述汇的作用，k_{src} 应当广义地包括河水在局部位置的流出而导致的河水质量的减少。所以在存在流入源或者流出口的位置处，$k_{src}>0$ 或 $k_{src}<0$，否则 $k_{src}=0$。因此存在如下质量守恒关系式（3.57）：

$$\frac{\partial}{\partial t}\int_{x}^{x+\Delta x}\rho A\,\mathrm{d}x=[\rho uA]_x-[\rho uA]_{x+\Delta x}+\int_{x}^{x+\Delta x}k_{src}\rho A\,\mathrm{d}x \tag{3.57}$$

消去常数 ρ，并注意到 $Q=uA$，有式（3.58）：

$$\frac{\partial}{\partial t}\int_{x}^{x+\Delta x}A\,\mathrm{d}x-Q|_x+Q|_{x+\Delta x}=\int_{x}^{x+\Delta x}k_{src}A\,\mathrm{d}x \tag{3.58}$$

利用积分中值定理，并令 Δx 趋于0，得到质量衡算方程的微分方程形式（3.59）：

$$\frac{\partial A}{\partial t}+\frac{\partial Q}{\partial x}=q_A\Leftrightarrow\frac{\partial h}{\partial t}+\frac{1}{W}\frac{\partial Q}{\partial x}=q_h \tag{3.59}$$

不失一般性，使用符号 q_A、q_h 表示源（汇）项，其中形式上 $q_A=k_{src}A$，$q_h=k_{src}h$。对于具体问题另需具体确定源（汇）项的函数形式。

在密度为常数的情况下，质量衡算方程（3.59）就是水的体积衡算方程，从另一个角度上解释 A（$m^3\cdot m^{-1}$）的意义为每单位河道长度的水体积密度分布函数。

在此长度范围 Δx 内对水体进行动量衡算。体积 $A\mathrm{d}x$ 水体受到的外界对其的作用力有两个部分。其一是周围河床对流动水体的摩擦阻碍，其二是大气对水体的作用力，这可以表现为阻碍的效果也可以是风对水体的吹拂使水体增速。以风的吹动效果对水体受力建模。

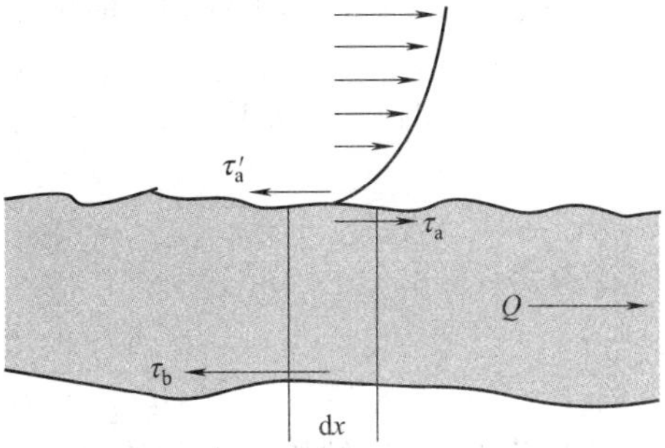

图 3.11　河道水体阻碍应力

通过河床与水体的接触面积，水体受到阻力，记河床对水体的摩擦应力为 τ_b。水体受到大气的作用力，记水体受到大气施加给水体的应力 τ_a。如图 3.11 所示。因此在水与地表的接触面积或水与大气的接触面积 $W\mathrm{d}x$ 上，体积为 $A\mathrm{d}x$ 的水体受到的摩擦阻碍力的总和为 $-(\tau_b-\tau_a)W\mathrm{d}x$。所以，去掉水流的摩擦阻碍使水体动量发生改变，单位时间内体积 $A\mathrm{d}x$ 内水体的动量的增量完全来自流体的携带，和压力的作用，而有式（3.60）：

$$\frac{\partial}{\partial t}\int_{x}^{x+\Delta x}\rho uA\,\mathrm{d}x=[\rho uuA+pA]_x-[\rho uuA+pA]_{x+\Delta x}+\int_{x}^{x+\Delta x}[-(\tau_b-\tau_a)]W\,\mathrm{d}x \tag{3.60}$$

注意到水体的压力为静压状态压力，故 $p=\sigma\rho g(h+e)$。g 是重力加速度，$m\cdot s^{-2}$。e 是河床相对抬升高度，m，$e=0$ 表明河流流经水平河床。静压能即水体的重力势能，故有必要引入河床抬升高度 e。σ 为参数，$0\leqslant\sigma\leqslant1$，当 σ 取1时，动量方程（3.60）使用水底位置的状态压力估计整个高度范围内水体所受水压。压力被高估。而实际上，这个压力应该是整个水深上静压压力的近似，因此通常情况 σ 应为 $\frac{1}{2}$。再有 $Q=uA$，由式（3.60）得到式（3.61）：

$$\frac{\partial}{\partial t}\int_{x}^{x+\Delta x}Q\mathrm{d}x=\left[\frac{Q^2}{A}+\sigma g(h+e)A\right]_x-\left[\frac{Q^2}{A}+\sigma g(h+e)A\right]_{x+\Delta x}-\int_{x}^{x+\Delta x}(\tau_\mathrm{b}-\tau_\mathrm{a})\frac{W}{\rho}\mathrm{d}x \tag{3.61}$$

利用积分中值定理，并令 Δx 趋于 0，得到动量衡算方程的微分方程形式（3.62）：

$$\frac{\partial Q}{\partial t}+\frac{\partial}{\partial x}\left[\frac{Q^2}{A}+\sigma gA(h+e)\right]+\frac{W}{\rho}(\tau_\mathrm{b}-\tau_\mathrm{a})=0 \tag{3.62}$$

利用水力学相关经验公式[9,16]，摩擦阻碍项与过水流量的平方成正比，因为考虑到过水流量的方向性，使用了绝对值符号。方程（3.62）也可被改写为方程（3.63）：

$$\frac{\partial Q}{\partial t}+\frac{\partial}{\partial x}\left[\frac{Q^2}{A}+\sigma gA(h+e)\right]+\frac{Q|Q|}{K}=0 \tag{3.63}$$

方程（3.59）和方程（3.62）或方程（3.63）关于未知量 A（或 h）和 Q 封闭。

3.3.2 一维河道的传输-扩散-转化方程

在圣维南方程所规定的河道一维流场下，污染物或营养物质的迁移使用一维扩散方程模型描述。

具体问题中需要研究的物质未必唯一，但各物种满足的传输-扩散规律一致。针对物种 i（$i=1, 2, \cdots, n$），在长度范围 Δx 内建立扩散物质 i 的体积分数浓度 c_i（$\mathrm{m^3 \cdot m^{-3}}$）的传输-扩散方程（3.64）。其中物种 i 的扩散系数为 D_i，源流入体积的比速率为 $k_{c,i}$（$\mathrm{s^{-1}}$）：

$$\frac{\partial}{\partial t}\int_{x}^{x+\Delta x}c_iA\mathrm{d}x=\left[c_iuA-D_i\frac{\partial c_i}{\partial x}A\right]_x-\left[c_iuA-D_i\frac{\partial c_i}{\partial x}A\right]_{x+\Delta x}+\int_{x}^{x+\Delta x}k_{c,i}c_iA\mathrm{d}x \tag{3.64}$$

得到式（3.65）：

$$\frac{\partial c_iA}{\partial t}+\frac{\partial c_iQ}{\partial t}=\frac{\partial}{\partial x}D_iA\frac{\partial c_i}{\partial x}+q_{c,i}A \tag{3.65}$$

使用符号 $q_{c,i}$ 归纳体积分数浓度 c_i 的源（汇）项，在推导的过程中形式上保持 $q_{c,i}=k_{c,i}c_i$，实际问题中源（汇）项可能包含泄漏源、化学反应、沉降现象等诸多内容，需要具体确定源（汇）项的函数形式，以及其与 q_A 或 q_h 之间关系。

由于认为水的密度 ρ 为常数，所以物种 i 的质量浓度分数 ω_i（$\mathrm{kg \cdot kg^{-1}}$）的传输-扩散方程与体积浓度的传输-扩散方程具有相同形式，如式（3.66）所示：

$$\frac{\partial \omega_iA}{\partial t}+\frac{\partial \omega_iQ}{\partial t}=\frac{\partial}{\partial x}D_iA\frac{\partial \omega_i}{\partial x}+q_{\omega,i}A \tag{3.66}$$

3.3.3 河流模型的应用

虽然关于河流的模型已经建立，但是如式（3.63）等形式复杂的偏微分方程很难找到理论解析解。所以通常以数值方法逼近偏微分方程的解，给出模型问题的相对完整的答案。求解偏微分方程的数值方法并不唯一，比如有限差分法、有限体积法、有限元方法以及无网格方法等。关于偏微分方程的数值算法内容丰富，但数值方法的思想是将无限的连续问题转化成有限的离散问题，使用计算机能够处理的离散解代替方程的理论解，而其所以能够代替的依据是离散解的收敛性。

实际问题中河流系统往往以河网形式出现。常见的河网结构形式基本可以分为三种：分叉河网、河道岛屿以及复杂河网。如图 3.12～图 3.14 所示。图左边为河网结构示意图，右边为其同构的拓扑图。不论分叉还是岛屿的河道结构都是复杂河网的特殊形式。关于复杂河网模型，就是各河道偏微分力学模型的组合：各河道上流量满足圣维南方程（3.59）和方程（3.63），物种满足扩散方程（3.65）或方程（3.66），在河道交叉口处可以共用一个边值条件。比如河道交叉口处，交汇的各河道端点处的流量使用 0 导数边值条件，同时各河道的水面高度相同，共用高度边值条件。也就是，交叉口处各河道的流量满足方程（3.67）：

$$\left.\frac{\partial Q}{\partial x}\right|_{\text{node}}=0 \tag{3.67}$$

交叉口处相同高度满足体积守恒，见式（3.68）：

$$\left[S\,\frac{\mathrm{d}h}{\mathrm{d}t}\right]_{\text{node}}=\left[\sum_m Q_m\right]_{\text{node}} \tag{3.68}$$

其中 S 为交叉口处水面面积。交叉口处河水体积的增量来自于所有交汇河道流入和（或）流出的体积总和。

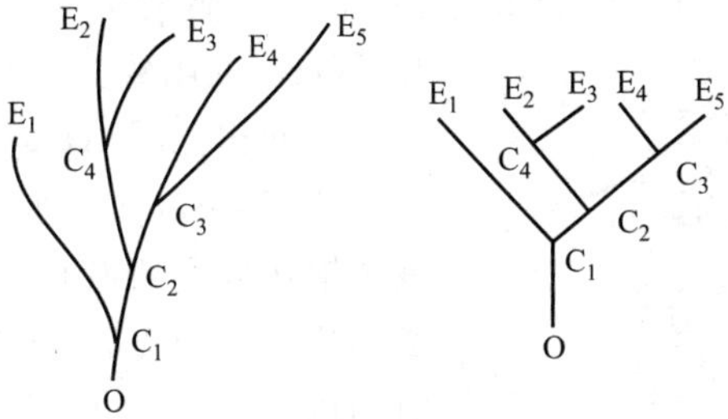

图 3.12　河网分叉结构

图 3.13　河道岛屿与河网结构

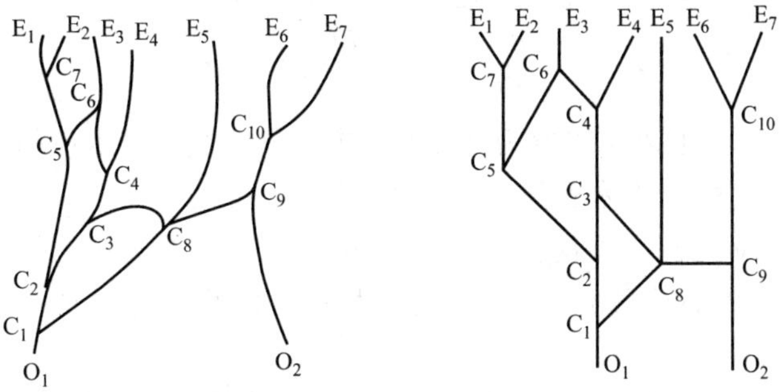

图 3.14　复杂河网结构

河网的数值模型和离散化方法，思想在于利用偏微分方程和如上边值条件将每一段河道以单河道方式处理，进行离散化，利用共同边值条件综合各河道变量。

实际上对于某些河道而言泥沙的输运是不可忽略的传递问题。一维河道模型还有包含泥沙动力学的复杂模型[16~18]，有兴趣的话请查阅相关文献。

3.4 二维浅水湖泊的物质迁移-转化模型

3.4.1 二维浅水方程（Shallow Water Equations）

二维浅水方程是水力学最基本的动力学方程，因其能够较充分体现浅水湖泊水的运动状态规律，与湖泊营养物质或者污染物的迁移密切相关而在环境科学中有广泛应用。方程最大的特点在于考虑到浅水流体以平面运动为主，方程在平面上进行质量和动量的衡算，减少了高度坐标一维尺度，取代了N-S方程，大大简化了运动方程，减少了计算机存储和计算时间的成本，体现了实际应用的价值。而且，浅水模型能够描述运动水体的几何形态的动态变化。

假设水体有固定密度，记为 $\rho(\mathrm{kg\cdot m^{-3}})$。记 h（m）为湖泊水体平均高度变量，u（$\mathrm{m\cdot s^{-1}}$）为 x-y 平面上 $\boldsymbol{i}$ 方向上高度 0 到 h 范围内的水流平均流速，$v(\mathrm{m\cdot s^{-1}})$ 为 x-y 平面上 $\boldsymbol{j}$ 方向上高度 0 到 h 范围内的水流平均流速，皆为关于时间 t(s) 和位置变量 x(m) 和 y(m) 的函数。

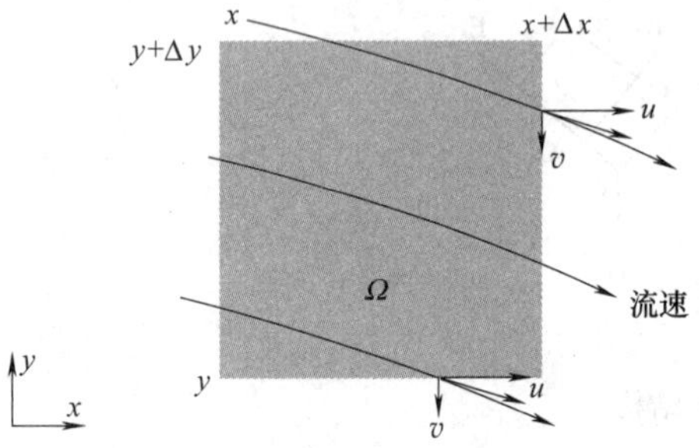

图 3.15 面积范围 Ω 内的传输

在面积范围 $\Delta x\Delta y$ 内进行质量衡算。单位时间内体积 $h\mathrm{d}x\mathrm{d}y$ 的水体的质量增加来自于流速的携带输送以及所有可能水源的汇入。记源汇入质量的比速率为 k_{src}（$\mathrm{s^{-1}}$），为当前位置处每单位时间内汇入质量与目前质量的比值。k_{src}（$\mathrm{s^{-1}}$）是一个关于坐标位置（x，y）的分布函数，在存在汇入源或者流出口的位置处 $k_{\mathrm{src}}>0$ 或 $k_{\mathrm{src}}<0$，否则 $k_{\mathrm{src}}=0$。因此，如图 3.15 所示，面积区域 Ω（$\Omega=[x,x+\Delta x]\times[y,y+\Delta y]$）范围内成立如下质量衡算关系式（3.69）：

$$\frac{\partial}{\partial t}\iint_{\Omega}\rho h\,\mathrm{d}x\,\mathrm{d}y=\left[\int_{y}^{y+\Delta y}\rho uh\,\mathrm{d}y\right]_{x+\Delta x}^{x}+\left[\int_{x}^{x+\Delta x}\rho vh\,\mathrm{d}x\right]_{y+\Delta y}^{y}+\iint_{\Omega}k_{\mathrm{src}}\rho h\,\mathrm{d}x\,\mathrm{d}y \tag{3.69}$$

消去常数 ρ，使用积分中值定理，并令 Δx、Δy 趋于 0，得到式（3.70）：

$$\frac{\partial h}{\partial t}+\frac{\partial hu}{\partial x}+\frac{\partial hv}{\partial y}=q \tag{3.70}$$

其中 $q=k_{\mathrm{src}}h$。实际上当水密度为常数时，方程（3.70）是水体的体积衡算方程，水体高度 h 代表 x-y 平面上的水体体积分布（密度）。

在面积范围 $\Delta x\Delta y$ 内对 $\boldsymbol{i}$ 方向的动量进行动量衡算。图 3.16 是计算流出（入）体积 $h\Delta x\Delta y$ 的两个水平方向的动量示意图。考虑黏性应力的影响，并注意到压强的作用力（压力）恒指向体积 $h\Delta x\Delta y$ 外侧。

图 3.16（a）是流出体积 $h\Delta x\Delta y$ 的 $\boldsymbol{i}$ 方向动量示意图。如图 3.16（a）所示，通过 x 处侧面积 $h\mathrm{d}y$，单位时间流入 $\boldsymbol{i}$ 方向动量为（$\rho uu+p+\tau_{xx})h\mathrm{d}y$；通过 $x+\Delta x$ 处侧面积 $h\mathrm{d}y$ 流出的 $\boldsymbol{i}$ 方向动量为（$\rho uu+p+\tau_{xx})h\mathrm{d}y$。进一步，通过 y 处侧面积面积 $h\mathrm{d}x$ 单位时间流入的 $\boldsymbol{i}$ 方向动量为（$\rho uv+\tau_{yx})h\mathrm{d}x$；通过 $y+\Delta y$ 处侧面积面积 $h\mathrm{d}x$ 单位时间流出的 $\boldsymbol{i}$ 方向动量为（$\rho uv+\tau_{yx})h\mathrm{d}x$。依照图 3.16（b）所示。按照同样的方式可以计算流出体积 $h\Delta x\Delta y$ 的 $\boldsymbol{j}$ 方向动量通量。

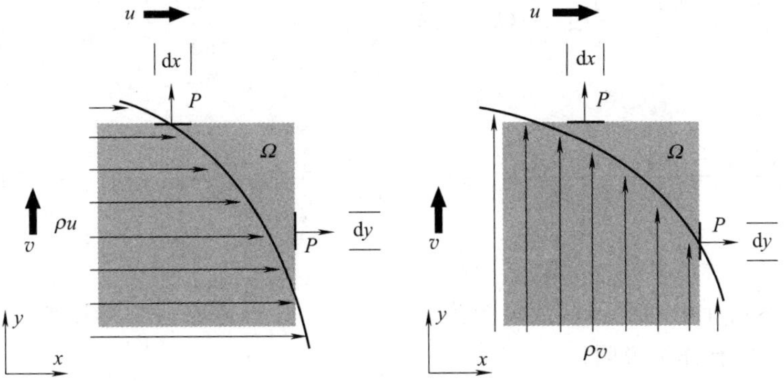

(a) 流出体积 $h\Delta x\Delta y$ 的 i 方向动量　　(b) 流出体积 $h\Delta x\Delta y$ 的 j 方向动量

图 3.16 流出体积 $h\Delta x\Delta y$ 的动量

湖底面和水表面两个接触面积上，外界分别会对水体 $h\,\mathrm{d}x\,\mathrm{d}y$ 传递动量，分别记 x 方向底面的摩擦阻碍应力为 $-\tau_{\mathrm{b}x}$，水面大气对湖水的 x 方向应力为 $\tau_{\mathrm{a}x}$。故而在面积范围 Ω 内水体 x 方向的动量满足如下衡算关系，见方程（3.71）：

$$\frac{\partial}{\partial t}\iint_{\Omega}\rho u h\,\mathrm{d}x\,\mathrm{d}y=\left[\int_{y}^{y+\Delta y}(\rho u u+p+\tau_{xx})h\,\mathrm{d}y\right]_{x+\Delta x}^{x}+\left[\int_{x}^{x+\Delta x}(\rho u v+\tau_{yx})h\,\mathrm{d}x\right]_{y+\Delta y}^{y}+\iint_{\Omega}[-(\tau_{\mathrm{b}x}-\tau_{\mathrm{a}x})]\,\mathrm{d}x\,\mathrm{d}y \tag{3.71}$$

使用 e 到 $h+e$ 高度范围内的静压压力的平均值估计压强：$p=\rho g(h+e)/2$，e 是湖底相对抬升高度。利用积分中值去掉积分符号，并令 Δx、Δy 趋于 0，注意到 ρ 是常数，有方程（3.72）：

$$\frac{\partial uh}{\partial t}+\frac{\partial uuh}{\partial x}+\frac{\partial uvh}{\partial y}+\frac{1}{2}g\,\frac{\partial}{\partial x}(h+e)h+\frac{1}{\rho}\left[\frac{\partial\tau_{xx}h}{\partial x}+\frac{\partial\tau_{yx}h}{\partial y}+(\tau_{\mathrm{b}x}-\tau_{\mathrm{a}x})\right]=0 \tag{3.72}$$

以同样的方式可以得到 y 方向的动量方程，不再赘述。方程（3.73）为：

$$\frac{\partial vh}{\partial t}+\frac{\partial vuh}{\partial x}+\frac{\partial vvh}{\partial y}+\frac{1}{2}g\,\frac{\partial}{\partial y}(h+e)h+\frac{1}{\rho}\left[\frac{\partial\tau_{xy}h}{\partial x}+\frac{\partial\tau_{yy}h}{\partial y}+(\tau_{\mathrm{b}y}-\tau_{\mathrm{a}y})\right]=0 \tag{3.73}$$

当中湖底阻力应力可以以式（3.74a），式（3.74b）估计[11,15]：

$$-\tau_{\mathrm{b}x}=-\frac{g\sqrt{u^2+v^2}}{c_z^2}u \tag{3.74a}$$

$$-\tau_{\mathrm{b}y}=-\frac{g\sqrt{u^2+v^2}}{c_z^2}v \tag{3.74b}$$

c_z 为谢才系数。风对湖水的作用力与风速有关[11,19]。湖水的黏性应力有两种计算方式：其一，如表 3.1 所示；其二，可采用 N-S 方程的近似方式（3.52）。

方程（3.72）和方程（3.73）是浅水动量方程的衡算律形式。对于较大范围尺度的湖面必须考虑到地球自转对湖水流速偏转的影响，而引入科里奥利力（Coriolis Force）。由于地球自转而水体并不直接参与自转运动，所以在地球经纬坐标系下观察物体运动，物体则相对于运动坐标系表现出偏转加速度。科里奥利力就是描述地球自转偏转效果的虚拟力。因此，严格地讲含有科里奥利力的动量方程并不是动量方程的守恒律形式。见式（3.75a）与式（3.75b）

$$\frac{\partial uh}{\partial t}+\frac{\partial uuh}{\partial x}+\frac{\partial uvh}{\partial y}+\frac{1}{2}g\frac{\partial}{\partial x}(h+e)h+\frac{1}{\rho}\left[\frac{\partial \tau_{xx}h}{\partial x}+\frac{\partial \tau_{yx}h}{\partial y}+(\tau_{\mathrm{b}x}-\tau_{\mathrm{a}x})\right]=fvh \tag{3.75a}$$

$$\frac{\partial vh}{\partial t}+\frac{\partial vuh}{\partial x}+\frac{\partial vvh}{\partial y}+\frac{1}{2}g\frac{\partial}{\partial y}(h+e)h+\frac{1}{\rho}\left[\frac{\partial \tau_{xy}h}{\partial x}+\frac{\partial \tau_{yy}h}{\partial y}+(\tau_{\mathrm{b}y}-\tau_{\mathrm{a}y})\right]=-fuh \tag{3.75b}$$

当中 f 是地转参数在中纬度区域数量级为 $10^{-4}\mathrm{s}^{-1}$。其具体取值与纬度[20]有关。关于科里奥利力在 3.5.1 中有详细说明。

有时在模拟计算中也使用水位 ξ（m）作为变量代替水体高度 h（m），通过关系 $h=H+\xi$，其中平均水深 H（m）为常数，改写为浅水方程。

3.4.2 二维浅水湖泊的传输-扩散模型

在浅水方程（3.70）和方程（3.75）所规定的湖泊二维流场中，污染物或营养物质的迁移使用二维扩散方程模型描述。

对于多物种的传输-扩散问题，各自的控制方程雷同。在面积区域 Ω 范围内建立物种 i（$i=1$，2，…，n）的体积分数浓度 c_i（$\mathrm{m^3\cdot m^{-3}}$）的传输-扩散方程，见式（3.76）。其中物种 i 的扩散系数为 D_i，源流入体积的比速率为 $k_{c,i}$（$\mathrm{s^{-1}}$）：

$$\frac{\partial}{\partial t}\iint_{\Omega}c_i h\,\mathrm{d}x\,\mathrm{d}y=\left[\int_{y}^{y+\Delta y}\left(c_i u-D_i\frac{\partial c_i}{\partial x}\right)h\,\mathrm{d}y\right]_{x+\Delta x}^{x}+\left[\int_{x}^{x+\Delta x}\left(c_i v-D_i\frac{\partial c_i}{\partial y}\right)h\,\mathrm{d}x\right]_{y+\Delta y}^{y}+\iint_{\Omega}k_{c,i}c_i h\,\mathrm{d}x\,\mathrm{d}y \tag{3.76}$$

得到式（3.77）：

$$\frac{\partial c_i h}{\partial t}+\frac{\partial c_i uh}{\partial x}+\frac{\partial c_i vh}{\partial y}=\frac{\partial}{\partial x}D_i h\frac{\partial c_i}{\partial x}+\frac{\partial}{\partial y}D_i h\frac{\partial c_i}{\partial y}+q_{c,i}h \tag{3.77}$$

由于实际问题中考虑泄漏源、化学反应、沉降等诸多因素对物质变化率的贡献，故不妨以符号 $q_{c,i}$ 归纳体积分数浓度 c_i 的源（汇）项，但在推导中保持形式上的 $q_{c,i}=k_{c,i}c_i$。实际建模过程中需根据具体转化、传质过程具体确定源（汇）项的函数形式，以及其与总体积源（汇）项 q 之间的关系。

由于认为水的密度 ρ 为常数，物种 i 的质量浓度分数 ω_i（$\mathrm{kg\cdot kg^{-1}}$）的传输-扩散方程与体积浓度的传输-扩散方程具有相同形式，如式（3.78）所示：

$$\frac{\partial \omega_i h}{\partial t}+\frac{\partial \omega_i uh}{\partial x}+\frac{\partial \omega_i vh}{\partial y}=\frac{\partial}{\partial x}D_i h\frac{\partial \omega_i}{\partial x}+\frac{\partial}{\partial y}D_i h\frac{\partial \omega_i}{\partial y}+q_{\omega,i}h \tag{3.78}$$

3.4.3 算例演示

图 3.17 是使用浅水方程模拟水体在存在方形障碍物的地形环境下，水高 h 形态的动态变化过程。图 3.18 是对应的流场速度矢量图。这个模拟旨在说明浅水方程对复杂地形的适应性，加深对浅水方程的直观理解。对于真实的湖泊问题需要更大的计算量和网格分辨率，并按需要耦合物种的扩散方程（3.77）或方程（3.78）。

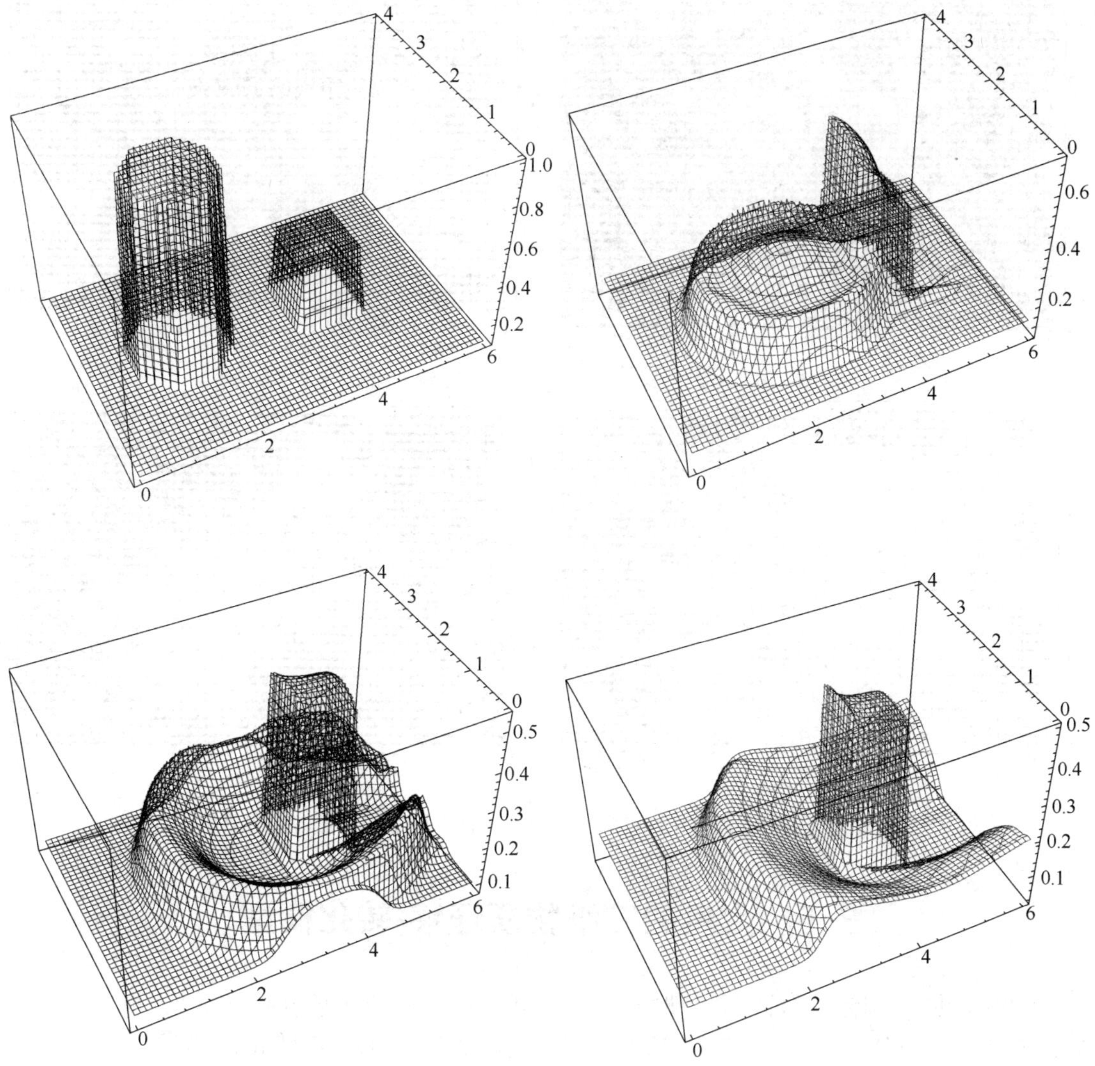

图 3.17　浅水方程模拟方形障碍物地形条件下的水体受重力影响的传播过程

模型的初始条件是，水体在上游呈现柱状分布，在入口恒定并指向下游流速的携带下，水体受自身重力和流速的作用传播。当传播发展到障碍物上游壁面处，水体受到障碍物阻挡，水体向障碍物两边绕行，并且部分地没过障碍物顶端，最后绕过障碍物，直至形成均匀的水面高度。

这个旨在演示浅水方程的模拟情境也具备环境工程学的实际背景。1982 年英国学者实施了关于污染重气的场地实测——Thorney Island Trial，使用的就是这个类似的地形条件和情境[21]。改进的浅水方程同样符合重气流体动力学性质。由于重气比空气重，其在传播中往往容易伏在地表形成爬流，与水的运动特征有类似之处，之后的学者使用改进的浅水模型来模拟预报重气的传播过程。研究者利用浅水模型把三维气体的模拟问题简化为二维地形上的传播问题，也取得了比较好的结果[22~24]。浅水方程具有比较广的应用范围，是流体力学的重要组成部分。

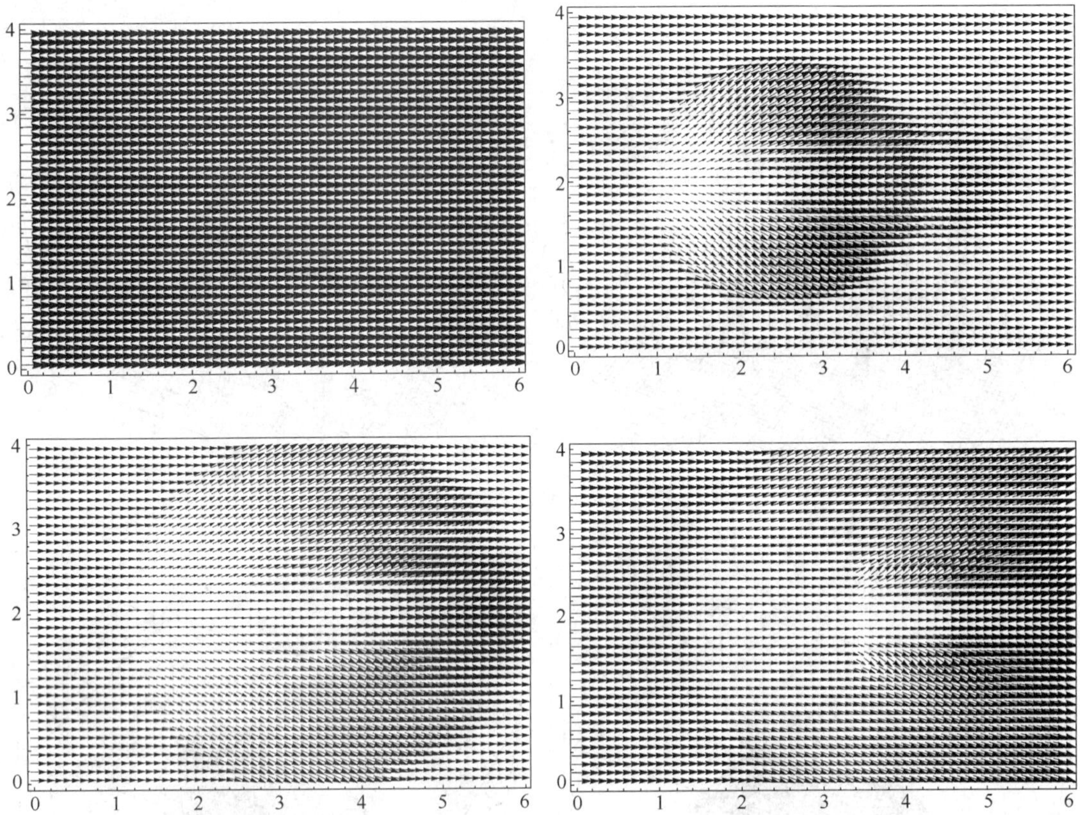

图 3.18 浅水方程模拟方形障碍物地形条件下的水体传播的动态流场

3.5 大气的三维物质迁移-转化模型

总的来讲，流体力学的方程一般有三类。其一，介质的流场方程（组）；其二，物质的扩散（组）；其三，热量的传递方程。大气环境污染物的迁移-转化问题发生在三维空间，使用三维连续方程（3.30）和三维的 N-S 方程（3.53）可以描述其流场；再配以三维扩散方程，有时还包括热量的传递方程则完全规定了大气污染物的传播过程。但是大气的传输过程有其特殊性，有时需要对三维流场方程（组）作必要的修改。其修改需结合并依据大气在不同尺度视角下所表现出的主要运动的特征。比如说在中尺度以上的较大尺度下，大气的不可压特征明显，流场模型则可以忽略大气体积的收缩和膨胀，而得到简化，而且需要加入大气自转科里奥利力的影响；一般尺度条件下，多忽略大气的黏性。

以下给出三种大气模型的具体形式，其各有使用的条件和范围，其各自的差别多只在流场方程上。

3.5.1 不可压大气模型

图 3.19 给出了大气模型的尺度划分[25]。对于大于或等于中尺度的研究视角，一般近似认为大气为不可压流体，环境大气的密度为恒定值 ρ_a。在这种条件下连续方程被改写为不可压流体的速度 0 散度方程（3.31）。另一方面，在这种尺度条件下气体的黏性可以忽略，

但是地球自转对气流的运动的影响不可忽略。所以除了需要把 N-S 方程（3.53）中的气体的密度全部改为 ρ_a，并去掉黏性力项以外还需要对其添加地球自转修正，也就是在各个 u、v 和 w 方程右端分别添加一个虚拟的大气自转科里奥利力（Coriolis Force）加速度[20]。科里奥利力并非来自单位质量气团所受的真实外力，而是地球自转对流速改变带来的一种效果。科里奥利加速度 $\boldsymbol{f}_{\mathrm{Crl}}$（$\mathrm{m \cdot s^{-2}}$）的具体形式为式（3.79）：

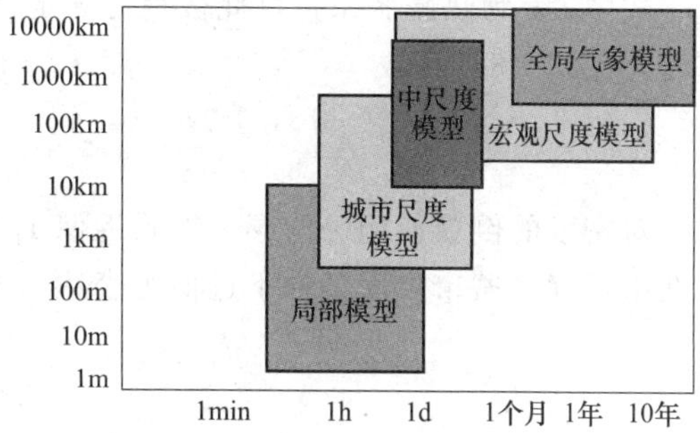

图 3.19　大气模型尺度划分

$$\boldsymbol{f}_{\mathrm{Crl}}=(2\Omega_e v\sin\varphi-2\Omega_e w\cos\varphi,-2\Omega_e u\sin\varphi,2\Omega_e u\cos\varphi)^{\mathrm{T}} \tag{3.79}$$

当中 Ω_e 为地球自转角速度；φ 为纬度。在高纬度地区通常略去余弦项：$\boldsymbol{f}_{\mathrm{Crl}}\approx(fv,-fu,0)^{\mathrm{T}}$，其中 $f=2\Omega_e\sin\varphi$。3.4 节中适用于中尺度以上的湖泊浅水方程（3.75）使用的就是这种近似。

在 0 散度方程和科氏力修正的 N-S 方程所规定的流场条件下，污染物的传播模型沿用式（3.18）或式（3.32）形式。对于存在泄漏源或化学反应过程，需要在式（3.18）或式（3.32）中添加源（汇）或反应项。多种物种的传播及转化需要使用多个传输、扩散、转化方程，并在转化项中根据反应机理建立各物种间的动态转化关系模型。

3.5.2　包辛涅斯克（Boussinesq）近似

大气边界层中，由于下垫面对热量的反射和吸收不均匀，在太阳辐射和不同热属性地表下垫面的共同影响下，边界层局部位置处将存在大气密度的分布不均现象。从而不同密度的气团在浮力的作用下会在铅直方向上发生对流，或因密度和压力分布的不均，气团在水平方向上发生传输。诸如城市热岛效应、山谷风、海陆风以及湖泊附近的不稳定大气风场等皆属于此类大气运动。

包辛涅斯克方程是铅直方向上流速方程的一种近似，突出了温度驱动局部不稳定流场的大气运动特征。包辛涅斯克方程建立的前提假设有三点。其一，大气密度在平均密度上下波动，相应地大气压力也是平均压力和扰动压力叠加的结果，而且密度和压强的改变都是由温度所引起。其二，平均密度与大气的平均压力之间满足静力平衡关系。其三，温度围绕平均温度上下波动，但在此温度的变化范围内气体的相对密度的改变比较于温度的变化为固定常数，也就是气体的热膨胀系数恒定。包辛涅斯克近似适用于城市尺度或中尺度等较小尺度范围。

现在具体给出包辛涅斯克的热对流模型。根据以上假设，大气密度、大气压强和和大气温度可以写成：$\rho=\rho_0+\rho'$，$p=p_0+p'$以及 $T=T_0+T'$。当中 ρ_0、p_0和 T_0分别为大气的平均密度、平均压强和平均温度；ρ'、p'和 T'分别为扰动密度、扰动压强和扰动温度。首先平均密度和平均压力之间保持静力平衡，如式（3.80）所示：

$$\frac{1}{\rho_0}\frac{\partial p_0}{\partial z}=-g \tag{3.80}$$

同时在此温度变化范围内，热膨胀系数恒定如式（3.81）所示：

$$\alpha=-\frac{1}{\rho_0}\frac{\Delta\rho}{\Delta T}=-\frac{1}{\rho_0}\frac{\rho-\rho_0}{T-T_0} \tag{3.81}$$

式中，α 为热膨胀系数，此被视为固定常数，则可以在此条件下近似求解铅直速度的加速度，见式（3.82）：

$$-\frac{1}{\rho}\frac{\partial p}{\partial z}-g=-\frac{1}{\rho_0+\rho'}\frac{\partial}{\partial z}(p_0+p')-g \tag{3.82}$$

对密度的倒数使用一阶泰勒展式近似 $1/(\rho_0+\rho')\approx(1-\rho'/\rho_0)/\rho_0$，利用式（3.80），同时在中尺度或城市尺度条件下近似可表达为式（3.83）：

$$\frac{\rho'}{\rho_0^2}\frac{\partial p'}{\partial z}\approx 0 \tag{3.83}$$

得到式（3.84）：

$$-\frac{1}{\rho}\frac{\partial p}{\partial z}-g\approx-\frac{1}{\rho_0}\frac{\partial p'}{\partial z}-\frac{\rho'}{\rho_0}g=-\frac{1}{\rho_0}\frac{\partial p'}{\partial z}+\alpha g(T-T_0) \tag{3.84}$$

从而有铅直速度方程（3.85）：

$$\frac{\partial w}{\partial t}+u\frac{\partial w}{\partial x}+v\frac{\partial w}{\partial y}+w\frac{\partial w}{\partial z}=-\frac{1}{\rho_0}\frac{\partial p'}{\partial z}+\alpha g(T-T_0) \tag{3.85}$$

此为略去黏性力的包辛涅斯克近似的铅直速度方程。

在水平方向上，考虑到$\partial p_0/\partial x=0$ 以及$\partial p_0/\partial y=0$，并且同样忽略 $\rho'/\rho_0{}^2$，可以得到略去黏性力的包辛涅斯克近似的两个水平速度方程（3.86）与方程（3.87）：

$$\frac{\partial u}{\partial t}+u\frac{\partial u}{\partial x}+v\frac{\partial u}{\partial y}+w\frac{\partial w}{\partial z}=-\frac{1}{\rho_0}\frac{\partial p'}{\partial x} \tag{3.86}$$

$$\frac{\partial v}{\partial t}+u\frac{\partial v}{\partial x}+v\frac{\partial v}{\partial y}+w\frac{\partial v}{\partial z}=-\frac{1}{\rho_0}\frac{\partial p'}{\partial y} \tag{3.87}$$

另一方面，由于平均密度为常数 ρ_0，连续方程被改写为式（3.88）：

$$\frac{\partial \rho'}{\partial t}+(\rho_0+\rho')\nabla\cdot\boldsymbol{v}+\boldsymbol{v}\cdot\nabla\rho'=0 \tag{3.88}$$

方程（3.85）到方程（3.88）为包辛涅斯克近似下的大气流场方程组。

3.5.3 特殊密度气体的运动方程

所谓特殊密度气体是指密度与空气密度相差较大的气体，包括密度大于空气的重气(Dense Gas)，以及密度小于空气的轻气。前者诸如液化气、液氯、二氧化硫等危险气体，此类气体密度大，容易在地表附近形成爬流。后者诸如氢气、氦气等，其在大气环境中受到浮力作用而迅速上升。所以此类气体在大气环境中的运动方式较为特殊，需要对其流场单独分析。

如果只在扩散-传输方程组中考虑此类特殊密度气体的传播是不行的。因为扩散-传输方程并不决定流场状态，而特殊密度气体的存在改变了气流的局部运动速度，所以如果仅使用大气流场中的扩散-传输方程计算混合气体的时空分布，则完全不能体现其特殊运动特征，进而产生错误的结果。但是又不能仅着眼于特殊密度气体的密度（质量空间分布），对这种特殊密度气体单独进行动量守恒分析。这是因为在环境大气的某些局部位置上可能根本没有这种特殊密度气体的分布，则在这些位置上根本不存在这种气体的速度分布，而无法建立速度的方程。这表明，在局部范围内需要对特殊密度气体和大气的混合气体体系进行的动量传递分析，建立方程，将混合气体整体与均匀的环境大气区别视之。同时，也为了保持流体介质和流场的连续性需要对由大气以及特殊密度气体所共同组成的混合气体整体进行动量衡算分析。

标记存在特殊密度的气体掺混的混合大气密度为 ρ（$kg\cdot m^{-3}$），在铅直方向对混合大气进行动量衡算。利用任意控制体 Ω 内的衡算关系式（3.49c），并考虑到特殊密度气体掺混的大气受到两方面外力——重力和环境大气的浮力的作用，铅直外力 F_z 被改写，进而可以得到以下铅直速度方程（3.89）：

$$\frac{\partial w}{\partial t}+u\frac{\partial w}{\partial x}+v\frac{\partial w}{\partial y}+w\frac{\partial w}{\partial z}=-\frac{1}{\rho}\frac{\partial p}{\partial z}+\frac{\mu}{\rho}\left(\frac{\partial^2 w}{\partial x^2}+\frac{\partial^2 w}{\partial y^2}+\frac{\partial^2 w}{\partial z^2}\right)-\left(1-\frac{\rho_a}{\rho}\right)g \tag{3.89}$$

此处，ρ_a（$kg\cdot m^{-3}$）为均匀的环境大气密度背景常数。明显地，对于重气而言，$\rho>\rho_a$，单位质量的混合气体气团将受到向下的合外力，气体将表现出贴近地面的爬流运动特征；反之，$\rho<\rho_a$时混合气体将受到向上的合外力，而上升。可以看出，特殊密度气体动量衡算方程的建立是相对于静止的环境大气而言的，或者说，特殊密度气体相对于环境大气运动，环境大气被近似认为静止。这在较小的局部尺度上是允许的。所以特殊密度气体的运动方程适用于小于城市尺度的局部气体运动规律的模拟。

混合气体的密度控制方程沿用连续方程（3.30）。当仅存在两种气体混合时，不难得到$\rho=(1-c)\rho_a+c\rho_g$。当中 c（$m^3\cdot m^{-3}$）为掺混气体的体积分数，ρ_g（$kg\cdot m^{-3}$）为掺混特殊密度气体的密度。

以上三维空间内的气体流体动力学问题具备离散化数值方法。

习　题

1. 试独立推导方程（3.43）。

2. 本章3.5部分三个气体传播的流体动力学模型各自的适用条件是什么。

3. 思考与讨论

重气扩散的浅层模型

有一种描述气体运动和扩散传播的模型来自于水的运动方程，这个模型叫做浅层模型（shallow layer models）。

浅层模型能够体现一类特殊类别气体传播和扩散的运动特征。此类气体是密度比空气大的一类气体，比如液化气、天然气、氯气、二氧化硫等气体。因其密度大于空气，而被称为“重气”。很多对环境有害或者对人体有毒的化工气体密度较大，而且其一旦泄漏而发生的物理扩散行为具有共性，因此专门针对“重气”的传播扩散过程的模型研究工作常备受重视。

“浅层模型”直接派生自“浅水方程”。浅水方程在本章3.4.1中已有所介绍。浅水模型描述水在二维空间尺度上的运动，主要考虑了水的惯性传递和静压力做功。而人们设计的关于重气传播的浅层模型所包含的流体的运动机理与浅水模型大体相同，但其对象却是气体。重气密度大，其在大气中的传播方式是处于地表附近的爬流。基于这个物理现实，浅层模型抓住了这种气体的与水相似的运动特征而被接受。

具体地讲，较为成熟的浅层模型TWODEE代码［22-24］中所使用的最基本数学形式包括以下四个方程。

首先，重气云团的体积方程：

$$\frac{\partial h}{\partial t}+\frac{\partial hu}{\partial x}+\frac{\partial hv}{\partial y}=u_{ent} \tag{3.90a}$$

式中，变量 h 是重气云团的平均高度，也就是计算所选择的重气的主要浓度部分的平均高度；u 和 v 分别是重气在 x 和 y 方向上的两个平均运动速度；u_{ent} 是“卷流速度(entrainment velocity)”，描述的是环境大气的卷流造成对重气云团的夹带，以及重气云团密度在垂直方向上的分布不均现象。这个量目前往往由经验公式确定。

其次，重气云团的密度方程：

$$\frac{\partial h\rho}{\partial t}+\frac{\partial h\rho u}{\partial x}+\frac{\partial h\rho v}{\partial y}=u_{ent}\rho_a \tag{3.90b}$$

式中，变量 ρ_a 是环境大气密度，它表现出大气的卷流和夹带现象也会随时改变重气云团的密度。

再有，就是重气云团的动量传递方程：

$$\frac{\partial h\rho u}{\partial t}+\frac{\partial h\rho u^2}{\partial x}+\frac{\partial h\rho uv}{\partial y}+\frac{\partial}{\partial x}\frac{1}{2}g(\rho-\rho_a)h^2=u_{ent}\rho_a u_a \tag{3.90c}$$

$$\frac{\partial h\rho v}{\partial t}+\frac{\partial h\rho uv}{\partial x}+\frac{\partial h\rho v^2}{\partial y}+\frac{\partial}{\partial y}\frac{1}{2}g(\rho-\rho_a)h^2=u_{ent}\rho_a v_a \tag{3.90d}$$

式中，变量 u_a 和 v_a 分别是环境大气在 x 和 y 方向上的流速。方程体现了卷流和夹带现象也会随时向重气云团传递部分环境大气的动量。

这组方程是模型的基本方程，并没有专门体现起伏不定的地形对重气在地表爬流所造成的影响，TWODEE 模型后来的方程也考虑到了这个因素。实际上，除了地形的影响，比如大气稳定度条件等的诸多其它复杂影响因素，浅层模型仍有相当大的充实和改进的余地。

延伸自浅水模型以刻画特殊气体运动的建模思想是优势明显的。不同于传统的流体动力学模型，浅层模型的建立类比自浅水模型，体现了重气爬流和水在平面上的流动在力学特征上的相似性而独树一帜。不仅如此，浅层模型记录二维空间尺度上的重气的运动，只有两个空间维度，其在数学上比全面和直接的气体流体动力学的三维运动方程（本章 3.5.3 特殊密度气体的运动方程）要简单，而相比于后者，其进一步的求解算法更是要简单和经济得多。当然，还有更为简单的其它形式的重气扩散模型，比如积分模型等。但是，那些模型在机理描述、特征刻画上以及求解精度上则会差很多。所以人们更愿意选择既考虑了物理现实又考虑到了算法现实的浅层模型，而将其视为流体动力学模型和积分模型的一种折中，用于风险评估和及时预报等现实应用中。浅层模型在建模方式上极具特点，在工程应用上也有一定的发展潜力。

问题：①查找相关资料深入理解以上内容，比较浅层模型与浅水模型。②讨论关于复杂问题，这种面向事物主要特征和面向实际应用的建模方式有何先进之处。③比较浅水模型和文献［22］TWODEE 浅层模型中起伏地形因素对流体动量传播的影响在模型上的差异，试分析后者对地形的处理是否可以改进。

第4章　对流-扩散-反应方程的有限差分解法

对流-扩散-反应方程是描述某种物质浓度变量 c（无量纲）时空动态分布的偏微分方程，其包含了对流传输、扩散传输传递机理和反应机理。此为环境科学中最基本动力学方程。而依浓度变量所处的空间维度划分，对流-扩散-反应方程分为一维、二维和三维三种形式。不失一般性，本章以求解三维对流-扩散-反应方程为目的，讨论其数值解法。

浓度 c 的三维对流-扩散-反应方程（4.1）为：

$$\frac{\partial c}{\partial t}+u\frac{\partial c}{\partial x}+v\frac{\partial c}{\partial y}+w\frac{\partial c}{\partial z}=\frac{\partial}{\partial x}D\frac{\partial c}{\partial x}+\frac{\partial}{\partial y}D\frac{\partial c}{\partial y}+\frac{\partial}{\partial z}D\frac{\partial c}{\partial z}+r \tag{4.1}$$

其中 u、v 和 w 为传输速度；D 为扩散系数；r 为反应（速率）项。

偏微分方程离散化数值解法主要包括有限差分方法、有限体积法和有限元方法以及无网格化方法。相对来讲有限差分方法门槛较低。本章主要介绍对流-扩散-反应方程（组）的有限差分方法。方程（4.1）形式复杂，并且算法设计包含较多计算数学理论。如直接给出方程（4.1）有限差分的离散格式，不便于学习理解和方法的延伸应用。本章将对流-扩散-反应方程分拆成三类机理方程，包括对流（Advection）方程、扩散（Diffusion）方程和反应（Reaction）方程三种类型，分别详细介绍其有限差分方法或离散化解法，并由简单到复杂适度给出其收敛性的理论证明，最后综合三种机理方程得到方程（4.1）的整体算法。

4.1　对流方程的有限差分解法

4.1.1　一维（阶）对流方程的“迎风格式”

考虑以式（4.2a），式（4.2b），式（4.2c）与式（4.2d）为例的一维对流定解问题：

$$\frac{\partial c}{\partial t}+u\frac{\partial c}{\partial x}=0 \tag{4.2a}$$

$$c(x,0)=c_0(x) \tag{4.2b}$$

$$\left.\frac{\partial c}{\partial x}\right|_{x=0}=b_1(t)\ 或\ c(0,t)=b_1(t) \tag{4.2c}$$

$$\left.\frac{\partial c}{\partial x}\right|_{x=L}=b_2(t)\ 或\ c(L,t)=b_2(t) \tag{4.2d}$$

未知函数 c（x，t）定义在区域：$(x,t)\in[0,L]\times[0,t_f]$。称区域 $[0,L]\times[0,t_f]$ 为方程（4.2）的求解域。函数 $b_1(t)$ 和 $b_2(t)$ 为边值条件函数。边值条件分为两种，如式（4.2c）或式（4.2d）左边的称为导数边值条件，右边的称为固定边值条件。对于导数边值条件，常有 $b_1(t)\equiv0$ 或 $b_2(t)\equiv0$，而称此为 0 导数边值条件。

为离散求解问题如方程（4.2），现将求解域进行均匀网格化的剖分：在 t 轴上划分 $N+$

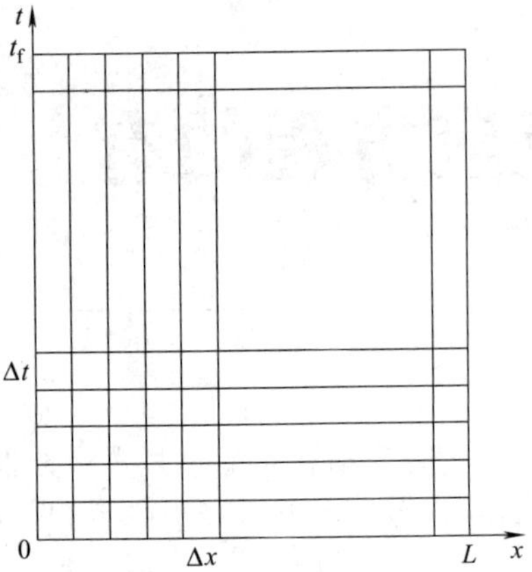

图 4.1　计算域网格划分

1 个网格点，x 轴上划分 $I+1$ 个网格点，各个网格点为：$(x_i, t_n)=(\Delta xi, \Delta tn)$，$(i=0,1,2,\cdots, I; n=0, 1,2,\cdots, N)$。其中空间步长：$\Delta x=L/I$，时间步长：$\Delta t=t_f/N$。称 t_n 为第 n 时间层，x_i 为第 i 个空间节点，如图 4.1 所示。

记 c_i^n 为各离散点 (x_i, t_n) $(i=0, 1, 2, \cdots, I; n=1, 2, \cdots, N)$ 上方程（4.2）未知函数 c (x_i, t_n) 的近似值。依据初值条件已有 $c_i^0=c_0(\Delta xi)$ $(i=0, 1, 2, \cdots, I)$，而其余网格点上的 c_i^n 均为未知量。为了得到各 $c_i{}^n$ 需要建立关于各个离散未知量 c_i^n 的方程，利用差分导数近似代替函数的导数，由式（4.2a）直接得到式（4.3a）：

$$\frac{c_i^{n+1}-c_i^n}{\Delta t}+u\frac{c_i^n-c_{i-1}^n}{\Delta x}=0 \tag{4.3a}$$

式（4.3a）中 $i=1, 2, \cdots, I-1$。另外，分别在边界 $x=0$ 和 $x=L$ 上有方程（4.3b）与方程（4.3c）：

$$\frac{c_1^{n+1}-c_0^{n+1}}{\Delta x}=b_1^{n+1} \text{ 或 } c_0^{n+1}=b_1^{n+1} \tag{4.3b}$$

$$\frac{c_I^{n+1}-c_{I-1}^{n+1}}{\Delta x}=b_2^{n+1} \text{ 或 } c_I^{n+1}=b_2^{n+1} \tag{4.3c}$$

方程（4.3）是由 $(I+1)N$ 个方程组成的，以相同数目的各近似量 $c_i{}^n$ $(i=0, 1, 2, \cdots, I; n=1, 2, \cdots, N)$ 为未知量，并以 b_1^n、b_2^n 和网格参数 Δx、Δt 为已知量的差分方程组。这种以差分导数代替函数导数而构造离散方程组的方法被称为有限差分方法。称方程（4.3）为偏微分定解问题方程（4.2）的差分离散格式。当时间和空间步长趋于 0 时格式的离散解能够收敛到原偏微分方程的解，这样的离散方式才是有效的，离散近似解才是可信的。

为明确方程（4.3）的算法，将其内点上 $i=1, 1, 2, \cdots, I-1$ 主要部分改写为关于 c_i^{n+1} 的显式表达式（4.4）：

$$c_i^{n+1}=\left(1-u\frac{\Delta t}{\Delta x}\right)c_i^n+u\frac{\Delta t}{\Delta x}c_{i-1}^n, \quad 1\leqslant i\leqslant I-1, \quad 0\leqslant u\frac{\Delta t}{\Delta x}<1 \tag{4.4}$$

式（4.4）的算法是简单的：首先，由初值条件确定 $t=0$ 时刻各空间网格点上离散解的值 c_i^0；之后，对于每个 n，当在 n 时间层上各内部空间节点上 $i=1, 1, 2, \cdots, I-1$ 离散解 c_i^n 都已知的条件下，利用式（4.4）求解 $n+1$ 时间层的各 $c_i{}^{n+1}$ $(i=1, 1, 2, \cdots, I-1)$ 值，直到 $n+1=N$ 为止；在每一步时间层的迭代中，同时利用边值条件的离散方程（4.3b）和方程（4.3c）得到边界上 c_0^{n+1} 和 c_I^{n+1} 值。

方程（4.3）只适用于 $u\geqslant 0$ 的情况。以下直接给出适用于 $u\geqslant 0$ 或 $u<0$ 更一般情况下对流方程（4.2）的差分格式（4.5）。称方程（4.5）为对流方程（4.2）的“迎风格式”[26]：

$$c_i^{n+1}=\begin{cases}(1+\alpha)c_i^n-\alpha c_{i+1}^n, & -1<\alpha=u\dfrac{\Delta t}{\Delta x}<0\\ \alpha c_{i-1}^n+(1-\alpha)c_i^n, & 1>\alpha=u\dfrac{\Delta t}{\Delta x}\geqslant 0\end{cases} \tag{4.5a}$$

或者：

$$c_i^{n+1}=\max\{\alpha,0\}c_{i-1}^n+(1-|\alpha|)c_i^n+\max\{-\alpha,0\}c_{i+1}^n,\quad |\alpha|<1 \tag{4.5b}$$

其中 $1\leqslant i\leqslant I-1$ 和 $0\leqslant n\leqslant N-1$。这里，$|\alpha|<1$ 是当网格趋于细密时，迎风格式（4.5）的离散解收敛于偏微分方程（4.2）定解问题理论解的稳定性条件。下面 4.1.2 中将详细讨论一维（阶）迎风格式的收敛性。

4.1.2* 一维（阶）迎风格式收敛性讨论

为方便讨论一维（阶）迎风格式的收敛性，现将式（4.5）简记为式（4.6）：

$$c_i^{n+1}=\boldsymbol{F}_1 c_i^n \tag{4.6}$$

以符号 $\boldsymbol{F}_1$ 表示一维（阶）迎风格式的有限差分算子，可具体地将其写成：$\boldsymbol{F}_1=\max\{\alpha,0\}\boldsymbol{\Delta}_{-1}^x+(1-|\alpha|)+\max\{-\alpha,0\}\boldsymbol{\Delta}_{+1}^x$；其中 $\boldsymbol{\Delta}_{-1}^x$ 和 $\boldsymbol{\Delta}_{+1}^x$ 分别是向后差分和向前差分算子，其作用结果分别是变量 x 向后和向前移动一个 Δx 单元格的函数值，也就是 $\boldsymbol{\Delta}_{-1}^x c(x,t)=c(x-\Delta x,t)$ 以及 $\boldsymbol{\Delta}_{+1}^x c(x,t)=c(x+\Delta x,t)$。

定义函数为式（4.7）：

$$T_1(x,t)=\frac{c(x,t+\Delta t)-\boldsymbol{F}_1 c(x,t)}{\Delta t} \tag{4.7}$$

并称式（4.7）为截断误差函数。截断误差有明显的含义，可以将其叙述为：若未知函数 c 分别按差分格式（4.6）所规定的方式和微分方程（4.2）所规定的方式演进一个时间步 Δt，两者结果相对于 Δt 的误差即为截断误差。如果截断误差 T_1（x，t）不论 t 和 x 作何取值，当 Δt 和 Δx 趋于 0 时都能够一致地趋于 0，则说，在各个 t 和 x 局部位置，差分格式（4.6）将以比 Δt 趋于 0 的速度更快的速度趋于偏微分方程（4.2）的解。可以直接验证，在求解域中任何位置当 Δt 和 Δx 趋于 0 时一维（阶）迎风格式的截断误差 T_1（x，t）趋于 0。

注意到：$c(x,t+\Delta t)-c(x,t)=c(x,t+\Delta t)-\boldsymbol{F}_1 c(x,t)+\boldsymbol{F}_1 c(x,t)-c(x,t)=\boldsymbol{F}_1 c(x,t)-c(x,t)+T_1(x,t)\Delta t$。也就是：$\boldsymbol{\Delta} c(x,t)=\boldsymbol{\Delta}' c(x,t)+T_1(x,t)\Delta t$。这里符号 $\boldsymbol{\Delta}'$ 表示使用差分方式得到的增量的算符：$\boldsymbol{\Delta}'=\boldsymbol{F}_1-\boldsymbol{1}$。因此，总积累量如式（4.8）：

$$c(x,t_{\mathrm{f}})-c(x,0)=c(x,N\boldsymbol{\Delta} t)-c(x,0)=\sum_{n=0}^{N-1}\Delta c(x,t_n)=\sum_{n=0}^{N-1}\Delta' c(x,t_n)+\Delta t\sum_{n=0}^{N-1}T_1(x,t_n) \tag{4.8}$$

所以在 Δt 趋于 0 时，对不同 t 和 x，若 T_1（x，t）一致地小于任意小数 ε，则有式（4.9）：

$$\begin{aligned}c(x,t_{\mathrm{f}})-c(x,0)&=\sum_{n=0}^{N-1}\Delta c(x,t_n)=\sum_{n=0}^{N-1}\Delta' c(x,t_n)+\Delta t\sum_{n=0}^{N-1}T_1(x,t_n)\\&<\sum_{n=0}^{N-1}\Delta' c(x,t_n)+\Delta t N\varepsilon=\sum_{n=0}^{N-1}\Delta' c(x,t_n)+t_{\mathrm{f}}\varepsilon\approx\sum_{n=0}^{N-1}\Delta' c(x,t_n)\end{aligned} \tag{4.9}$$

式（4.9）意味着，在每一个迭代起点 t_n 都以精确解 c（x，t_n）为相对初值条件开始计算，则使用差分方式所计算的迭代增量 $\boldsymbol{\Delta}'c$（x，t_n）可以积累逼近原偏微分方程的解和初值的差。这样，以差分格式对各 c（x_i，t_{f}）计算结果与对应的真实值之间近似相等。所以从式（4.9）可以看出，“截断误差一致收敛于 0”是对差分格式的一个重要判断，直接关系到差分格式的迭代结果和真实结果之间是否接近。所以，将条件或者判断——“截断误差一致收敛于 0”特别提出来，并称为差分格式的“相容性”条件，并称满足此条件的一类差分格式为与原偏微分方程“相容的”差分格式。

但仅有相容性的判断则说差分格式的结果收敛于其相应真实值还为时过早。观察式(4.9)可以发现，每一个单步差分演进方式 $\boldsymbol{\Delta}'c(x,t_n)$ 皆是以精确解 $c(x,t_n)$ 为演进的起点，因此，这种条件下单步演进的积累量与实际积累量之间差别可以忽略。而在实际迭代求解过程中，并不可能每次演进都始于精确解，而是每次演进都始于上一次的迭代结果。因此存在一个积累误差是否能够被忽略的问题。

定义截断误差的意义在于便于人们判断单步演进的误差是否关于 Δt 更高阶地趋于 0，但是其并不能给出格式的积累误差是否可以被最终忽略的判断，以至于单凭“相容性”而无法判定格式的收敛性。实际上，除了“相容性”必须得到满足以外，差分格式的收敛性还取决于格式的“稳定性”，此是关于格式积累误差并不足以影响格式收敛性的重要判断[26,27]。

一维（阶）迎风格式（4.5）的收敛的条件之一是 $|\alpha|<1$，实际上这是迎风格式的稳定性条件。以下定理 4.1 的证明过程给出了其产生的原因。

定理 4.1 迎风格式（4.5）收敛的充分条件是（1）相容性条件：截断误差函数式（4.7）对于不同 t 和 x 在 Δt 趋于 0 时都一致地趋于 0；（2）稳定性条件：$|\alpha|<1$。

证明：考察格式（4.5）是否收敛，即考察误差：

$$e_i^n=c(x_i,t_n)-c_i^n$$

是否在每个空间网格 x_i 上当 Δt 趋于 0 时趋于 0。因边值条件没有时间误差，收敛性仅取决于迎风格式。因为 $\boldsymbol{F}_1e_i^n=\boldsymbol{F}_1c(x_i,t_n)-\boldsymbol{F}_1c_i^n$，而且 $e_i^{n+1}=c(x_i,t_{n+1})-\boldsymbol{F}_1c_i^n$，则：$e_i^{n+1}=\boldsymbol{F}_1e_i^n+c(x_i,t_{n+1})-\boldsymbol{F}_1c(x_i,t_n)$ 即：

$$e_i^{n+1}=\boldsymbol{F}_1e_i^n+T_{1,i}^n\Delta t$$

此为误差的传递的表达式。可见，除了单步截断误差带来的误差积累，单步的差分处理 $\boldsymbol{F}_1$ 有可能放大上一步的误差 e_i^n。进一步：

$$e_i^{n+1}\leqslant[|\max\{\alpha,0\}|+|1-|\alpha||+|\max\{-\alpha,0\}|]E^n+T_{1,i}^n\Delta t$$

这里：

$$E^n=\max_{1\leqslant i\leqslant I}\{e_i^n\}$$

所以如要求单步的差分处理 $\boldsymbol{F}_1$ 有不放大上一步误差 e_i^n（$1\leqslant i\leqslant T$）时，则能够得到稳定性条件。因此不论 α 大于等于 0 或小于 0，只要 $-1<\alpha<1$ 则对一切求解域内的 i 都有：

$$e_i^{n+1}\leqslant E^n+T_{1,i}^n\Delta t$$

又因为 $E^0=0$，则：

$$E^N\leqslant E^{N-1}+T_{1,i}^{N-1}\Delta t=\Delta t\sum_{n=0}^{N-1}T_{1,i}^n$$

据格式（4.5）相容，则对任意 $\varepsilon/t_{\mathrm{f}}>0$，都存在 $\delta>0$，当 $\Delta t<\delta$ 时，有：

$$E^N\leqslant\Delta t\sum_{n=0}^{N-1}T_{1,i}^n<\Delta tN\varepsilon/t_{\mathrm{f}}=\varepsilon$$

证毕。

4.1.3 一维（阶）迎风格式的改进和优化

一维（阶）迎风格式收敛的必要条件为 $|\alpha|<1$，此等价于：$\Delta t<\Delta x/|u|$。这对时间步长的取法要求苛刻，迎风格式难以适应流速速率 $|u|$ 较大的情况。对于高维对流方程，传统格式对时间步长的要求则更为苛刻。比如三维对流方程要求 $|u\Delta t/\Delta x|+|v\Delta t/\Delta y|+$

$|w\Delta t/\Delta z|<1$，等价地，时间步长需满足：$\Delta t<1/(|u|/\Delta x+|v|/\Delta y+|w|/\Delta z)$。特别是在求解对流-扩散方程时，迎风格式与扩散方程的有限差分格式耦合的情况下，迎风格式的劣势就会凸显。因为扩散方程的差分格式对时间步长的限制条件要比迎风格式宽松得多。迎风格式的这个缺点制约收敛速度，影响计算效率。不仅如此，对于 u 为变量的情况，迎风格式则需要时时调整时间步长，以达到稳定迭代。这表明迎风格式适应性较差，这给程序设计带来很大麻烦。所以有必要对迎风格式做出改进，提高其稳定性。

为了对迎风格式做出改进和优化，下面首先从另外一个角度分析对流方程和迎风格式，试图找到迎风格式与对流方程解析解之间的关系。先从一维对流问题的迎风格式开始。

可以直接验证，当 u 为常数时，一维对流方程的初值问题如方程（4.2）的解析解是式（4.10）：

$$c(x,t)=c_0(x-ut) \tag{4.10}$$

而且可以使用隐函数求导法则再次验证，当 u 是 x 和 t 的函数时，式（4.10）同样是式（4.2）的解析解。从解析解式（4.10）可以看出对流方程描述了初值随时间的推移。需要说明的是在初值定义域范围之外的推移量 $x-ut$ 由边值条件确定。

既然解析解已知，人们自然会想到利用解析解构造离散格式。式（4.10）的另一种解读是：$n+1$ 时间层某位置上的浓度值是 n 时间层上相关浓度值的随时间推移一个时间步后的结果。所以，当 n 时间层上各空间结点上浓度变量的差分解已知，则可以利用这些离散浓度变量的插值得到 n 时间层上的连续函数 $c'_n(x)$，作为浓度函数 $c(x,n\Delta t)$ 的近似，并以此为相对初值条件得到 $n+1$ 时间层上的解，如式（4.11）：

$$c_i^{n+1}=c'_n(i\Delta x-u\Delta t) \tag{4.11}$$

如把一维（阶）迎风格式（4.5）以另一种方式表达，见式（4.12a）：

$$c_i^{n+1}=\begin{cases}\dfrac{\Delta x-u\Delta t}{\Delta x}c_i^n+\dfrac{u\Delta t}{\Delta x}c_{i-1}^n, & 0\leqslant\dfrac{u\Delta t}{\Delta x}<1\\[2ex]\dfrac{\Delta x-(-u\Delta t)}{\Delta x}c_i^n+\left(-\dfrac{u\Delta t}{\Delta x}\right)c_{i+1}^n, & -1<\dfrac{u\Delta t}{\Delta x}<0\end{cases} \tag{4.12a}$$

此等价于对处于（x_{i-1}，x_i）或者处于（x_i，x_{i+1}）范围之内的 $x^*=i\Delta x-u\Delta t$ 使用分段线性插值，见式（4.12b）：

$$c_i^{n+1}=\begin{cases}\dfrac{x^*-x_{i-1}}{x_i-x_{i-1}}c_i^n+\dfrac{x_i-x^*}{x_i-x_{i-1}}c_{i-1}^n, & x_{i-1}<x^*=x_i-u\Delta t\leqslant x_i\\[2ex]\dfrac{x_{i+1}-x^*}{x_{i+1}-x_i}c_i^n+\dfrac{x^*-x_i}{x_{i+1}-x_i}c_{i+1}^n, & x_i<x^*=x_i-u\Delta t<x_{i+1}\end{cases} \tag{4.12b}$$

所以，一维（阶）迎风格式（4.5）实际上正是使用了线性分段插值的方法实现近似方式（4.11），并要求插值点 x^* 落在 x_{i-1} 和 x_{i+1} 范围之内，这等价于迎风格式收敛稳定性条件：$|\Delta tu/\Delta x|<1$，即 $|\alpha|<1$。如图 4.2 所示。

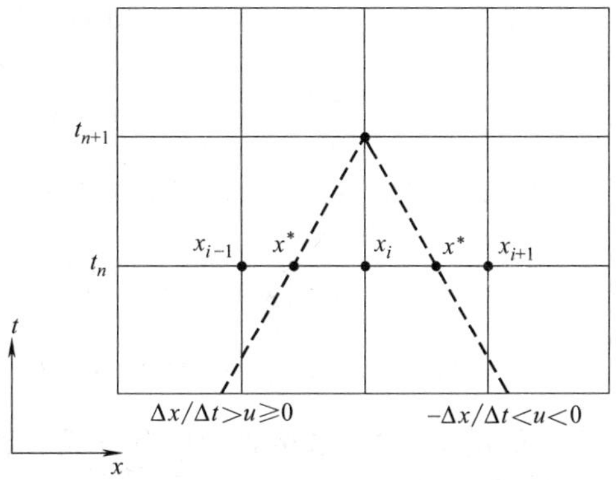

图 4.2 迎风格式的插值意义

不难发现，如扩大插值范围则能够克服迎风格式对速度和时间步长要求苛刻的缺点。而且实际上完全可以做到构造一种收敛的对流方程离散格式对插值点的取值范围无所限制。这关键在于需要找到距离插值点 x^* 最近的左、右或“东”、“西”（为叙述简明，本章称 x 轴正向为“东”，负向为“西”，取而代之左或右的名称，便于在三维空间中讨论问题）两个网格点的具体位置。将这两个网格点分别标记为 x_E和 x_W。而利用这两个位置上的浓度变量离散值，则可以构造线性插值而得到改进的对流方程离散格式。为此，直接计算这两个网格点的位置，并把得到的所有结果列入表 4.1。表 4.1 中符号“$[\alpha]$”表示不大于 α 的最大整数（如$[1.5]=1,[-1.5]=-2$）。

表 4.1 线性内插的网格点和插值点

项目	x_W	x^*	x_E
坐标位置	$\Delta x(i-[\alpha]-1)$	$\Delta x(i-\alpha)$	$\Delta x(i-[\alpha])$
网格序号	$i-[\alpha]-1$	—	$i-[\alpha]$

注：$\alpha=u\Delta t/\Delta x$。

由表直接得到优化的一维（阶）迎风格式如式（4.13）：

$$c_i^{n+1}=(\alpha-[\alpha])c_{i-[\alpha]-1}^n+(1+[\alpha]-\alpha)c_{i-[\alpha]}^n \tag{4.13}$$

当中 $\alpha=u\Delta t/\Delta x$。此格式与原迎风格式有相同精度，但无条件稳定，大大优化了对流方程的离散格式。

4.1.4 改进的高维（阶）迎风格式

以三维对流方程为例改进迎风格式。方形区域$[0,L_x]\times[0,L_y]\times[0,L_z]$上三维对流方程定解问题由初值问题方程（4.14）以及边值条件方程（4.15）组成。这里，x 尺度上有 $I+1$ 个网格点，y 尺度上有 $J+1$ 个网格点，z 尺度上有 $k+1$ 个网格点，分别是 $x_i(i=0,1,2,\cdots,I)$、$y_j(j=0,1,2,\cdots,J)$ 以及 $z_k(k=0,1,2,\cdots,k)$。三维对流方程初值问题，见式（4.14a）与式（4.14b）：

$$\frac{\partial c}{\partial t}+u\frac{\partial c}{\partial x}+v\frac{\partial c}{\partial y}+w\frac{\partial c}{\partial z}=0 \tag{4.14a}$$

$$c(x,y,z,0)=c_0(x,y,z) \tag{4.14b}$$

边界 y-z 面上边值条件为式（4.15a）与式（4.15b）：

$$\left.\frac{\partial c}{\partial x}\right|_{x=0}=b_{x1}(y,z,t)\text{ 或 }c(0,y,z,t)=b_{x1}(y,z,t) \tag{4.15a}$$

$$\left.\frac{\partial c}{\partial x}\right|_{x=L_x}=b_{x2}(y,z,t)\text{ 或 }c(L_x,y,z,t)=b_{x2}(y,z,t) \tag{4.15b}$$

边界 x-z 面上边值条件为式（4.15c）与式（4.15d）：

$$\left.\frac{\partial c}{\partial y}\right|_{y=0}=b_{y1}(x,z,t)\text{ 或 }c(x,0,z,t)=b_{y1}(x,z,t) \tag{4.15c}$$

$$\left.\frac{\partial c}{\partial y}\right|_{y=L_y}=b_{y2}(x,z,t)\text{ 或 }c(x,L_y,z,t)=b_{y2}(x,z,t) \tag{4.15d}$$

边界 x-y 面上边值条件为式（4.15e）与式（4.15f）：

$$\left.\frac{\partial c}{\partial z}\right|_{z=0}=b_{z1}(x,y,t)\text{ 或 }c(x,y,0,t)=b_{z1}(x,y,t) \tag{4.15e}$$

$$\left.\frac{\partial c}{\partial z}\right|_{z=L_z}=b_{z2}(x,y,t)\text{ 或 }c(x,y,L_z,t)=b_{z2}(x,y,t) \tag{4.15f}$$

延续 4.1.3 中离散格式的构造方式，利用解析解构造三维对流方程差分格式。三维对流方程的解析解为：$c(x,y,z,t)=c_0(x-ut,y-vt,z-wt)$。以 n 时间层相对初值条件可以

给出 $n+1$ 时间层的离散浓度变量值：

$$c_{i,j,k}^{n+1}=c'_n(i\Delta x-u\Delta t,j\Delta y-v\Delta t,k\Delta z-w\Delta t) \tag{4.16}$$

这需要得到位置 $\boldsymbol{X}^*=(x^*,y^*,z^*)^{\mathrm{T}}=(i\Delta x-u\Delta t,j\Delta y-v\Delta t,\ k\Delta z-w\Delta t)^{\mathrm{T}}$处的函数 c（x，y，z，$n\Delta t$）的插值近似值：$c'_n(x^*,\ y^*,\ z^*)$。为此，应首先计算位置 $\boldsymbol{X}^*$ 周围 8 个空间网格点的网格位置，并以"东"、"西"、"南"、"北"、"上"、"下"标注之。以下角标"W"表示"West"，"E"表示"East"，"S"表示"South"，"N"表示"North"，"B"表示"Bottom"，"T"表示"Top"。直接计算得到：$\boldsymbol{X}_{\mathrm{WSB}}=(x_{\mathrm{W}},y_{\mathrm{S}},z_{\mathrm{B}})=((i-[\alpha]-1)\Delta x,(j-[\beta]-1)\Delta y,(k-[\gamma]-1)\Delta z)^{\mathrm{T}}$，$\boldsymbol{X}_{\mathrm{ESB}}=(x_{\mathrm{E}},y_{\mathrm{S}},z_{\mathrm{B}})=((i-[\alpha])\Delta x,(j-[\beta]-1)\Delta y,(k-[\gamma]-1)\Delta z)^{T}$，$\boldsymbol{X}_{\mathrm{WNB}}=(x_{\mathrm{W}},y_{\mathrm{N}},z_{\mathrm{B}})=((i-[\alpha]-1)\Delta x,(j-[\beta])\Delta y,(k-[\gamma]-1)\Delta z)^{\mathrm{T}}$，$\boldsymbol{X}_{\mathrm{ENB}}=(x_{\mathrm{E}},y_{\mathrm{N}},z_{\mathrm{B}})=((i-[\alpha])\Delta x,(j-[\beta])\Delta y,(k-[\gamma]-1)\Delta z)^{\mathrm{T}}$，$\boldsymbol{X}_{\mathrm{WST}}=(x_{\mathrm{W}},y_{\mathrm{S}},z_{\mathrm{T}})=((i-[\alpha]-1)\Delta x,(j-[\beta]-1)\Delta y,(k-[\gamma])\Delta z)^{\mathrm{T}}$，$\boldsymbol{X}_{\mathrm{EST}}=(x_{\mathrm{E}},y_{\mathrm{S}},z_{\mathrm{T}})=((i-[\alpha])\Delta x,(j-[\beta]-1)\Delta y,(k-[\gamma])\Delta z)^{\mathrm{T}}$，$\boldsymbol{X}_{\mathrm{WNT}}=(x_{\mathrm{W}},y_{\mathrm{N}},z_{\mathrm{T}})=((i-[\alpha]-1)\Delta x,(j-[\beta])\Delta y,(k-[\gamma])\Delta z)^{T}$，$\boldsymbol{X}_{\mathrm{ENT}}=(x_{\mathrm{E}},y_{\mathrm{N}},z_{\mathrm{T}})=((i-[\alpha])\Delta x,(j-[\beta])\Delta y,(k-[\gamma])\Delta z)^{\mathrm{T}}$。其中：$\alpha=u\Delta t/\Delta x,\beta=v\Delta t/\Delta y,\gamma=w\Delta t/\Delta z$。所以，利用 x、y、z 三个方向的线性插值基函数：$l_{x,0}(x)$、$l_{x,1}(x)$、$l_{y,0}(y)$、$l_{y,1}(y)$、$l_{z,0}(z)$、$l_{z,1}(z)$得到式（4.17）：

$$\begin{aligned}c_{i,j,k}^{n+1}=&c'_n(x^*,y^*,z^*)=\\&l_{x,0}(x^*)l_{y,0}(y^*)l_{z,0}(z^*)c_{\mathrm{WSB}}^n+l_{x,1}(x^*)l_{y,0}(y^*)l_{z,0}(z^*)c_{\mathrm{ESB}}^n\\&+l_{x,0}(x^*)l_{y,1}(y^*)l_{z,0}(z^*)c_{\mathrm{WNB}}^n+l_{x,1}(x^*)l_{y,1}(y^*)l_{z,0}(z^*)c_{\mathrm{ENB}}^n\\&+l_{x,0}(x^*)l_{y,0}(y^*)l_{z,1}(z^*)c_{\mathrm{WST}}^n+l_{x,1}(x^*)l_{y,0}(y^*)l_{z,1}(z^*)c_{\mathrm{EST}}^n\\&+l_{x,0}(x^*)l_{y,1}(y^*)l_{z,1}(z^*)c_{\mathrm{WNT}}^n+l_{x,1}(x^*)l_{y,1}(y^*)l_{z,1}(z^*)c_{\mathrm{ENT}}^n\end{aligned} \tag{4.17}$$

此即为三维对流方程的差分格式，当中三个方向的线性插值基函数的定义方式详见表 4.2。如 $\boldsymbol{X}^*$ 某周围网格点超出求解域范围，则应使用边值条件推算出此网格点上 n 时间层的浓度变量值。一种可行的方法是超界位置上的浓度变量值由边界上最接近该点位置处的浓度变量值代替，这相当于使用 0 导数边值条件。

表 4.2　$\boldsymbol{X}^*$ 处各个方向的线性插值基函数取值

端点＼方向	x	y	z
0	$l_{x,0}(x^*)=(x_{\mathrm{E}}-x^*)/\Delta x=\alpha-[\alpha]$	$l_{y,0}(y^*)=(y_{\mathrm{N}}-y^*)/\Delta y$ $=\beta-[\beta]$	$l_{z,0}(z^*)=(z_{\mathrm{T}}-z^*)/\Delta z$ $=\gamma-[\gamma]$
1	$l_{x,1}(x^*)=(x^*-x_{\mathrm{W}})/\Delta x$ $=1-\alpha+[\alpha]$	$l_{y,1}(y^*)=(y^*-y_{\mathrm{S}})/\Delta y$ $=1-\beta+[\beta]$	$l_{z,1}(z^*)=(z^*-z_{\mathrm{B}})/\Delta z$ $=1-\gamma+[\gamma]$

注：$\alpha=u\Delta t/\Delta x$，$\beta=v\Delta t/\Delta y$，$\gamma=w\Delta t/\Delta z$。

4.1.5* 改进的高维（阶）迎风格式的收敛性

如格式（4.17）需要使用到求解域以外（含边界）的 n 时间层离散浓度变量，则应以边值条件给出其值。边界上浓度方程直接通过对边值条件使用差分导数得到。所以边值条件其离散格式并不产生时间误差，而并不特别在等式（4.17）中突出说明这一点。

因为当 $\Delta t<\min\{\Delta x/|u|,\ \Delta y/|v|,\ \Delta z/|w|\}$时式（4.17）中出现的取整项 $[\alpha]$、$[\beta]$ 和 $[\gamma]$ 皆为 0，而可以直接验证格式（4.17）的相容性。

以定理 4.2 给出其收敛性。通过定理 4.2 的证明可以看出此格式（4.17）无条件稳定。

定理 4.2　当步长 Δt、Δx、Δy 和 Δz 趋于 0 时，格式（4.17）的离散解收敛于偏微分方程（4.14）定解问题的解。

证明：简记格式（4.17）为如下形式：

$$c_{i,j,k}^{n+1}=\boldsymbol{F}'_3 c_{i,j,k}^{n}$$

$\boldsymbol{F}'_3=[(\alpha-[\alpha])(\beta-[\beta])(\gamma-[\gamma])\boldsymbol{\Delta}_{-1}^{x}\cdot\boldsymbol{\Delta}_{-1}^{y}\cdot\boldsymbol{\Delta}_{-1}^{z}+(1+[\alpha]-\alpha)(\beta-[\beta])(\gamma-[\gamma])\boldsymbol{\Delta}_{-1}^{y}\cdot\boldsymbol{\Delta}_{-1}^{z}+(\alpha-[\alpha])(1+[\beta]-\beta)(\gamma-[\gamma])\boldsymbol{\Delta}_{-1}^{x}\cdot\boldsymbol{\Delta}_{-1}^{z}+(1+[\alpha]-\alpha)(1+[\beta]-\beta)(\gamma-[\gamma])\boldsymbol{\Delta}_{-1}^{z}+(\alpha-[\alpha])(\beta-[\beta])(1+[\gamma]-\gamma)\boldsymbol{\Delta}_{-1}^{x}\cdot\boldsymbol{\Delta}_{-1}^{y}+(1+[\alpha]-\alpha)(\beta-[\beta])(1+[\gamma]-\gamma)\boldsymbol{\Delta}_{-1}^{y}+(\alpha-[\alpha])(1+[\beta]-\beta)(1+[\gamma]-\gamma)\boldsymbol{\Delta}_{-1}^{x}+(1+[\alpha]-\alpha)(1+[\beta]-\beta)(1+[\gamma]-\gamma)]\cdot\boldsymbol{\Delta}_{-[\alpha]}^{x}\cdot\boldsymbol{\Delta}_{-[\beta]}^{y}\cdot\boldsymbol{\Delta}_{-[\gamma]}^{z}$（注意到：$\boldsymbol{\Delta}_a^x\cdot\boldsymbol{\Delta}_b^x=\boldsymbol{\Delta}_{a+b}^x$）。截断误差：

$$T'_3(x,y,z,t)=\frac{c(x,y,z,t+\Delta t)-\boldsymbol{F}'_3 c(x,y,z,t)}{\Delta t}$$

误差：

$$e_{i,j,k}^{n}=c(x_i,y_j,z_k,t_n)-c_{i,j,k}^{n}$$

则可以得到：

$$e_{i,j,k}^{n+1}=\boldsymbol{F}'_3 e_{i,j,k}^{n}+T'^{n}_{3,i,j,k}\Delta t$$

以上考虑到边值条件没有时间误差，因此对于一切求解域内的 i，j，k，则有：

$$e_{i,j,k}^{n+1}\leqslant|\boldsymbol{F}'_3 e_{i,j,k}^{n}|+T'^{n}_{3,i,j,k}\Delta t$$

其中：

$$\begin{aligned}|\boldsymbol{F}'_3 e_{i,j,k}^{n}|\leqslant&[(\alpha-[\alpha])(\beta-[\beta])(\gamma-[\gamma])+\\&(1+[\alpha]-\alpha)(\beta-[\beta])(\gamma-[\gamma])+(\alpha-[\alpha])(1+[\beta]-\beta)(\gamma-[\gamma])+\\&(1+[\alpha]-\alpha)(1+[\beta]-\beta)(\gamma-[\gamma])+(\alpha-[\alpha])(\beta-[\beta])(1+[\gamma]-\gamma)+\\&(1+[\alpha]-\alpha)(\beta-[\beta])(1+[\gamma]-\gamma)+(\alpha-[\alpha])(1+[\beta]-\beta)(1+[\gamma]-\gamma)+\\&(1+[\alpha]-\alpha)(1+[\beta]-\beta)(1+[\gamma]-\gamma)]E^n=E^n\end{aligned}$$

这里：

$$E^n=\max_{i,j,k}\{e_{i,j,k}^{n}\}$$

所以：

$$e_{i,j,k}^{n+1}\leqslant E^n+T'^{n}_{3,i,j,k}\Delta t$$

归纳得到：

$$E^N\leqslant E^{N-1}+T'^{N-1}_{3,i,j,k}\Delta t\leqslant\Delta t\sum_{n=0}^{N-1}T'^{n}_{3,i,j,k}$$

因为格式（4.17）相容，则对任意 $\varepsilon/t_{\mathrm{f}}>0$，存在正数 δ_1、δ_2 和 δ_3，以及 δ_4，当 $\Delta x<\delta_1$，$\Delta y<\delta_2$，$\Delta z<\delta_3$，以及 $\Delta t<\min\{\delta_1/|u|, \delta_2/|v|, \delta_3/|w|, \delta_4\}$ 时，有：

$$E^N\leqslant E^{N-1}+T'^{N-1}_{3,i,j,k}\Delta t\leqslant\Delta t\sum_{n=0}^{N-1}T'^{n}_{3,i,j,k}<\Delta tN\varepsilon/t_{\mathrm{f}}=\varepsilon$$

误差 E^N 趋于 0。格式（4.17）收敛。证毕。

4.2 扩散方程的有限差分解法

4.2.1 一维扩散定解问题的有限差分格式

考虑直角坐标系下的一维扩散定解问题如式（4.18a），式（4.18b），式（4.18c）与式（4.18d）：

$$\frac{\partial c}{\partial t}=\frac{\partial}{\partial x}D\frac{\partial c}{\partial x} \tag{4.18a}$$

$$c(x,0)=c_0(x) \tag{4.18b}$$

$$\left.\frac{\partial c}{\partial x}\right|_{x=0}=b_1(t)\text{ 或 }c(0,t)=b_1(t) \tag{4.18c}$$

$$\left.\frac{\partial c}{\partial x}\right|_{x=L}=b_2(t)\text{ 或 }c(L,t)=b_2(t) \tag{4.18d}$$

在（x，t）的求解域 $[0,L]\times[0,t_f]$ 上离散化问题如式（4.18）。在网格点（x_i，t_n）（$i=1$，2，…，$I-1$；$n=0$，1，2，…，N）上利用差分导数建立式（4.18）的差分格式如式（4.19a）：

$$\frac{c_i^{n+1}-c_i^n}{\Delta t}=\frac{\frac{D_i+D_{i+1}}{2}\left(\frac{\partial c}{\partial x}\right)_{i+\frac{1}{2}}^{n+\theta}-\frac{D_{i-1}+D_i}{2}\left(\frac{\partial c}{\partial x}\right)_{i-\frac{1}{2}}^{n+\theta}}{\Delta x}$$
$$=\frac{(D_i+D_{i+1})c_{i+1}^{n+\theta}-(D_{i-1}+2D_i+D_{i+1})c_i^{n+\theta}+(D_{i-1}+D_i)c_{i-1}^{n+\theta}}{2\Delta x^2} \tag{4.19a}$$

等式（4.19a）引入了参数 θ，要求 $0\leqslant\theta\leqslant1$，称 θ 为隐式格式权重，定义：$c_i{}^{n+\theta}=(1-\theta)c_i{}^n+\theta c_i{}^{n+1}$。为了叙述简便，以下计 $\theta'=1-\theta$。由于考虑到某些情形下扩散系数 D 的取值与位置有关，而把 D 视为位置 x 的函数一同离散化。以下讨论认为 D 是已知量。整理式（4.19a）得到式（4.19b）：

$$-\mu\theta(D_{i-1}+D_i)c_{i-1}^{n+1}+[1+\mu\theta(D_{i-1}+2D_i+D_{i+1})]c_i^{n+1}-\mu\theta(D_i+D_{i+1})c_{i+1}^{n+1}=$$
$$\mu\theta'(D_{i-1}+D_i)c_{i-1}^n+[1-\mu\theta'(D_{i-1}+2D_i+D_{i+1})]c_i^n+\mu\theta'(D_i+D_{i+1})c_{i+1}^n \tag{4.19b}$$

其中网格序号范围：$1\leqslant i\leqslant I-1$；另 $\mu=\Delta t/(2\Delta x^2)$。当 $\theta=0$ 时，c_i^{n+1} 完全由 n 时间层上的离散网格点上的浓度变量的差分近似确定，而当 $0<\theta\leqslant1$ 时 $c_i{}^{n+1}$ 由（x_{i-1}，t_n）、（x_i，t_n）、（x_{i+1}，t_n）、（x_{i-1}，t_{n+1}）、（x_i，t_{n+1}）和（x_{i+1}，t_{n+1}）六个网格结点上的浓度变量的差分近似共同给出。θ 的引入增加差分时间导数的精确性而提高了整个离散格式（4.19）的精度。称格式（4.19）为六点格式。$\theta=1/2$ 时，格式（4.19）为 Crank-Nicolson 格式[26,28]。

由于式（4.19）中 c_i^{n+1} 并不是直接由 n 时间层的浓度变量给出，表达式中含有其他 $n+1$ 层时间浓度变量，所有 $n+1$ 时间层浓度变量皆为隐式表达，所以此类格式被称为“隐式格式”。与此相对的差分格式（4.5）、式（4.13）和式（4.17）被称为“显式格式”。

显见，式（4.19）为关于变量 $c_i{}^{n+1}$（$i=1$，2，3，…，$I-1$）的线性方程组。另有变量 $c_0{}^{n+1}$ 和 $c_I{}^{n+1}$ 的确定需要的边界条件的介入。利用边值条件式（4.18c）和式（4.18d）和差分导数可以得到关于另外两个变量 $c_0{}^{n+1}$ 和 $c_I{}^{n+1}$ 的线性方程组。这样就能以 $I+1$ 个线性方程决定所有 $n+1$ 时间层上的浓度变量的值。所以如定义矢量：$\boldsymbol{C}_1^n=(c_0^n, c_1^n, c_2^n, \cdots, c_I^n)^{\mathrm{T}}$，则可以将这种处理离散浓度变量的方式简写为以下矩阵形式的方程（4.20）：

$$\boldsymbol{A}_{\theta,1}\boldsymbol{C}_1^{n+1}=\boldsymbol{B}_{\theta,1}\boldsymbol{C}_1^n+\boldsymbol{p}_1 \tag{4.20}$$

以式（4.20）矩阵 $\boldsymbol{B}_{\theta,1}$ 除第一行和最后一行以外仅由线性方程（4.19b）所决定。另外，式（4.20）中矢量 $\boldsymbol{p}_1$ 是仅由定解问题方程（4.18）的边界条件所单独决定的矢量。因为 c_0^{n+1} 和 c_1^{n+1} 由边界条件给出，所以矩阵 $\boldsymbol{A}_{\theta,1}$ 的第一行中第一个为 1，其余为 0；最后一行中最后一个为 1，其余为 0。矩阵 $\boldsymbol{B}_{Q,1}$ 的第一行和最后一行视边界条件式（4.18c）或式（4.18d）而定。而且：$\boldsymbol{p}_1=(p_{1,0},0,0,\cdots,0,\cdots,0,p_{1,I})^{\mathrm{T}}$。其仅在边界网格点所对应的元素非 0，其他位置上元素为 0。而元素 $p_{1,0}$ 和 $p_{1,I}$ 的具体取值也取决于边界条件式（4.18c）和式（4.18d）。

不论使用何种边值条件，观察格式（4.19）中 $n+1$ 时间层上的各浓度变量的系数，可以发现矩阵 $\boldsymbol{A}_{\theta,1}$ 为主对角矩阵（对角线上元素的绝对值不小于矩阵其他位置上元素的绝对值的矩阵），这表明不论如何选取步长 Δt 或 Δx 矩阵 $\boldsymbol{A}_{\theta,1}$ 总是可逆的。使用有限差分方法求解式（4.18）的算法是清晰的，利用初值条件确定矢量 $\boldsymbol{C}_1^0$，则可以对一切 n（$0\leqslant n\leqslant N-1$）利用 $\boldsymbol{C}_1^n$ 解线性方程组（4.20）得到矢量 $\boldsymbol{C}_1^{n+1}$，直到 $n=N-1$。

格式（4.19）的收敛性条件是 $0\leqslant\theta<1/2$ 且 $D_{\max}\mu\leqslant 1/[4(1-2\theta)]$ 或 $1/2\leqslant\theta\leqslant 1$[26]。其中 $D_{\max}=\max\{D_i \mid i=0,1,2,\cdots,I\}$。由于扩散系数通常较小，所以此收敛条件容易得到满足。由于边界条件不产生时间迭代误差，所以格式（4.20）收敛性完全取决于格式（4.19）的收敛性。

4.2.2* 一维扩散定解问题差分格式的收敛性

由于边界条件能够直接给出 $n+1$ 时间层各边界位置浓度变量的方程，不存在时间差分和因时间差分所带来的误差，因此边界条件并不影响格式收敛性质。所以为了讨论的简便，以下直接以 0 固定边值条件（即固定边值条件中 $b_1(t)\equiv 0$ 且 $b_2(t)\equiv 0$）为边界定解条件研究格式（4.20）的收敛性。这样，矩阵 $\boldsymbol{A}_{\theta,1}$ 的第一行中仅第一个元素为 1，其余元素为 0；$\boldsymbol{A}_{\theta,1}$ 的最后一行中仅末尾元素为 1，其余元素为 0。矩阵 $\boldsymbol{B}_{Q,1}$ 第一行和最后一行皆 0 元素组成。并且矢量 $\boldsymbol{p}_1=\boldsymbol{0}$。于是格式（4.20）可变为式（4.21）：

$$\boldsymbol{C}_1^{n+1}=\boldsymbol{F}_{\theta,1}\boldsymbol{C}_1^n,\boldsymbol{F}_{\theta,1}=\boldsymbol{A}_{\theta,1}{}^{-1}\boldsymbol{B}_{\theta,1} \tag{4.21}$$

定义格式（4.20）的截断误差矢量函数如式（4.22）：

$$\boldsymbol{T}_1(t;\Delta t)=\frac{1}{\Delta t}[\boldsymbol{c}_1(t+\Delta t)-\boldsymbol{F}_{\theta,1}\boldsymbol{c}_1(t)] \tag{4.22}$$

以上矢量函数 $\boldsymbol{c}_1(t)$ 的定义为式（4.23）：

$$\boldsymbol{c}_1(t)=(c(x_0,t),c(x_1,t),c(x_2,t),\cdots,c(x_I,t))^{\mathrm{T}} \tag{4.23}$$

注意到矩阵 $\boldsymbol{A}_{\theta,1}$ 和矩阵 $\boldsymbol{B}_{\theta,1}$ 第一行和最后一行的特点，矢量 $\boldsymbol{T}_1(t)$ 第一个元素和最后一个元素恒为 0（实际上，考虑到边值条件不产生时间迭代误差，也可以直接定义格式（4.20）的截断误差矢量第一个和最后一个元素为 0）。现在证明当 Δt 以及 Δx 趋于 0 时，截断误差矢量式（4.22）长度趋于 0。

定理 4.3 对于一切 $t\in[0,t_{\mathrm{f}}]$，以及存在某正常数 η 当 $\Delta t/\Delta x=\eta$ 时，依式（4.22）所定义的格式（4.21）的截断误差矢量在的长度在 Δt 和 Δx 趋于 0 时一致地趋于 0。

证明：为了简明，仅对扩散系数 D 为常数的情形证明，D 为关于 x 函数时的证法相同。定义函数：

$$h(x,t,s,\tau)=-\frac{D\theta}{s^2}c(x-s,t+\tau)+\left(\frac{1}{\tau}+2\frac{D\theta}{s^2}\right)c(x,t+\tau)-\frac{D\theta}{s^2}c(x+s,t+\tau)$$
$$-\frac{D\theta'}{s^2}c(x-s,t)-\left(\frac{1}{\tau}-2\frac{D\theta'}{s^2}\right)c(x,t)-\frac{D\theta'}{s^2}c(x+s,t)$$

注意到 $\boldsymbol{A}_{\theta,1}\boldsymbol{T}_1(t;\Delta t)=[\boldsymbol{A}_{\theta,1}\boldsymbol{c}_1(t+\Delta t)-\boldsymbol{B}_{\theta,1}\boldsymbol{c}_1(t)]/\Delta t$，而有：

$\boldsymbol{A}_{\theta,1}\boldsymbol{T}_1(t;\Delta t)=(0,h(x_1,t,\Delta x,\Delta t),h(x_2,t,\Delta x,\Delta t),\cdots,h(x_{I-1},t,\Delta x,\Delta t),0)^{\mathrm{T}}$

现对函数 h 关于变量 x 对小数 s 使用泰勒展开：

$$h(x,t,s,\tau)=$$

$$\theta\frac{c(x,t+\tau)-c(x,t)}{\tau}+\theta'\frac{c(x,t+\tau)-c(x,t)}{\tau}$$

$$-D\theta\frac{\left[\frac{\partial c}{\partial x}(x,t+\tau)-\frac{\partial c}{\partial x}(x-s,t+\tau)\right]}{s}-D\theta'\frac{\left(\frac{\partial c}{\partial x}(x,t)-\frac{\partial c}{\partial x}(x-s,t)\right)}{s}+\frac{o(s)}{s}$$

注意到：

$$c(x,t)-c(x,t+\tau)=\frac{\partial c}{\partial t}(x,t+\tau)(-\tau)+\frac{o(\tau)}{\tau}$$

$$\frac{\partial c}{\partial x}(x-s,t)-\frac{\partial c}{\partial x}(x,t)=\frac{\partial^2 c}{\partial x^2}(x,t)(-s)+\frac{o(s)}{s}$$

则：

$$h(x,t,s,\tau)=\theta\left[\frac{\partial c}{\partial t}(x,t+\tau)-D\frac{\partial^2 c}{\partial x^2}(x,t+\tau)\right]+\theta'\left[\frac{\partial c}{\partial t}(x,t)-D\frac{\partial^2 c}{\partial x^2}(x,t)\right]$$
$$+\frac{o(\tau)}{\tau}+\frac{o(s)}{s}$$

即 $h(x,t,s,\tau)=o(\tau)/\tau+o(s)/s$。因此对 $s\in(0,L)$，$\tau\in(0,t_f)$，在（x，t）处，存在某有界数 l_1（x，t）以及 l_2（x，t）使得：$[h(x,t,s,\tau)]^2\leqslant[l_1(x,t)\tau]^2+[l_2(x,t)s]^2$。所以若记 K_1、K_2 分别为有界函数 $[l_1(x,t)]^2$ 和 $[l_2(x,t)]^2$ 在 $[0,L]\times[0,t_f]$ 内的上界，则有：

$$|\boldsymbol{A}_{\theta,1}\boldsymbol{T}_1(t;\Delta t)|^2\leqslant\sum_{i=1}^{I-1}[l_1^2(x_i,t)\Delta t^2+l_2^2(x_i,t)\Delta x^2]$$
$$=\Delta t^2K_1\sum_{i=1}^{I-1}\frac{l_1^2(x_i,t)}{K_1}+\Delta x^2K_2\sum_{i=1}^{I-1}\frac{l_2^2(x_i,t)}{K_2}\leqslant(I-1)(\Delta t^2K_1+\Delta x^2K_2)$$
$$<I(\Delta t^2K_1+\Delta x^2K_2)=L\left(\frac{\Delta t^2K_1}{\Delta x}+\Delta xK_2\right)=L(\Delta t\eta K_1+\Delta xK_2)$$

可见对任意 $t\in[0,t_f]$ 当 Δt 和 Δx 趋于 0 时 $|\boldsymbol{A}_{\theta,1}\boldsymbol{T}_1(t;0)|^2\to0$。又因为 $\boldsymbol{A}_{\theta,1}$ 为常数矩阵，以及 t 在 $[0,t_f]$ 内的任意性，必有当 $\Delta t/\Delta x=\eta$ 时，截断误差矢量的长度在 Δt 以及 Δx 趋于 0 时一致地趋于 0。证毕。

以上常数 η 被称为加密路径。加密路径是对两个步长无穷小量 Δx 和 Δt 趋于 0 的速度及其关系的一种规定。定理 4.3 表明当时间步长 Δt 和空间步长 Δx 按照相当的速度趋于 0 时，格式（4.21）相容。实际上，格式（4.21）对 Δt 趋于 0 速度的要求较 Δx 的苛刻。如直接使用 μ 作为加密路径也是可以的，此时无穷小量 Δt 的阶数比 Δx 的大，这就放宽了格式（4.21）的相容的条件。但是，当 Δx 和 Δt 都趋于 0，如果无穷小量 Δx 的阶数比无穷小量 Δt 的阶数大，则格式（4.21）却未必相容。进一步，以下定理 4.4 给出其收敛性的证明。

定理 4.4　当如下两个条件同时满足时，差分格式（4.21）的解收敛于扩散方程定解问题式（4.18）以 0 为固定边值为边值条件的解。①相容性条件：对于任何 $t\in[0,t_f]$，且存在正数 η 使 $\Delta t/\Delta x=\eta$，截断误差矢量函数的长度在 Δx 和 Δt 趋于 0 时一致地趋于 0；②稳

定性条件：矩阵 $\boldsymbol{F}_{\theta,1}$的任意幂有界，即对任意 n，存在正数 M，都有：$||\boldsymbol{F}_{\theta,1}{}^{n}||<M$。

证明：收敛性要求迭代误差在 Δt 趋于 0 时趋于 0。现定义 n 步迭代误差矢量：$\boldsymbol{e}^{n}=\boldsymbol{c}_1(n\Delta t)-\boldsymbol{C}_1^n$。则有：$\boldsymbol{F}_{\theta,1}\boldsymbol{e}^{n}=\boldsymbol{F}_{\theta,1}\boldsymbol{c}_1(n\Delta t)-\boldsymbol{F}_{\theta,1}\boldsymbol{C}_1{}^{n}$。另外：$\boldsymbol{e}^{n+1}=\boldsymbol{c}_1(n\Delta t+\Delta t)-\boldsymbol{F}_{\theta,1}\boldsymbol{C}_1{}^{n}$，所以：$\boldsymbol{e}^{n+1}=\boldsymbol{F}_{\theta,1}\boldsymbol{e}^{n}+\boldsymbol{c}_1(n\Delta t+\Delta t)-\boldsymbol{F}_{\theta,1}\boldsymbol{c}_1(n\Delta t)=\boldsymbol{F}_{\theta,1}\boldsymbol{e}^{n}+\Delta t\cdot\boldsymbol{T}_1(n\Delta t)$。则最大迭代步数 N 的迭代误差矢量 $\boldsymbol{e}^{N}=\boldsymbol{F}_{\theta,1}\boldsymbol{e}^{N-1}+\Delta t\boldsymbol{T}_1(t_{N-1})$，进而可以归纳得到：

$$\boldsymbol{e}^{N}=\boldsymbol{F}_{\theta,1}^{N}\boldsymbol{e}^{0}+\Delta t\sum_{n=0}^{N-1}\boldsymbol{F}_{\theta,1}^{n}\boldsymbol{T}_1(t_{N-n-1})$$

因 $\boldsymbol{e}^{0}=\boldsymbol{0}$，所以：

$$\|\boldsymbol{e}^{N}\|\leqslant\Delta t\sum_{n=0}^{N-1}\|\boldsymbol{F}_{\theta,1}^{n}\|\,|\boldsymbol{T}_1(t_{N-n-1})|<\Delta tM\sum_{n=0}^{N-1}|\boldsymbol{T}_1(t_{N-n-1})|$$

由截断误差矢量函数长度收敛于 0：对任意小数 $\varepsilon/(t_{\mathrm{f}}M)$，存在某正数 δ，当 $\Delta x<\delta$ 且 $\Delta t<\eta\delta$ 时，有：

$$\|\boldsymbol{e}^{N}\|\leqslant\Delta tM\sum_{n=0}^{N-1}|\boldsymbol{T}_1(t_{N-n-1})|<M\Delta tN\varepsilon/(t_{\mathrm{f}}M)=\varepsilon$$

证毕。

一般地讲，当某种差分格式的变换矩阵 $\boldsymbol{F}$［如格式（4.21）的 $\boldsymbol{F}_{\theta,1}$矩阵以及 4.2.3 中的 $\boldsymbol{F}_{\theta,3}$矩阵］为常数矩阵时，这种格式稳定性的定义是变换矩阵 $\boldsymbol{F}$ 的任意幂有界。

相容性体现差分方程和偏微分方程在各时间节点上的局部一致性，稳定性体现差分格式积累误差的有界性。稳定性对差分格式的要求更强。从以上定理 4.1、定理 4.2 和定理 4.4 可以看出，一个有限差分格式收敛的充分必要条件是格式同时满足稳定性和相容性条件，这也被称为 Lax 等价定理[29~31]。

而依据定义直接判断格式稳定性的做法在数学上比较烦琐。取而代之的是使用傅里叶分析的方法。简单地讲，偏微分方程的解可以由傅里叶级数逼近，或者对其解使用傅里叶变换，变换结果也满足偏微分方程。那么与其分析差分解的稳定性不如等价地分析相对容易的差分解的傅里叶变换的稳定性。

对格式（4.19）进行傅里叶分析，将扩散方程精确解表达成傅里叶级数，如式（4.24）：

$$c(x_i,t_n)=\int_{\mathbf{R}}\hat{c}(\xi,t_n)e^{2\pi\xi\mathbf{j}(i\Delta x)}\mathrm{d}\xi \tag{4.24}$$

其中 $\mathbf{j}$ 是虚数单位。并认为存在以下关系［式（4.25）］：

$$\hat{c}(\xi,t_{n+1})=\lambda(\xi,\Delta t)\hat{c}(\xi,t_n) \tag{4.25}$$

称 λ 为增长因子，如 λ 的绝对值（复数模）小于 1 则格式（4.19）稳定。所以如令 λ 的长度小于 1 则能够得到格式（4.19）稳定性条件：$0\leqslant\theta<1/2$ 且 $D_{\max}\mu\leqslant1/[4(1-2\theta)]$或 $1/2\leqslant\theta\leqslant1$。其中 $D_{\max}=\max\{D_i\mid i=0,1,2,\cdots,I\}$[26]。4.2.4 部分详述了三维扩散方程差分格式的稳定性傅里叶分析的过程，一维扩散方程（4.19）的稳定性傅里叶分析是其过程的简化。实际上，只要保证 $|\lambda|\leqslant1+O(\Delta t)$ 即可判定稳定，这个条件称为 Von Neumann 条件[26,29,31]。

4.2.3 三维扩散定解问题的有限差分格式

以三维扩散方程的有限差分解法为例，讨论高维的扩散方程定解问题，容易得到二维扩散方程有限差分解法。

直角坐标系下的三维扩散定解问题包括初值问题，如式（4.26a）：

$$\frac{\partial c}{\partial t}=\frac{\partial}{\partial x}D\frac{\partial c}{\partial x}+\frac{\partial}{\partial y}D\frac{\partial c}{\partial y}+\frac{\partial}{\partial z}D\frac{\partial c}{\partial z} \tag{4.26a}$$

$$c(x,y,z,0)=c_0(x,y,z) \tag{4.26b}$$

以及形如式（4.15）的边值条件。在求解域 $[0,L_x]\times[0,L_y]\times[0,L_z]\times[0,t_f]$ 上离散化问题式（4.26）。在 $n+1$ 时间层和 n 时间层的中间 $n+\theta$（$n=0$，1，2，…，$N-1$）时间层，网格点（x_i，y_j，z_k）（$i=1$，2，…，$I-1$；$j=1$，2，…，$J-1$；$k=1$，2，…，$K-1$）位置处上利用差分导数直接建立扩散方程（4.26）的差分格式如式（4.27a）：

$$\frac{c_{i,j,k}^{n+1}-c_{i,j,k}^{n}}{\Delta t}=\mathrm{Diff}_{i,j,k}=$$

$$=\frac{(D_{i,j,k}+D_{i+1,j,k})c_{i+1,j,k}^{n+\theta}-(D_{i-1,j,k}+2D_{i,j,k}+D_{i+1,j,k})c_{i,j,k}^{n+\theta}+(D_{i-1,j,k}+D_{i,j,k})c_{i-1,j,k}^{n+\theta}}{2\Delta x^2}$$

$$+\frac{(D_{i,j,k}+D_{i,j+1,k})c_{i,j+1,k}^{n+\theta}-(D_{i,j-1,k}+2D_{i,j,k}+D_{i,j+1,k})c_{i,j,k}^{n+\theta}+(D_{i,j-1,k}+D_{i,j,k})c_{i,j-1,k}^{n+\theta}}{2\Delta y^2}$$

$$+\frac{(D_{i,j,k}+D_{i,j,k+1})c_{i,j,k+1}^{n+\theta}-(D_{i,j,k-1}+2D_{i,j,k}+D_{i,j,k+1})c_{i,j,k}^{n+\theta}+(D_{i,j,k-1}+D_{i,j,k})c_{i,j,k-1}^{n+\theta}}{2\Delta z^2}$$

（4.27a）

整理式（4.27a）得到对于求解域内部一切网格位置（x_i，y_j，z_k）（$1\leqslant i\leqslant I-1$，$1\leqslant j\leqslant J-1$，$1\leqslant k\leqslant K-1$）以及时间层 n（$0\leqslant n\leqslant N-1$）浓度变量的线性方程（4.27b）：

$$a_{i,j,k,0,0,-1}c_{i,j,k-1}^{n+1}+a_{i,j,k,0,-1,0}c_{i,j-1,k}^{n+1}+a_{i,j,k,-1,0,0}c_{i-1,j,k}^{n+1}+a_{i,j,k,0,0,0}c_{i,j,k}^{n+1}$$
$$+a_{i,j,k,1,0,0}c_{i+1,j,k}^{n+1}+a_{i,j,k,0,1,0}c_{i,j+1,k}^{n+1}+a_{i,j,k,0,0,1}c_{i,j,k+1}^{n+1}=$$
$$b_{i,j,k,0,0,-1}c_{i,j,k-1}^{n}+b_{i,j,k,0,-1,0}c_{i,j-1,k}^{n}+b_{i,j,k,-1,0,0}c_{i-1,j,k}^{n}+$$
$$b_{i,j,k,0,0,0}c_{i,j,k}^{n+1}+b_{i,j,k,1,0,0}c_{i+1,j,k}^{n}+b_{i,j,k,0,1,0}c_{i,j+1,k}^{n}+b_{i,j,k,0,0,1}c_{i,j,k+1}^{n}$$

（4.27b）

以上 $a_{i,j,k,i',j',k'}(1\leqslant i\leqslant I-1,1\leqslant j\leqslant J-1,1\leqslant k\leqslant K-1,-1\leqslant i'\leqslant 1,-1\leqslant j'\leqslant 1,-1\leqslant k'\leqslant 1)$以及 $b_{i,j,k,i',j',k'}(1\leqslant i\leqslant I-1,1\leqslant j\leqslant J-1,1\leqslant k\leqslant K-1,-1\leqslant i'\leqslant 1,-1\leqslant j'\leqslant 1,-1\leqslant k'\leqslant 1)$ 分别为 $n+1$ 时间层和 n 时间层浓度变量的系数，其具体定义如式（4.28）～式（4.41）：

$$a_{i,j,k,0,0,-1}=-\mu_z\theta(D_{i,j,k-1}+D_{i,j,k}) \tag{4.28}$$

$$a_{i,j,k,0,-1,0}=-\mu_y\theta(D_{i,j-1,k}+D_{i,j,k}) \tag{4.29}$$

$$a_{i,j,k,-1,0,0}=-\mu_x\theta(D_{i-1,j,k}+D_{i,j,k}) \tag{4.30}$$

$$a_{i,j,k,0,0,0}=$$
$$1+\mu_x\theta(D_{i-1,j,k}+2D_{i,j,k}+D_{i+1,j,k})+\mu_y\theta(D_{i,j-1,k}+2D_{i,j,k}+D_{i,j+1,k})+\mu_z\theta(D_{i,j,k-1}+2D_{i,j,k}+D_{i,j,k+1})$$

（4.31）

$$a_{i,j,k,1,0,0}=-\mu_x\theta(D_{i,j,k}+D_{i+1,j,k}) \tag{4.32}$$

$$a_{i,j,k,0,1,0}=-\mu_y\theta(D_{i,j,k}+D_{i,j+1,k}) \tag{4.33}$$

$$a_{i,j,k,0,0,1}=-\mu_z\theta(D_{i,j,k}+D_{i,j,k+1}) \tag{4.34}$$

$$b_{i,j,k,0,0,-1}=\mu_z\theta'(D_{i,j,k-1}+D_{i,j,k}) \tag{4.35}$$

$$b_{i,j,k,0,-1,0}=\mu_y\theta'(D_{i,j-1,k}+D_{i,j,k}) \tag{4.36}$$

$$b_{i,j,k,-1,0,0}=\mu_x\theta'(D_{i-1,j,k}+D_{i,j,k}) \tag{4.37}$$

$$b_{i,j,k,0,0,0}=1-\mu_x\theta'(D_{i-1,j,k}+2D_{i,j,k}+D_{i+1,j,k})-\mu_y\theta'(D_{i,j-1,k}+2D_{i,j,k}+D_{i,j+1,k})-\mu_z\theta'(D_{i,j,k-1}+2D_{i,j,k}+D_{i,j,k+1}) \tag{4.38}$$

$$b_{i,j,k,1,0,0}=\mu_x\theta'(D_{i,j,k}+D_{i+1,j,k}) \tag{4.39}$$

$$b_{i,j,k,0,1,0}=\mu_y\theta'(D_{i,j,k}+D_{i,j+1,k}) \tag{4.40}$$

$$b_{i,j,k,0,0,1}=\mu_z\theta'(D_{i,j,k}+D_{i,j,k+1}) \tag{4.41}$$

其中 $\mu_x=\Delta t/(2\Delta x^2)$，$\mu_y=\Delta t/(2\Delta y^2)$，$\mu_z=\Delta t/(2\Delta z^2)$。为得到关于所有求解域内部浓度变量的封闭线性方程组，需要利用边界条件，建立边界网格点上离散浓度变量的线性方程组。对于导数边值条件，直接使用差分导数代替函数的导数，可以得到边界上的离散方程；而固定边值条件则能直接给出边界网格点上的浓度变量的值。总之，如定义矢量为式（4.42）所示：

$$\boldsymbol{C}_3^n=(c_{0,0,0}^n,c_{1,0,0}^n,\cdots,c_{I,0,0}^n,c_{0,1,0}^n,c_{1,1,0}^n,\cdots,c_{I,1,0}^n,\cdots,c_{i,j,k}^n,\cdots,c_{0,J,K}^n,c_{1,J,K}^n,\cdots,c_{I,J,K}^n)^{\mathrm{T}} \tag{4.42}$$

三维扩散方程定解问题的有限差分离散格式则可以表示为线性方程组（4.43）：

$$\boldsymbol{A}_{\theta,3}\boldsymbol{C}_3^{n+1}=\boldsymbol{B}_{\theta,3}\boldsymbol{C}_3^n+\boldsymbol{p}_3 \tag{4.43}$$

以上方程组（4.43）矩阵 $\boldsymbol{B}_{\theta,3}$ 为仅由线性方程（4.27b）所决定的矩阵，所以矩阵 $\boldsymbol{B}_{\theta,3}$ 中边界网格点（i，j，k）（$i=0$，I 或 $j=0$，J 或 $k=0$，K）位置所对应的行仅由边界条件决定。方程组（4.43）中矢量 $\boldsymbol{p}_3$ 也是仅由三维扩散方程定解问题的边界条件所决定。而且明显地，格式（4.27）中 $n+1$ 时间层上的各浓度变量的系数 $a_{i,j,k,i',j',k'}$（$1\leqslant i\leqslant I-1$，$1\leqslant j\leqslant J-1$，$1\leqslant k\leqslant K-1$，$-1\leqslant i'\leqslant 1$，$-1\leqslant j'\leqslant 1$，$-1\leqslant k'\leqslant 1$）的取值能够保证矩阵 $\boldsymbol{A}_{\theta,3}$ 为主对角矩阵。所以矩阵 $\boldsymbol{A}_{\theta,3}$ 可逆。这样就把求解偏微分方程的复杂问题转化成了人们所熟悉的求解线性方程组问题。算法需要做的只是在每个时间层上求解线性方程组（4.43），并把解作为下一时间层的相对初值条件进行迭代，直到迭代的时间终点。自然，格式（4.27）收敛的充分必要条件同样是保证格式的相容性和稳定性。由于边值条件没有时间误差，所以式（4.43）的收敛性与式（4.27）一致。或者格式（4.43）的收敛性与以下形式（4.44）差分格式收敛性一致：

$$\boldsymbol{C}_3^{n+1}=\boldsymbol{F}_{\theta,3}\boldsymbol{C}_3^n,\boldsymbol{F}_{\theta,3}=\boldsymbol{A}_{\theta,3}{}^{-1}\boldsymbol{B}_{\theta,3} \tag{4.44}$$

关于格式（4.44）收敛性的证明方式与 4.2.2 部分的内容相似，此不再赘述。

4.2.4* 三维扩散方程差分格式稳定性分析

可以使用傅里叶分析的方法分析格式（4.27）的稳定性，这里首先对 D 为常数的情况进行分析进而得到 D 随空间位置不同时格式（4.27）稳定性条件。对于三维空间变量的函数需要使用高维傅里叶变换，如式（4.45）：

$$c(x_i,y_j,z_k,t_n)=\int_{\boldsymbol{R}^3}\hat{c}(\xi_1,\xi_2,\xi_3,t_n)\exp[2\pi\mathbf{j}(\xi_1,\xi_2,\xi_3)\cdot(i\Delta x,j\Delta y,k\Delta z)^{\mathrm{T}}]\,\mathrm{d}\xi_1\mathrm{d}\xi_2\mathrm{d}\xi_3 \tag{4.45}$$

其中 j 是虚数单位。将式（4.45）带入格式（4.27b），去掉积分号。现对常数扩散系数的情况分析稳定性，见式（4.46）：

$$\begin{aligned}&[-2D\mu_z\theta e^{-2\pi j\xi_3\Delta zk}-2D\mu_y\theta e^{-2\pi j\xi_2\Delta yj}-2D\mu_x\theta e^{-2\pi j\xi_1\Delta xi}+1+4\theta D(\mu_x+\mu_y+\mu_z)\\&\quad-2D\mu_x\theta e^{2\pi j\xi_1\Delta xi}-2D\mu_y\theta e^{2\pi j\xi_2\Delta yj}-2D\mu_z\theta e^{2\pi j\xi_3\Delta zk}]\hat{c}(\xi_1,\xi_2,\xi_3,t_{n+1})=\\&[2D\mu_z\theta' e^{-2\pi j\xi_3\Delta zk}+2D\mu_y\theta' e^{-2\pi j\xi_2\Delta yj}+2D\mu_x\theta' e^{-2\pi j\xi_1\Delta xi}+1-4\theta' D(\mu_x+\mu_y+\mu_z)\\&\quad+2D\mu_x\theta e^{2\pi j\xi_1\Delta xi}+2D\mu_y\theta e^{2\pi j\xi_2\Delta yj}+2D\mu_z\theta e^{2\pi j\xi_3\Delta zk}]\hat{c}(\xi_1,\xi_2,\xi_3,t_n)\end{aligned}\tag{4.46}$$

归纳成式（4.47）：

$$\hat{c}(\xi_1,\xi_2,\xi_3,t_{n+1})=\lambda\cdot\hat{c}(\xi_1,\xi_2,\xi_3,t_n)\tag{4.47}$$

得到其中增长因子，见式（4.48）：

$$\lambda=\frac{1-4\theta' D\{\mu_x[1-\cos(\xi_1\Delta xi)]+\mu_y[1-\cos(\xi_2\Delta yj)]+\mu_z[1-\cos(\xi_3\Delta zk)]\}}{1+4\theta D\{\mu_x[1-\cos(\xi_1\Delta xi)]+\mu_y[1-\cos(\xi_2\Delta yj)]+\mu_z[1-\cos(\xi_3\Delta zk)]\}}\tag{4.48}$$

利用三角公式，可得式（4.49）：

$$\lambda=\frac{1-8\theta' D\left[\mu_x\sin^2\left(\frac{1}{2}\xi_1\Delta xi\right)+\mu_y\sin^2\left(\frac{1}{2}\xi_2\Delta yj\right)+\mu_z\sin^2\left(\frac{1}{2}\xi_3\Delta zk\right)\right]}{1+8\theta D\left[\mu_x\sin^2\left(\frac{1}{2}\xi_1\Delta xi\right)+\mu_y\sin^2\left(\frac{1}{2}\xi_2\Delta yj\right)+\mu_z\sin^2\left(\frac{1}{2}\xi_3\Delta zk\right)\right]}\tag{4.49}$$

要求 $-1\leqslant\lambda\leqslant1$，得到式（4.50）：

$$\frac{1}{4}\geqslant D(2\theta-1)\left[\mu_x\sin^2\left(\frac{1}{2}\xi_1\Delta xi\right)+\mu_y\sin^2\left(\frac{1}{2}\xi_2\Delta yj\right)+\mu_z\sin^2\left(\frac{1}{2}\xi_3\Delta zk\right)\right]\tag{4.50}$$

如 $0\leqslant\theta<1/2$，式（4.50）对一切 $\mu_x>0$、$\mu_y>0$ 且 $\mu_z>0$ 成立。若 $1/2\leqslant\theta\leqslant1$，式（4.51）成立的充分条件是：

$$\frac{1}{4(2\theta-1)D}\geqslant\max\left\{\mu_x\sin^2\left(\frac{1}{2}\xi_1\Delta xi\right)+\mu_y\sin^2\left(\frac{1}{2}\xi_2\Delta yj\right)+\mu_z\sin^2\left(\frac{1}{2}\xi_3\Delta zk\right)\middle|\xi_1,\xi_2,\xi_3\right\}\tag{4.51}$$

而有：$D(\mu_x+\mu_y+\mu_z)\leqslant1/[4(2\theta-1)]$。所以当 D 不再是常数的情况下，格式（4.27）稳定性的充分条件为：$0\leqslant\theta<1/2$ 或者 $1/2\leqslant\theta\leqslant1$ 时 $D_{\max}(\mu_x+\mu_y+\mu_z)\leqslant1/[4(2\theta-1)]$，其中 $D_{\max}=\max\{D_{i,j,k}\mid i=0,1,2,\cdots,I;j=0,1,2,\cdots,J;k=0,1,2,\cdots,K\}$。

4.3　反应方程的数值解法

关于式（4.1）反应方程定解问题，是指仅有反应项的微分方程（4.52）：

$$\frac{\partial c}{\partial t}=r\tag{4.52}$$

以及初值条件 $c(x,0)=c_0(x)$ 或 $c(x,y,0)=c_0(x,y)$ 或 $c(x,y,z,0)=c_0(x,y,z)$ 所组成的微分方程定解问题。通常情况下反应（速率）项 r 为仅与时间 t 和 c 相关的函数，而与空间位置无关。所以由式（4.52）和初值条件所共同组成的定解问题仅只是一系列常微分方程定解问题。当不考虑扩散和传输时，其每个空间位置上所对应的常微分方程的定解问题相对独立。因此完全可以使用常微分方程的数值解法处理反应方程。

原则上可以灵活使用常微分方程的各种数值解法处理反应方程，而隐式格式有较好的稳定性和求解精度，但是鉴于某些情况下函数 $r(t,c)$ 比较复杂，为了便于最终耦合反应（速率）项 r 于传输-扩散方程之中，这里建议对反应方程使用显式离散方式。关于此最为简单的做法就是使用直接离散的欧拉（Euler Scheme）格式。仅以三维问题为例，其欧拉格式为式（4.53a）：

$$\frac{c_{i,j,k}^{n+1}-c_{i,j,k}^{n}}{\Delta t}=r_{i,j,k}(n\Delta t,c_{i,j,k}^{n}) \tag{4.53a}$$

或者可为式（4.53b）：

$$c_{i,j,k}^{n+1}=c_{i,j,k}^{n}+\Delta t\cdot r_{i,j,k}(n\Delta t,c_{i,j,k}^{n}) \tag{4.53b}$$

这样，在初值条件已知的情况下，就很容易迭代得到 0 到 t_f 当中各个时间网格点 $n\Delta t$ 时刻的反应方程的解。

为了增加求解精度，还可以选择显式龙格-库塔方法（Runge-Kutta Method）[32,33] 离散化反应方程。

方程（4.53b）的精确表达应为式（4.54）：

$$c_{i,j,k}^{n+1}-c_{i,j,k}^{n}=\int_{n\Delta t}^{(n+1)\Delta t} r_{i,j,k}\,\mathrm{d}t \tag{4.54}$$

龙格-库塔法的思想就是使用离散量近似表达等式（4.54）右端的积分，而将其写成 $n\Delta t$ 到 $(n+1)\Delta t$ 时间范围内不同时刻反应变化速率 r 的加权平均数的形式，以增加离散格式的精度。比如最为简单的二阶龙格库塔法，见式（4.55）：

$$\begin{cases} c_{i,j,k}^{n+1}=c_{i,j,k}^{n}+\dfrac{\Delta t}{2}(R_{i,j,k}^{n,1}+R_{i,j,k}^{n,2})=c_{i,j,k}^{n}+\Delta t\cdot r_{i,j,k}^{R-K} \\ R_{i,j,k}^{n,1}=r_{i,j,k}(n\Delta t,c_{i,j,k}^{n}) \\ R_{i,j,k}^{n,2}=r_{i,j,k}[(n+1)\Delta t,c_{i,j,k}^{n}+\Delta t\cdot R_{i,j,k}^{n,1}] \end{cases} \tag{4.55}$$

明显地，二阶龙格库塔法［如格式（4.55）显示］是使用了欧拉格式预估了 $n+1$ 时间层的反应速率，并以 n 时间层的反应速率和预估的 $n+1$ 时间层的反应速率的算术平均数近似代替式（4.54）右端积分。以下罗列反应方程的三阶、四阶的龙格库塔法格式，更高阶的龙格库塔法格式请查阅相关文献[32,33]。

反应方程的三阶龙格库塔格式如式（4.56）：

$$\begin{cases} c_{i,j,k}^{n+1}=c_{i,j,k}^{n}+\dfrac{\Delta t}{6}(R_{i,j,k}^{n,1}+4R_{i,j,k}^{n,2}+R_{i,j,k}^{n,3})=c_{i,j,k}^{n}+\Delta t\cdot r_{i,j,k}^{R-K} \\ R_{i,j,k}^{n,1}=r_{i,j,k}(n\Delta t,c_{i,j,k}^{n}) \\ R_{i,j,k}^{n,2}=r_{i,j,k}\left[\left(n+\dfrac{1}{2}\right)\Delta t,c_{i,j,k}^{n}+\dfrac{\Delta t}{2}R_{i,j,k}^{n,1}\right] \\ R_{i,j,k}^{n,3}=r_{i,j,k}[(n+1)\Delta t,c_{i,j,k}^{n}-\Delta t\cdot R_{i,j,k}^{n,1}+2\Delta t\cdot R_{i,j,k}^{n,2}] \end{cases} \tag{4.56}$$

反应方程的四阶龙格库塔格式如式（4.57）：

$$\begin{cases} c_{i,j,k}^{n+1}=c_{i,j,k}^{n}+\dfrac{\Delta t}{6}(R_{i,j,k}^{n,1}+2R_{i,j,k}^{n,2}+2R_{i,j,k}^{n,3}+R_{i,j,k}^{n,4})=c_{i,j,k}^{n}+\Delta t\cdot r_{i,j,k}^{R-K} \\ R_{i,j,k}^{n,1}=r_{i,j,k}(n\Delta t,c_{i,j,k}^{n}) \\ R_{i,j,k}^{n,2}=r_{i,j,k}\left[\left(n+\dfrac{1}{2}\right)\Delta t,c_{i,j,k}^{n}+\dfrac{\Delta t}{2}R_{i,j,k}^{n,1}\right] \\ R_{i,j,k}^{n,3}=r_{i,j,k}\left[\left(n+\dfrac{1}{2}\right)\Delta t,c_{i,j,k}^{n}+\dfrac{\Delta t}{2}R_{i,j,k}^{n,2}\right] \\ R_{i,j,k}^{n,4}=r_{i,j,k}[(n+1)\Delta t,c_{i,j,k}^{n}+\Delta t\cdot R_{i,j,k}^{n,3}] \end{cases} \tag{4.57}$$

在环境科学或环境工程学当中，扩散方程不一定单独出现，而时常以方程组的形式出现。当模型需要考虑多物种的相互影响时，它们之间的影响和联系会体现在反应速率项上。这样，只需使用求解常微分方程组的算法离散化反应速率项就可以。常微分方程组的离散化算法是常微分方程算法的直接推广。比如龙格库塔法，只需将公式（4.55）、式（4.56）和式（4.57）中的 c 及 r 分别视为由不同物种的浓度和不同物种的反应速率所组成的矢量，式（4.55）、式（4.56）与式（4.57）则直接成为有多种物种参与的反应方程的龙格库塔离散形式。

4.4　传输-扩散-反应方程的数值解法

三维传输-扩散-反应方程（4.1）中浓度的改变速率由传输（速率）项、扩散（速率）项以及反应（速率）项组成，也可以被简写为如式（4.58）的形式：

$$\frac{\partial c}{\partial t}=\mathrm{Adv}+\mathrm{Diff}+r \tag{4.58}$$

其中 Adv 表示传输（速率）项、Diff 表示扩散（速率）项以及 r 反应（速率）项。其有限差分离散化格式为式（4.59a）：

$$\frac{c_{i,j,k}^{n+1}-c_{i,j,k}^{n}}{\Delta t}=\mathrm{Adv}_{i,j,k}+\mathrm{Diff}_{i,j,k}+r_{i,j,k} \tag{4.59a}$$

或者为式（4.59b）：

$$c_{i,j,k}^{n+1}=c_{i,j,k}^{n}+\Delta t\cdot\mathrm{Adv}_{i,j,k}+\Delta t\cdot\mathrm{Diff}_{i,j,k}+\Delta t\cdot r_{i,j,k} \tag{4.59b}$$

在之前的对传输、扩散以及反应方程的离散格式的探讨中实际上已经找到了离散量：$\mathrm{Adv}_{i,j,k}$、$\mathrm{Diff}_{i,j,k}$ 以及 $r_{i,j,k}$ 的具体形式。首先，由式（4.16）知式（4.60）为：

$$c'_n(i\Delta x-u\Delta t,j\Delta y-v\Delta t,k\Delta z-w\Delta t)=c_{i,j,k}^{n}+\Delta t\cdot\mathrm{Adv}_{i,j,k} \tag{4.60}$$

而 $c'_n(i\Delta x-u\Delta t,\ j\Delta y-v\Delta t,\ k\Delta z-w\Delta t)$ 由式（4.17）等号右边表达式所定义。另外，在 4.2.3 部分中表达式（4.27a）已定义了 $\mathrm{Diff}_{i,j,k}$。最后，公式（4.55）、式（4.56）和式（4.57）也分别给出了以二阶、三阶和四阶龙格库塔方式离散的反应（速率）项的具体形式。至此可以综合地将式（4.1）的离散格式（4.59）完整地表达出来。对于一切求解域内部网格位置（x_i，y_j，z_k）（$1\leqslant i\leqslant I-1$，$1\leqslant j\leqslant J-1$，$1\leqslant k\leqslant K-1$）以及时间层 $n(0\leqslant n\leqslant N-1)$ 的浓度离散变量有线性方程（4.61）：

$$a_{i,j,k,0,0,-1}c_{i,j,k-1}^{n+1}+a_{i,j,k,0,-1,0}c_{i,j-1,k}^{n+1}+a_{i,j,k,-1,0,0}c_{i-1,j,k}^{n+1}+a_{i,j,k,0,0,0}c_{i,j,k}^{n+1}$$
$$+a_{i,j,k,1,0,0}c_{i+1,j,k}^{n+1}+a_{i,j,k,0,1,0}c_{i,j+1,k}^{n+1}+a_{i,j,k,0,0,1}c_{i,j,k+1}^{n+1}=$$
$$c'_n(i\Delta x-u\Delta t,\ j\Delta y-v\Delta t,\ k\Delta z-w\Delta t)+$$
$$b_{i,j,k,0,0,-1}c_{i,j,k-1}^{n}+b_{i,j,k,0,-1,0}c_{i,j-1,k}^{n}+b_{i,j,k,-1,0,0}c_{i-1,j,k}^{n}$$
$$+(b_{i,j,k,0,0,0}-1)c_{i,j,k}^{n+1}+b_{i,j,k,1,0,0}c_{i+1,j,k}^{n}+$$
$$b_{i,j,k,0,1,0}c_{i,j+1,k}^{n}+b_{i,j,k,0,0,1}c_{i,j,k+1}^{n}+\Delta t\cdot r_{i,j,k}^{R-K} \tag{4.61}$$

式（4.61）即为三维传输-扩散-反应方程的有限差分离散格式。式（4.61）中浓度变量的各系数由式（4.28）到式（4.41）定义。其与边值条件差分离散格式共同组成了关于 $n+1$ 层浓度变量的线性方程组。其求解算法是明显的，如依式（4.42）定义矢量 $\boldsymbol{C}_3^n$，首先可以利用初值条件确定矢量 $\boldsymbol{C}_3^0$，之后则可以对一切 $n(0\leqslant n\leqslant N-1)$ 利用已知量 $\boldsymbol{C}_3^n$ 解由式（4.61）和边界条件的离散格式所共同组成的线性方程组而得到矢量 $\boldsymbol{C}_3^{n+1}$，直到 $n=N-1$。

既然反应项部分使用的是常微分方程的显式格式，对于既已耦合的对流-扩散-反应方程的离散格式，格式的精度则会受限于精度相对较差的反应项显式格式。所以有时为了算法设计的简便，有时会令对流-扩散-反应方程的离散方程扩散项部分的参数 θ 为 0，而把整个离散格式改为显式格式，减小时间步长求解。

在本章最后以表 4.3 的形式给出差分导数的近似公式，以方便查阅。

表 4.3 部分差分导数的近似公式[33]

项目	差分导数	误差项
一阶导数	$f'(x_i)\approx\dfrac{f(x_i)-f(x_{i-1})}{\Delta x}$	$\dfrac{1}{2}\Delta x^2 f^{(2)}$
	$f'(x_i)\approx\dfrac{f(x_{i+1})-f(x_i)}{\Delta x}$	$\dfrac{1}{2}\Delta x^2 f^{(2)}$
	$f'(x_i)\approx\dfrac{f(x_{i-2})-4f(x_{i-1})+3f(x_i)}{2\Delta x}$	$\dfrac{1}{3}\Delta x^2 f^{(3)}$
	$f'(x_i)\approx\dfrac{f(x_{i+1})-f(x_{i-1})}{2\Delta x}$	$\dfrac{1}{6}\Delta x^2 f^{(3)}$
	$f'(x_i)\approx\dfrac{-3f(x_i)+4f(x_{i+1})-f(x_{i+2})}{2\Delta x}$	$\dfrac{1}{3}\Delta x^2 f^{(3)}$
二阶导数	$f''(x_i)\approx\dfrac{-f(x_{i-3})+4f(x_{i-2})-5f(x_{i-1})+2f(x_i)}{\Delta x^2}$	$\dfrac{11}{12}\Delta x^2 f^{(4)}$
	$f''(x_i)\approx\dfrac{f(x_{i-1})-2f(x_i)+f(x_{i+1})}{\Delta x^2}$	$\dfrac{1}{12}\Delta x^2 f^{(4)}$
	$f''(x_i)\approx\dfrac{2f(x_i)-5f(x_{i+1})+4f(x_{i+2})-f(x_{i+3})}{\Delta x^2}$	$\dfrac{11}{12}\Delta x^2 f^{(4)}$

习 题

1. 不限语言编写程序，算法实现对一维对流方程的求解。
2. 不限语言编写程序，算法实现对一维扩散方程的求解。
3. 不限语言编写程序，试求解二维对流-扩散方程。

第5章 数学规划

5.1 概　　述

5.1.1 数学规划概念

数学规划（Mathematical Programming）或称最优化方法（Optimal Method）属于运筹学（Operational Research）分支，指为了达到某种指标的最优化，恰当选择或者确定相关变量的一系列分析方法，主要包括规划分析所涉及的数学理论、算法和模型，以及应用领域（如环境科学、经济学、医学等）的相关学科原理。

数学规划模型与以往的迁移、转化守恒律模型相比较，后者是对客观现象的量化预报，强调模型对客观规则的描述；而数学规划是人为操作的量化手段，强调为达到某种指标的优化选择变量取值，体现人为选择变量的操作性。应该承认，大多数情况下数学规划的目标设定具有一定主观性，这体现在对目标函数的选择或定义上。所以最优化是操纵目标意义下的最优化；而最优化的约束条件往往是客观现实的量化描述，约束条件体现了客观性。

5.1.2 数学规划的分类

在对某种环境问题建立最优化模型之前，首先需要深入认识最优化所涉及的数学知识和基本理论。

一般来讲，数学规划问题可以分为无约束的最优化问题和有约束的最优化问题。有约束的最优化问题又可以根据约束条件的形式分为等式最优化、不等式最优化以及混合约束最优化问题。按照变量定义域或者约束集合的类型又可将规划问题分为开集规划和闭集规划问题。

5.1.2.1 无约束最优化或无约束规划问题

形如式（5.1）的最优化问题被称为无约束最优化问题。

$$\min f=f(x_1, x_2, \cdots, x_n) \quad \text{or} \quad \min f=f(\boldsymbol{X}) \tag{5.1}$$

其中 $\boldsymbol{X}=(x_1, x_2, \cdots, x_n)^{\mathrm{T}}$ 为可人为调节的操作变量，$f(\boldsymbol{X})$ 为目标函数，即最优化目标指标相对于操作变量 $\boldsymbol{X}$ 的函数。目标函数为连续函数。“min”是英文“minimize”的简写，意为“最小化”。该表达形式（5.1）意义为，求使得目标函数达到最小化的操作变量 $\boldsymbol{X}$ 的取值 $\boldsymbol{X}^*$。无约束最优化的特征就是只给出目标函数的具体形式而对变量的取值范围没有具体规定。

我们约定：由于求目标函数 f 的最大值等价于求 $-f$ 的最小值，所以一切求最值的规划问题皆可统一写为求其最小值的形式，以下皆以求最小值形式为规划问题的标准形式进行讨论。

5.1.2.2 等式约束最优化或等式规划问题

形如式（5.2）的最优化问题被称为等式约束最优化问题。

$$\min f = f(x_1, x_2, \cdots, x_n)$$
$$\text{s.t.} \quad g_i(x_1, x_2, \cdots, x_n) = 0 \quad (i=1, 2, \cdots, m<n) \tag{5.2}$$

当中 g_i $(x_1, x_2, \cdots, x_n)$ 或 $g_i(\boldsymbol{X})(i=1, 2, \cdots, m<n)$ 为约束条件。“s. t.”是英文“subject to”简写，意为“受约束于”。等式最优化问题的特点在于规划问题对操作变量有所约束，并且所有约束条件皆为等式的形式。求解等式最优化需要在由各等式约束条件所定义的方程组的解集：$D=\{\boldsymbol{X}\in\boldsymbol{R}^n \mid g_i(\boldsymbol{X})=0, i=1, 2, \cdots, m<n\}$ 当中寻找使得目标函数最小化的操作变量 $\boldsymbol{X}^*$。

以下统一将数学规划的约束条件所规定的 $\boldsymbol{X}$ 变量的取值区域称作求解域。以下讨论皆约定目标函数是求解域上的连续函数。式（5.2）的求解域为关于 $g_i(\boldsymbol{X})(i=1, 2, \cdots, m<n)$ 的方程组的解集。

5.1.2.3　不等式约束最优化或不等式规划问题

形如式（5.3）的最优化问题被称为不等式约束最优化问题。

$$\min f = f(x_1, x_2, \cdots, x_n)$$
$$\text{s.t.} \quad g_i(x_1, x_2, \cdots, x_n) \geqslant 0 \quad (i=1, 2, \cdots, m) \tag{5.3}$$

不等式最优化问题的约束条件皆为不等式的形式。求解此类最优化问题需要在求解域 $D=\{\boldsymbol{X}\in\boldsymbol{R}^n \mid g_i(\boldsymbol{X})\geqslant 0, i=1, 2, \cdots, m\}$ 中寻找使得目标函数最小化的操作变量 $\boldsymbol{X}^*$。

5.1.2.4　混合约束最优化或混合规划问题

形如式（5.4）的最优化问题被称为混合约束最优化问题。

$$\min f = f(x_1, x_2, \cdots, x_n)$$
$$\text{s.t.} \quad g_{1,i}(x_1, x_2, \cdots, x_n) = 0 \quad (i=1, 2, \cdots, m_1<n)$$
$$g_{2,j}(x_1, x_2, \cdots, x_n) \geqslant 0 \quad (j=1, 2, \cdots, m_2) \tag{5.4}$$

所谓混合约束最优化问题，即关于操作变量的约束条件既包括等式约束也包括不等式约束的最优化问题。其求解域为两种约束条件各自所规定区域的交集：$D_1=\{\boldsymbol{X}\in\boldsymbol{R}^n \mid g_{1,i}(\boldsymbol{X})=0, i=1, 2, \cdots, m_1<n\}$，$D_2=\{\boldsymbol{X}\in\boldsymbol{R}^n \mid g_{2,j}(\boldsymbol{X})\geqslant 0, i=1, 2, \cdots, m_2\}$，求解域 $D=D_1\cap D_2$。

当所有约束函数，如式（5.2）或式（5.3）中 $g_i(\boldsymbol{X})(i=1, 2, \cdots, m)$，或者式（5.4）中 $g_{1,i}(\boldsymbol{X})(i=1, 2, \cdots, m_1<n)$ 及 $g_{2,i}(\boldsymbol{X})(i=1, 2, \cdots, m_2)$ 为 $\boldsymbol{R}^n$ 上连续函数时，以上所罗列有约束规划问题皆属于闭集规划问题。而无约束规划的变量 $\boldsymbol{X}$ 被定义在整个 n 维空间，所以无约束规划问题也可被归入开集规划问题一类，在 5.3.2 部分中将有选择地讨论定义在 n 维空间子集上的开集规划问题。

5.1.3　最小值点、极小值点和驻点

我们知道，对于连续的目标函数，其必然在闭集合上取到最值。实际上，如果函数 $f(\boldsymbol{X})$ 的最小值存在，其最小值必唯一，记为 y^*；但是，能够使得函数取得最小值的解 $\boldsymbol{X}^*$ 却未必唯一，可以组成集合 $D^*=\{\boldsymbol{X}\in D \mid f(\boldsymbol{X})=y^*, y^*=\min f(\boldsymbol{X})\}$，甚至有时集合 D^* 中的元素有无穷多个。求解规划问题未必要求穷尽 $f(\boldsymbol{X})$ 在求解域上的所有最小解，只需在求解域上找到某个能够使得 $f(\boldsymbol{X})$ 达到最小值的一个解，即可作为这个规划问题的解。

如果求解域内包括无限个点，所有规划问题的求解方式无不避免在整个求解域上全面开展搜索。所以首先需要对求解域进行分析，排除掉所有不可能成为目标函数最小解的点或点集，缩小求解域范围，在求解域子集上进行筛选。

直观地讲，目标函数在求解域上的最小值点只可能出现在求解域内部的极小值点或者求解域边界上的极小点这两类点的点集上。关于前者的例子可以是定义在实数上开口向上抛物线的对称中心点，正余弦函数的波谷对应点等；关于后者最简单的例子是在指定闭区间范围内，一维线性函数的区间端点。如在有限闭区间上求开口向上二次函数最小值的问题，如果其对称中心点在区间内，自然要比较该点和区间端点上函数的值，以确定最小解。很明显，极小点体现目标函数的局部极小性质，而最小点则是体现在整个求解域上使函数达到最小的全局最小性质的点。

不应避讳晦涩的数学（拓扑）概念，应该在数学规划讨论的开始明确说明内部极小点、求解域边界点以及边界极小点的含义。内部极小点（严格内部极小点）是指满足这样条件的点：该点的目标函数取值不大于（小于）以其为中心的某个邻域范围内所有点上的目标函数值，并且这个邻域必须是求解域的子集。直观地讲，内部极小点（严格内部极小点）就是处于求解域内部并且其函数值不大于（小于）其周围点上函数值的点。边界点，要求其任意邻域与求解域以外区域交集不空。边界点集为集合中所有点为边界点的集合。边界极小点（严格边界极小点）是指满足这样条件的点：该点在边界点集上，且该点上目标函数的取值不大于（小于）其某个邻域与求解域交集范围内所有点的目标函数的取值。这里说的“边界极小值点”的意义是目标函数在求解域内一局部极小值取在边界上的点，而非仅只是“边界点集上的目标函数极小点”的意义。特别地，对于等式规划式（5.2）而言，因为等式（方程）能够约束至多 m 个未知数的值，所以求解域是比 $\boldsymbol{X}$ 所在的 n 维空间维数更低集合，而 $\boldsymbol{X}$ 的任意邻域皆为 n 维子空间，所以其整个求解域皆为边界点。

如果目标函数可微，其内部极小点必有这样的性质：在求解域内部极小值点上目标函数的微分为 0。将具备这种特征的点作为一个明确的概念特别提出：称能够使目标函数微分为 0 的点为驻点。$f(\boldsymbol{X})$ 的驻点所组成的集合为 $f(\boldsymbol{X})$ 的驻点集合。建立驻点方程求解驻点，并比较驻点上函数的取值是寻找规划问题的最小解的一种最基本的方法。

然而，因为边界极小点不一定能使目标函数于此位置微分为 0，求解域边界上极小点在整个 n 维变量空间内却未必是目标函数的驻点，故而在边界上搜索极小点有不同的方法。对于求解域即是边界点集的等式规划问题，比如本章 5.2 节使用的拉格朗日乘子法，通过改变问题的数学形式，将求边界上极小值的原规划问题转化为求内部极小点的新的规划问题，使用解驻点方程的方法得到边界极小值点。本章 5.4 节针对线性规划讨论，其沿用划分求解域的思想，将等式约束条件的边界点集划分为顶点集和非顶点集，而在只含有限个数的顶点集合中搜索。其中提及的单纯形法，就是一种在有限个数的求解域边界顶点上比较目标函数取值而确定最小值解的方法。如前所述，既然可将整个等式约束条件的求解域视为边界集，所以适用于一般等式规划的拉格朗日乘子法在一定条件下也能够适用于线性规划，5.4 节中将给出例子。

5.2　无约束问题求解

5.2.1　无约束规划的驻点方程

对于无约束开集规划问题如式（5.1）若 $\boldsymbol{X}^*$ 为使 f 达到极小的解，则 $\boldsymbol{X}^*$ 必为 f 的驻点，即 $\boldsymbol{X}^*$ 处 f 的微分为 0[34]，从而有式（5.5）：

$$\nabla f\big|_{\boldsymbol{X}^*}=\boldsymbol{0} \tag{5.5}$$

其中“∇”为梯度算符。在直角坐标系下有式（5.6）：

$$\nabla=\left(\frac{\partial}{\partial x_1},\ \frac{\partial}{\partial x_2},\ \cdots,\ \frac{\partial}{\partial x_n}\right)^{\mathrm{T}} \tag{5.6}$$

式（5.5）为最优解所应满足的必要条件，称满足方程（5.5）的点为函数 f 的驻点。需要说明的是，如果函数 f 的驻点集不空，驻点 $\boldsymbol{X}^*$ 并不一定是函数 f 的极小解，它可以是鞍点（对于一维函数可以是拐点）。如存在多个驻点，找到它们当中并非鞍点的点，比较各自函数 f 的取值，当中能够使得 $f(\boldsymbol{X})$ 达到最小的驻点才是规划问题如式（5.1）的最优解。驻点为极小点的充分条件是在驻点处函数 $f(\boldsymbol{X})$ 的海森矩阵（Hessian Matrix）$\boldsymbol{H}_f(\boldsymbol{X}^*)$ 正定。海森矩阵 i 行 j 列元素为 $\partial^2 f/\partial x_i \partial x_j$。所以判断驻点是否为鞍点的方法就是考察驻点处的函数 f 的海森矩阵是否正定。也存在这样的驻点 $\boldsymbol{X}$，它是 f 的极小值点但 $\boldsymbol{X}$ 处 f 海森矩阵非正定。比如函数 f 为常数时，$\boldsymbol{R}^n$ 上所有点都是这类点，其上所有点的海森矩阵为 $\boldsymbol{0}$ 矩阵。

实际上，目标函数微分为 0 条件以及海森矩阵正定条件，仅只关乎目标函数的局部性质。而使用条件如式（5.5）的目的，在于缩小开集规划问题如式（5.1）的搜索范围：首先在目标函数驻点集合上寻找；如有必要，之后会在驻点上使用海森矩阵正定的条件进一步判断当前点是否是目标函数的（局部）极小点。实际上，即便此为局部极小点，而也不一定是问题如式（5.1）的最小解。当目标函数无下界时就属于这种情况。比如目标函数为 $f(x)=x^3-6x^2$ 时，可以判断 $x=4$ 为局部极小点，但函数在 x 趋于 $-\infty$ 时趋于 $-\infty$。

关于全局最优化的理论和方法仍在进一步发展中，本章重点讨论以寻找目标函数的驻点的方式寻找目标函数局部极小点。

5.2.2 求驻点方程的牛顿迭代法

利用局部极小解的必要条件如式（5.5），无约束数学规划问题被转化为解方程（组）问题。因此可以利用解非线性方程组的牛顿迭代法[35]求解驻点方程（5.5），以求解此规划问题式（5.1）。

记 $e_i=\partial f/\partial x_i (i=1, 2, 3, \cdots, n)$。定义矢量函数为式（5.7）：

$$\boldsymbol{E}(\boldsymbol{X})=\begin{pmatrix} e_1(\boldsymbol{X}) \\ e_2(\boldsymbol{X}) \\ \vdots \\ e_n(\boldsymbol{X}) \end{pmatrix} \tag{5.7}$$

驻点方程（5.5）等价于 $\boldsymbol{E}(\boldsymbol{X})=\boldsymbol{0}$。

记驻点为 $\boldsymbol{X}^*$。使用牛顿迭代法求解方程 $\boldsymbol{E}(\boldsymbol{X})=\boldsymbol{0}$ 的基本步骤和思想是，首先得到函数 $\boldsymbol{E}(\boldsymbol{X})$ 在 $\boldsymbol{X}^*$ 临近某点 $\boldsymbol{X}^{(0)}$ 的线性近似 $\boldsymbol{E}_0(\boldsymbol{X})=\boldsymbol{E}(\boldsymbol{X}^{(0)})+\boldsymbol{D}_{\boldsymbol{E}}(\boldsymbol{X}^{(0)})(\boldsymbol{X}-\boldsymbol{X}^{(0)})$，$\boldsymbol{D}_{\boldsymbol{E}}(\boldsymbol{X}^{(0)})$ 表示函数 $\boldsymbol{E}$ 在 $\boldsymbol{X}^{(0)}$ 点处的一阶导数矩阵，求解此线性近似的方程 $\boldsymbol{E}_0(\boldsymbol{X})=\boldsymbol{0}$，而得到下一个临近点 $\boldsymbol{X}^{(1)}$。再求解 $\boldsymbol{X}^{(1)}$ 处函数的线性近似 $\boldsymbol{E}_1(\boldsymbol{X})$ 的线性方程 $\boldsymbol{E}_1(\boldsymbol{X})=\boldsymbol{0}$，得到 $\boldsymbol{X}^{(2)}$，依此类推，获得点列 $\boldsymbol{X}^{(k)}$。并且可以证明当 $k\to\infty$ 时，$\boldsymbol{X}^{(k)}\to\boldsymbol{X}^*$。函数 $\boldsymbol{E}$ 在 $\boldsymbol{X}^{(0)}$ 点处的一阶导数矩阵 $\boldsymbol{D}_{\boldsymbol{E}}(\boldsymbol{X}^{(0)})$ 表示实际上就是 f 在此处的海森矩阵，见式（5.8）：

$$\boldsymbol{D}_E=\begin{pmatrix}\dfrac{\partial e_1}{\partial x_1} & \dfrac{\partial e_1}{\partial x_2} & \cdots & \dfrac{\partial e_1}{\partial x_n}\\ \dfrac{\partial e_2}{\partial x_1} & \dfrac{\partial e_2}{\partial x_2} & \cdots & \dfrac{\partial e_2}{\partial x_n}\\ \vdots & \vdots & \ddots & \vdots\\ \dfrac{\partial e_n}{\partial x_1} & \dfrac{\partial e_n}{\partial x_2} & \cdots & \dfrac{\partial e_n}{\partial x_n}\end{pmatrix} \tag{5.8}$$

显见牛顿迭代法的优点是通过求解一系列线性方程组，代替求解形式更为复杂的非线性方程组，而逼近目标点。求解步骤简单地写就是，首先设定一个驻点的猜值 $\boldsymbol{X}^{(0)}$，不断求解线性方程组，可见式（5.9）：

$$\boldsymbol{D}_E(\boldsymbol{X}^{(k)})\Delta\boldsymbol{X}^{(k)}=-\boldsymbol{E}(\boldsymbol{X}^{(k)}) \tag{5.9}$$

而获得下一个迭代点，见式（5.10）：

$$\boldsymbol{X}^{(k+1)}=\Delta\boldsymbol{X}^{(k)}+\boldsymbol{X}^{(k)} \tag{5.10}$$

直到达到迭代精度 ε：$|\Delta\boldsymbol{X}^{(N)}|<\varepsilon$，而以 $\boldsymbol{X}^{**}=\boldsymbol{X}^{(N)}$ 作为驻点 $\boldsymbol{X}^*$ 的近似解。以下皆以符号 $\boldsymbol{X}^{**}$ 表示驻点 $\boldsymbol{X}^*$ 的算法逼近值。

5.2.3　一维搜索

在最优化领域里，研究者并不拘泥于使用牛顿迭代的方法，而继承发展了牛顿迭代的思想，设计出多种其他算法。而且其他最优化算法往往比牛顿迭代具有更快的收敛速度，或者更经济的运算成本。设计牛顿迭代法意图在于解方程，解方程的方式是利用线性近似构造收敛点列，逼近目标点。实际上，只要能够设法构造出能够最终收敛到目标点的迭代方式，则可以作为一种数学规划的搜索方法。不同于解方程，诸如最速下降法、共轭梯度法在内其他最优化算法直接以搜索局部极小点为目的构造收敛点列和迭代方式。当中共轭梯度法逼近目标点的收敛速度较快。

大多数搜索方法，最后都要把高维的最优化问题归结为一维最优化问题，所以首先介绍一维最优化问题的搜索方法。

对于最为简单的一维最优化问题，即只含有一个变量的无约束最优化问题如式（5.11）：可以通过解一维函数的驻点方程：$\partial f/\partial x=0$，得到局部极小解，作为最优解的备选点。

$$\min f(x) \tag{5.11}$$

但在两种情况下这种方法并不可行。其一，目标函数不可导或者其导数难以求得。这种情况的例子并不少见，诸如：f 为分段函数，其某些位置不可导；f 为复杂的时间序列函数(股票等金融衍生品价格)，其导数难以求得，甚至其导数并不存在；再有对于使用插值函数构造的目标函数 f，其准确的导数（函数）就无法得到。第二种情况，目标函数驻点无穷多个。比如式（5.12a）与式（5.12b）的函数：

$$\alpha(x;x^*)=\int_{x^*}^{x}\beta(s;x^*)\mathrm{d}s \tag{5.12a}$$

$$\beta(x;x^*)=\begin{cases}(x-x^*)\sin^2\left[\dfrac{\pi}{(x-x^*)^2}\right], & x\neq x^*\\ 0, & x=x^*\end{cases} \tag{5.12b}$$

使得 $\alpha'(x;x^*)=0$ 的点（$\alpha(x;x^*)$ 的驻点）有无穷多个，而且在以 x^* 为中心任意小的范围（$x^*-\varepsilon$，$x^*+\varepsilon$）内 $\alpha(x;x^*)$ 的驻点都有无穷多个。它们如式（5.13）：

$$x_n=x^*\pm 1/\sqrt{n},\quad n=1,2,3,\cdots \tag{5.13}$$

$\alpha(x;x^*)$、$\beta(x;x^*)$ 皆为 $\boldsymbol{R}$ 上连续函数。虽然可以看出 $\alpha(x;x^*)$ 在实轴上的最小值为 0，当且仅当 $x=x^*$ 时取得，$\alpha(x;x^*)$ 的驻点方程也存在解析解，但是如果使用数值算法求解 $\alpha(x;x^*)$ 的驻点，有可能让迭代解停留在离 x^* 较远的地方。图 5.1 是函数 $\alpha(x;x^*)$ 在 $[x^*-\pi/5, x^*+\pi/5]$ 上的图像。这个例子说明，并不排除更加复杂的情况，使用数值算法求解一维函数的驻点方程未必能够得到规划的解反而会造成麻烦。

一维无约束规划的区间算法避开了求解驻点方程的问题。其中最常用的就是 0.618 算法，或称黄金分割区间搜索。这种算法的思想是，不断缩小区间范围的同时保证目标函数的极小点总在区间内部，直到区间的长度小于误差允许的范围，以区间内部某一点（多采用中点）的值为一维无约束规划的最优解的近似值。

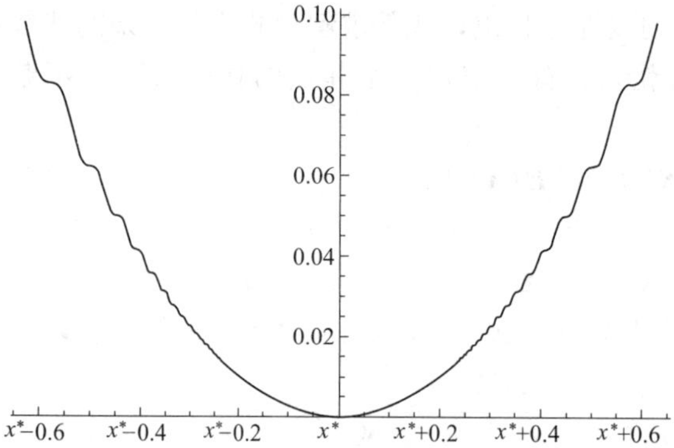

图 5.1　函数 $\alpha(x;x^*)$ 的图像

在区间 $[a, b]$ 内搜索 $f(x)$ 局部极小值的 0.618 算法可以简述为：

第一步，初始化区间。令 $a=a_0$，$b=b_0$，$a_0<b_0$。

第二步，分割区间。$a_l=\theta a+(1-\theta)b$，$a_r=(1-\theta)a+\theta b$，当中 $\theta=0.618$；若 $f(a_l)<f(a_r)$，则令 $b=a_r$，否则令 $a=a_l$。

第三步，判断。若 $b-a>\varepsilon$（ε 为允许误差范围），回到第二步；否则输出最优解的近似值 $x^{**}=(a+b)/2$。

读者可以试验，使用 0.618 算法能够很快地找到 $\alpha(x)$ 的最小值点。

严格地讲 0.618 算法并非无约束规划问题的算法。初始的区间范围就规定了问题的求解域。

5.2.4　最速下降法

之所以要详细讨论一维问题的搜索算法，那是因为高维最优化的搜索问题可以转换为一维问题。对于规划问题式 (5.1)，若定义矢量 $\boldsymbol{P}^{(0)}$ 的方向为搜索方向，并以某一点 $\boldsymbol{X}^{(0)}$ 为初始位置，则在经过该点 $\boldsymbol{P}^{(0)}$ 方向的直线上，原规划问题则被转化为一维问题：$f(\boldsymbol{X}^{(0)}+\mu\boldsymbol{P}^{(0)})=\varphi(\mu)$。这样就可以利用一维问题的搜索方法处理高维问题。

那么高维问题的搜索算法可以一般性地叙述为：在 f 求解域高维空间中寻找一个初始迭代点和一个搜索方向，利用一维搜索方法，搜索经过此点该方向上目标函数的极小值，继而以此极小值为新的初始迭代点重新设定一个搜索方向，重复一维搜索过程直到找到求解域内目标函数的一个极小解。这当中，如何确定搜索方向往往是算法设计的关键也是不同算法的差别所在。最为直接地可以以函数局部下降最快的方向为搜索方向，也就是每一个初始迭代点的负梯度方向为搜索方向，建立算法。这种算法叫做最速下降法。

在介绍最速下降法之前需要首先承认一个数学上的事实，也就是：“在局部，多元可导函数的梯度矢量总是指向可导函数局部升高最快的方向”。关于此已经归纳为定理 5.1 并在此部分最后给出证明。

最速下降法的计算步骤可以被简述为以下几步。

第一步，初始化。见式（5.14）定义初始迭代点 $\boldsymbol{X}^{(0)}$，以及初始迭代方向：

$$\boldsymbol{P}^{(0)}=-\nabla f(\boldsymbol{X}^{(0)}) \tag{5.14}$$

第二步，一维搜索。在直线上 $\boldsymbol{X}^{(k)}+\mu\boldsymbol{P}^{(k)}$ 对函数 $\varphi(\mu)=f(\boldsymbol{X}^{(k)}+\mu\boldsymbol{P}^{(k)})$ 进行一维搜索，得到此函数 φ 的极小值 μ_{k+1}，以及该直线上函数 f 的极小值：$\boldsymbol{X}^{(k+1)}=\boldsymbol{X}^{(k)}+\mu_{k+1}\boldsymbol{P}^{(k)}$。

第三步，变换搜索方向。见式（5.15）定义下一个搜索方向：

$$\boldsymbol{P}^{(k+1)}=-\nabla f(\boldsymbol{X}^{(k+1)}) \tag{5.15}$$

当 $\|\boldsymbol{P}^{(k+1)}\|<\varepsilon$ 时停止，输出极小解的近似值 $\boldsymbol{X}^{*}=\boldsymbol{X}^{(k+1)}$，否则将 $k+1$ 赋值于 k 返回第二步。

最速下降法和很多其他最优化算法（如共轭梯度法和拟牛顿法等）一样，不可避免地需要使用到目标函数的梯度来定义搜索方向，对于难以确定导数的目标函数，可以采用差分近似的方法给出当前的搜索方向的近似矢量 $\boldsymbol{P}^{(k+1)}$；并同时使用0.618方法免于计算导数为0的一维驻点方程。

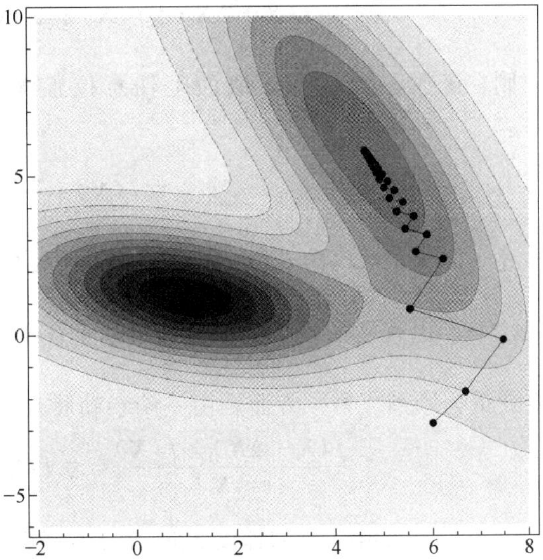

图5.2 最速下降法求解二维规划问题

图5.2显示的是使用最速下降法求解二维规划问题的搜索路径。此二维规划问题目标函数为 $f(x_1, x_2)=-A_1\exp[f_1(x_1, x_2)]-A_2\exp[f_2(x_1, x_2)]$，其中 $f_1(x_1, x_2)$ 和 $f_2(x_1, x_2)$ 为开口向下的椭圆抛物曲面，参数 A_1 和 A_2 大于0。可以看出搜索路径以锯齿状折线的方式逼近函数的一个极小值。

对于数学规划如式（5.1），现在可以比较一下牛顿迭代法和最速下降法的异同。按照数学规划的习惯改写牛顿迭代法。根据式（5.9）和式（5.10）得到在牛顿迭代法中有式（5.16）：

$$\boldsymbol{X}^{(k+1)}=\boldsymbol{X}^{(k)}-[\boldsymbol{D}_{\boldsymbol{E}}(\boldsymbol{X}^{(k)})]^{-1}\boldsymbol{E}(\boldsymbol{X}^{(k)})=\boldsymbol{X}^{(k)}-[\boldsymbol{H}_f(\boldsymbol{X}^{(k)})]^{-1}\nabla f(\boldsymbol{X}^{(k)}) \tag{5.16}$$

在最速下降法中步长：$\Delta\boldsymbol{X}^{(k)}=\boldsymbol{X}^{(k+1)}-\boldsymbol{X}^{(k)}=-\mu_{k+1}\nabla f(\boldsymbol{X}^{(k)})$，而在牛顿迭代法中步长：$\Delta\boldsymbol{X}^{(k)}=-[\boldsymbol{H}_f(\boldsymbol{X}^{(k)})]^{-1}\nabla f(\boldsymbol{X}^{(k)})$。可见，最速下降法和牛顿迭代法都是基于目标函数 f 的负梯度的某个变换的方向搜索。

因为不需要求矩阵 $\boldsymbol{H}_f(\boldsymbol{X}^{(k)})$（或 $\boldsymbol{D}_{\boldsymbol{E}}(\boldsymbol{X}^{(k)})$）等运算，可以看出最速下降法相对于牛顿迭代法的运算成本较为经济。而且最速下降法的设计可以保证不论如何选择初始迭代点，搜索路径总是往目标函数降低的方向搜索。虽然牛顿迭代法对初始迭代点的依赖较强，牛顿迭代法的收敛速度会比最速下降法快，但是如果初始迭代点选得不好，牛顿迭代法可能根本不能搜索到局部极小值。在图 5.1 的例子中以相同的初始点开始搜索，牛顿迭代法并不能找到最优解。

另有拟牛顿法[36~38]，则是对牛顿法的改进，其 $\Delta \boldsymbol{X}^{(k)}=-\boldsymbol{M}^{-1}\nabla f(\boldsymbol{X}^{(k)})$，而 $\boldsymbol{M}$ 并非海森矩阵，是为改进收敛速度而人为构造的矩阵。实际上，数学规划的求解方法可以用于搜索极小点，也可以用于解方程。拟牛顿法的具体内容已超出本章讨论范围，有兴趣请参阅相关文献。

在这部分的最后证明一个定理。上面提到，函数的负梯度方向是此函数局部降低最快的方向，或者反之，函数的梯度方向是此函数局部升高最快的方向，也就是如下定理 5.1。

定理 5.1 在局部，多元可导函数的梯度矢量总是指向可导函数局部升高最快的方向。

证明： 在任意位置 $\boldsymbol{X}$ 处利用多元函数的一阶泰勒展开：

$$f(\boldsymbol{X}+\Delta\boldsymbol{X})=f(\boldsymbol{X})+\nabla f(\boldsymbol{X})\cdot\Delta\boldsymbol{X}+o(\|\Delta\boldsymbol{X}\|)$$

则在函数 f 的任意等值面上任意位置 $\boldsymbol{X}$ 处，对于等值面上任意方向切矢量 $\mathrm{d}\boldsymbol{X}/\mathrm{d}\tau$ 都有：

$$\nabla f(\boldsymbol{X})\cdot\frac{\mathrm{d}\boldsymbol{X}}{\mathrm{d}\tau}=\left.\frac{\mathrm{d}f}{\mathrm{d}\tau}\right|_X=0$$

这是因为函数等值其微分为 0。这说明矢量 $\nabla f(\boldsymbol{X})$ 总是垂直于等值面上任意方向的矢量 $\mathrm{d}\boldsymbol{X}/\mathrm{d}\tau$。也就是函数 f 的梯度矢量总垂直于函数 f 的等值面，所以，沿 $\nabla f(\boldsymbol{X})$ 方向函数 f 变化最为剧烈。另一方面，由一阶泰勒展开：

$$\frac{f(\boldsymbol{X}+\Delta\boldsymbol{X})-f(\boldsymbol{X})}{\|\Delta\boldsymbol{X}\|}=\nabla f(\boldsymbol{X})\cdot\frac{\Delta\boldsymbol{X}}{\|\Delta\boldsymbol{X}\|}+\frac{o(\|\Delta\boldsymbol{X}\|)}{\|\Delta\boldsymbol{X}\|}$$

这表明如果函数 f 的梯度矢量指向 f 降低最快的方向，以上等式两边的符号就会不一致，故函数 f 的梯度矢量总指向函数 f 升高最快的方向。证毕。

应该注意的是，负梯度总是指向函数升高最快的方向，此也是局部性质，所以最速下降法常以折现逼近驻点，而并不一定能够直接达到驻点。

5.2.5 共轭梯度法

简单地讲规划问题（5.1）的共轭梯度法（Conjugate Gradient Method）就是在变元矢量 $\boldsymbol{X}$ 的 n 维空间内搜索，逐一搜遍所有 n 个线性无关方向上的目标函数的极小值点，最终没有方向可以搜索而达到目标函数极小值点的算法。自然地，对于这样的搜索算法，必须清楚地给出两个关键要素：其一，当前搜索方向上极小值点的确定位置；其二，下一个搜索方向的指向。以下就围绕这两个关键要素详细讨论。

记直线：$\boldsymbol{X}_k(\mu)=\boldsymbol{X}^{(k)}+\mu\boldsymbol{P}^{(k)}$。如若 $\boldsymbol{X}^{(k)}$ 和 $\boldsymbol{P}^{(k)}$ 已知，则连续函数 f 在该直线上为 μ 的一元函数：$f(\boldsymbol{X}_k(\mu))=\varphi(\mu)$。当中 $\boldsymbol{X}^{(k+1)}$ 不难获得，只要在该方向上使用一维搜索，求得使 $f(\boldsymbol{X}^{(k)}+\mu\boldsymbol{P}^{(k)})$ 最小的 μ 为 μ_k，就能得到 $\boldsymbol{X}^{(k+1)}=\boldsymbol{X}^{(k)}+\mu_k\boldsymbol{P}^{(k)}$。关键问题在于下一个迭代方向 $\boldsymbol{P}^{(k+1)}$ 的确定。共轭梯度法要求搜索方向的选择需要满足以下两个条件，这两个条件也可以被视为是共轭梯度法搜索方向的性质，分别将其写成定理的形式。见以下定理 5.2 和定理 5.3。

定理 5.2　$\boldsymbol{P}^{(k)}$为共轭梯度法的搜索方向，则有式（5.17）：

$$\nabla f(\boldsymbol{X}^{(k+1)})\cdot\boldsymbol{P}^{(k)}=0 \tag{5.17}$$

证明：其意义是，既已选定新的迭代起点，目标函数在之前方向上已不再增减。几何上表明，在每次迭代中既然$\boldsymbol{X}^{(k+1)}$处的 f 已经在$\boldsymbol{P}^{(k)}$方向上达到最小，并且负梯度方向为函数减小最快的方向，$\boldsymbol{X}^{(k+1)}$处 f 的梯度就不可能在$\boldsymbol{P}^{(k)}$方向上存在分量，所以函数 f 在$\boldsymbol{X}^{(k+1)}$处的梯度矢量和$\boldsymbol{P}^{(k)}$正交。代数上说，直观地，既然在方向$\boldsymbol{P}^{(k)}$上 f 于$\boldsymbol{X}^{(k+1)}$处取到极值，f 在该点上关于$\boldsymbol{P}^{(k)}$的方向导数为 0。若在$\boldsymbol{P}^{(k)}$方向上利用微分与梯度的关系，这就是：

$$\mathrm{d}f(\boldsymbol{X}^{(k+1)})=\nabla f(\boldsymbol{X}^{(k+1)})\cdot\mathrm{d}\boldsymbol{X}^{(k+1)}=\nabla f(\boldsymbol{X}^{(k+1)})\cdot\boldsymbol{P}^{(k)}\mathrm{d}\mu$$

所以：

$$\left.\frac{\mathrm{d}f}{\mathrm{d}\mu}\right|_{\mu_k}=\nabla f(X^{(k+1)})\cdot P^{(k)}=0$$

证毕。

定理 5.2 表明，可以利用函数 f 在$\boldsymbol{X}^{(k+1)}$处的梯度矢量$\nabla f(\boldsymbol{X}^{(k+1)})$和矢量$\boldsymbol{P}^{(k)}$这对正交矢量为一个局部的坐标架定义$\boldsymbol{P}^{(k+1)}$。为使下一个迭代位置更接近极小点，$\boldsymbol{P}^{(k+1)}$应该向$\boldsymbol{X}^{(k+1)}$位置处的函数负梯度方向偏转，见式（5.18）：

$$\boldsymbol{P}^{(k+1)}=-\nabla f(\boldsymbol{X}^{(k+1)})+\lambda_k\boldsymbol{P}^{(k)} \tag{5.18}$$

其中如何确定参数λ_k成为共轭梯度法搜索方向确定的又一个关键问题。

定理 5.3　若一组矢量（$\boldsymbol{P}^{(1)}$，$\boldsymbol{P}^{(2)}$，…，$\boldsymbol{P}^{(n)}$）当中任意两个不同矢量关于某一正定矩阵 $\boldsymbol{H}$ 共轭，也就是对当中任意两个不同的矢量$\boldsymbol{P}^{(i)}$和$\boldsymbol{P}^{(j)}$都有$(\boldsymbol{P}^{(i)})^{\mathrm{T}}\boldsymbol{H}\boldsymbol{P}^{(j)}=0$，则此组矢量线性无关。

证明：只要证明表达式$\Sigma a_i\boldsymbol{P}^{(i)}$为 0 则各系数 a_i 皆为 0。分别使用$(\boldsymbol{P}^{(j)})^{\mathrm{T}}\boldsymbol{H}$（$j=1$，2，…，$n$）左乘 0 矢量$\Sigma a_i\boldsymbol{P}^{(i)}$，而解得各 a_j 为 0。因此（$\boldsymbol{P}^{(1)}$，$\boldsymbol{P}^{(2)}$，…，$\boldsymbol{P}^{(n)}$）线性无关。证毕。

由极小点的充分条件知：函数 f 驻点$\boldsymbol{X}^*$处的海森矩阵$\boldsymbol{H}_f(\boldsymbol{X}^*)$正定，驻点为极小点。定理 5.3 说明只要所有的迭代方向矢量$\boldsymbol{P}^{(k)}$关于极点处的正定矩阵$\boldsymbol{H}_f(\boldsymbol{X}^*)$共轭，则这一组迭代方向矢量线性无关。这意味着，驻点处的海森矩阵$\boldsymbol{H}_f(\boldsymbol{X}^*)$为构造方向矢量提供了条件。然而在未找到$\boldsymbol{X}^*$时，最为直接的近似方法则是利用每次迭代中所得到的$\boldsymbol{X}^{(k+1)}$处的海森矩阵$\boldsymbol{H}_f(\boldsymbol{X}^{(k+1)})$代替$\boldsymbol{H}_f(\boldsymbol{X}^*)$，(或者使用$\boldsymbol{H}_f(\boldsymbol{X}^{(k)})$近似代替$\boldsymbol{H}_f(\boldsymbol{X}^*)$)求得与$\boldsymbol{P}^{(k)}$线性无关的下一个方向矢量$\boldsymbol{P}^{(k+1)}$。所以，利用式（5.18）以及$\boldsymbol{P}^{(k)}$与$\boldsymbol{P}^{(k+1)}$共轭关系立即解得式（5.19）：

$$\lambda_k=\frac{\nabla f(\boldsymbol{X}^{(k+1)})^{\mathrm{T}}\boldsymbol{H}_f(\boldsymbol{X}^{(k+1)})\boldsymbol{P}^{(k)}}{(\boldsymbol{P}^{(k)})^{\mathrm{T}}\boldsymbol{H}_f(\boldsymbol{X}^{(k+1)})\boldsymbol{P}^{(k)}}\quad\text{或}\quad\frac{\nabla f(\boldsymbol{X}^{(k+1)})^{\mathrm{T}}\boldsymbol{H}_f(\boldsymbol{X}^{(k)})\boldsymbol{P}^{(k)}}{(\boldsymbol{P}^{(k)})^{\mathrm{T}}\boldsymbol{H}_f(\boldsymbol{X}^{(k)})\boldsymbol{P}^{(k)}} \tag{5.19}$$

这样，就可以简述共轭梯度法的计算过程了。首先，迭代的初始方向可以选择坐标轴方向，或者可令初始搜索方向为初始迭代点处函数 f 的负梯度方向（最速下降方向）如式（5.20）所示：

$$\boldsymbol{P}^{(0)}=-\nabla f(\boldsymbol{X}^{(0)}) \tag{5.20}$$

之后，通过一维搜索能够确定参数μ_k，并据定理 5.2 和定理 5.3 这两个性质则能够确定新的搜索方向，包括参数 λ_k，而此正是下一个搜索方向在当前搜索方向上的偏转量。至此，本节开始所提及的共轭梯度法的两个关键要素已经明确，即 $\boldsymbol{X}^{(k+1)}$ 和 $\boldsymbol{P}^{(k+1)}$ 完全确定。对于导数难以获得的情况下有时可利用差分导数得到近似的梯度矢量和海森矩阵，与一维搜索的 0.618 算法相结合实施共轭梯度法。

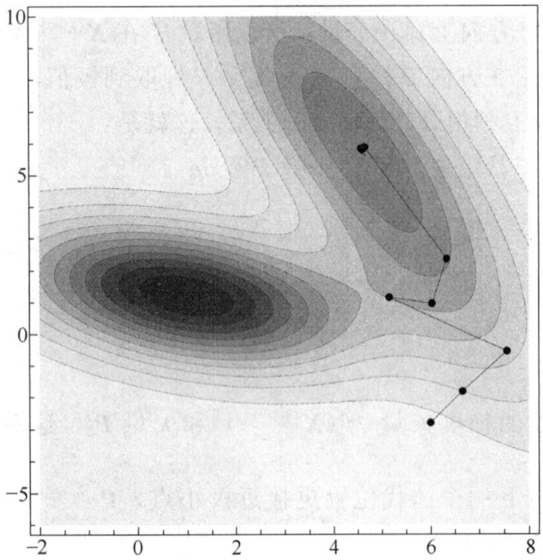

图 5.3　共轭梯度法求解二维规划问题

因为 n 维矢量 $\boldsymbol{X}$ 的取值域中共有 n 个线性无关向量，故理想情况下，共轭梯度法迭代只需搜遍 n 个线性无关方向便能够找到极小解。不过在实际应用中，共轭梯度法往往不能以 n 次迭代找到目标函数的局部极小解。关于此可以这样解释：因为每次迭代所得到的方向矢量并非关于同一个正定矩阵共轭，所以迭代中生成的共轭坐标架的线性无关性并不能够得到严格保证。或者说，每步迭代中海森矩阵都在改变，所以每次给出的新方向对于应有的共轭方向已有所偏转。所以只有当目标函数的海森矩阵为常数矩阵时，共轭梯度法停止于 n 次迭代。目标函数为高维二次函数就是这种比较理想的情况，此被称为二次规划。

尽管如此，共轭梯度法存在一个理论上有限次停止搜索迭代的判别条件，即对 n 维变量的无约束规划问题，选定初始迭代方向后，仅存在 n 个共轭搜索方向。所以共轭梯度法的收敛速度较快。如果迭代 n 步未达局部极小点，则以 $\boldsymbol{X}^{(n)}$ 更新为新的初始值重新开始新一轮迭代。这就需要增加一个迭代停止的条件，通常的做法是查看当前位置处目标函数的梯度矢量长度，如果此小于指定的误差范围则完全终止计算。

图 5.3 显示的是使用共轭梯度法求解与图 5.2 的例子相同的规划问题的迭代点的搜索路径。此例中共轭梯度法未能以 n（n 为规划问题变元数目，此例 $n=2$）次迭代达到最小值。在这个二维规划中，算法总共进行了 4 轮共轭梯度搜索。每一轮选择两个共轭方向进行一维搜索，并皆以上一轮的结果为初始迭代点。尽管如此，共轭梯度法还是比最速下降法优越得多。与最速下降法比较可以明显地看出，共轭梯度法的收敛速度要远优于最速下降法。此例共轭梯度法只迭代

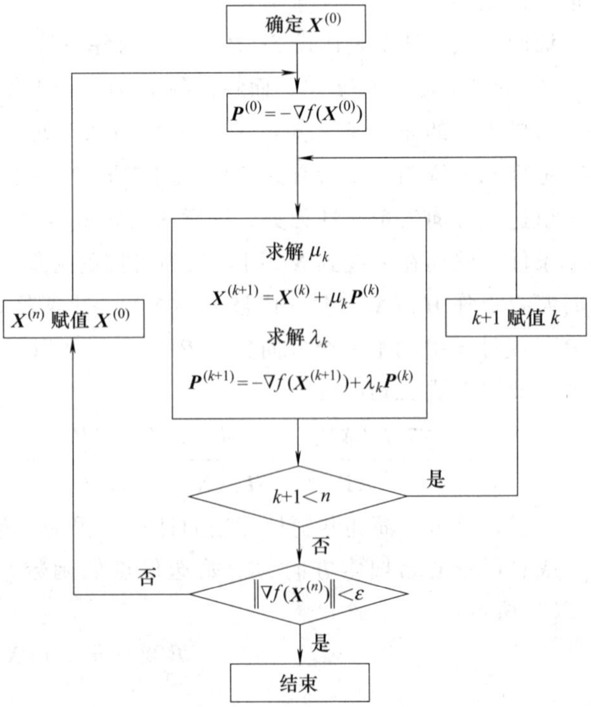

图 5.4　共轭梯度法框图

了 8 次就按照精度要求达到局部极小值，而对于同样的精度要求，最速下降法却迭代了近 40 次。图 5.4 给出共轭梯度法的算法总结。

实际上，对于绝大多数无约束规划问题的搜索方法，因为通常只能依靠目标函数梯度矢量、海森矩阵（或者差分近似的梯度矢量和海森矩阵）等，这些仅能够体现目标函数的局部性质的特征量来计算，所以这些搜索方法往往只能达到局部极小值点，而非全局极小值点。共轭梯度法也不例外。在图 5.2 和图 5.3 的同一个问题中，对于给定的初始迭代点，两个算法的搜索都停止在目标函数的右上角一个局部极小点处，而目标函数的全局最小值点在图像的左侧却未被发现。这表明，算法给出的局部最优解的位置与初始迭代点位置的选择有很大关系。如果不断改变初始迭代点的位置，反复搜索，使用共轭梯度法或者最速下降法是能够找到全局最优解的。

5.2.6* 搜索相对全局最优解的一种方法

为了找到目标函数的在一定范围内的全局最优解，现设计如下方法进行多初始迭代点的并行搜索。

这里所谓的搜索相对全局最优是指，将规划问题（5.1）限定在某一个方形闭区域范围 S_c 内搜索最优，尽可能多地找到此范围内目标函数的极小解并比较当中使得目标函数取值最小的点为最优解，前提是目标函数在此区域范围内存在极小点。方形范围 S_c 是这样定义的：$S_c=[x_1^{\min}, x_1^{\max}]\times[x_2^{\min}, x_2^{\max}]\times\cdots\times[x_i^{\min}, x_i^{\max}]\times\cdots\times[x_n^{\min}, x_n^{\max}]$。即对 n 维变量 $\boldsymbol{X}$ 每一个变元给出一个上界和下界。

这种算法的思想是在方形范围内排布 m 个初始迭代点，以提高算法找到所有局部极小解的可能性。要求算法对这 m 个点各自独立地、并行地进行搜索，各自停止在其附近极小值近似位置处。为了能够最大可能地找到 S_c 内的全局最优解，要求这 m 个初始迭代点尽可能密集并且广泛地分布在 S_c 内，自然，在计算机计算条件允许的前提下 m 越大越好。排布的方式可以采用网格式排布。所谓网格式排布，即在每个区间 $[x_i^{\min}, x_i^{\max}]$ $(i=1, 2, \cdots, n)$ 内等距地排布 $m_i(i=1, 2, \cdots, n)$ 个点，使得 $m=m_1m_2\cdots m_n$ 个初始迭代点在 S_c 内呈网格式分布。

为了实现这种并行的搜索，定义新的规划问题和目标函数如式（5.21）：

$$\min F(\boldsymbol{Y})=F(y_1, y_2, \cdots, y_{mn})=\sum_{j=1}^{m} f(y_{(j-1)n+1}, y_{(j-1)n+2}, \cdots, y_{jn}) \tag{5.21}$$

其中变量 $\boldsymbol{Y}$ 为 mn 维矢量，而且要求其各变元的取值限制于已知区间：$y_{(j-1)n+i}\in[x_i^{\min}, x_i^{\max}]$ $(i=1, 2, \cdots, n;\ j=1, 2, \cdots, m)$。这样做的意图是，构造函数 F，方便将 f 的 m 个 n 维初始搜索点顺序地排列在 m 个 f 函数当中，同时保证以各个初始迭代点开始的搜索路径达到驻点时，函数 F 达到驻点。而有以下定理 5.4。

定理 5.4　如式（5.21）所定义的函数 F 关于其 mn 维变量的梯度矢量为 $\mathbf{0}$ 的充分必要条件是式（5.21）中所有 m 个 f 关于其各自的 n 维变量的梯度矢量为 $\mathbf{0}$。

证明： mn 维 F 的梯度矢量由 m 个 f 的 n 维梯度矢量组成，所以当且仅当所有 f 的梯度矢量为 $\mathbf{0}$ 时 F 的梯度矢量为 $\mathbf{0}$。证毕。

因此，利用通过寻找 F 驻点的方式就能够并行地在 S_c 内寻找 f 的多个驻点。现对 F 进行搜索。定义直线：$\boldsymbol{Y}_k(\mu)=\boldsymbol{Y}^{(k)}+\mu\boldsymbol{P}^{(k)}$。并且利用 S_c 内 m 个初始迭代点，见式（5.22）：

$$\boldsymbol{X}_j^{(0)}=(x_{j,1}^{(0)}, x_{j,2}^{(0)}, \cdots, x_{j,n}^{(0)})^{\mathrm{T}}, j=1, 2, \cdots, m \tag{5.22}$$

定义目标函数 F 的初始迭代点，如式（5.23）：

$$y_{(j-1)n+i}^{(0)}=x_{j,i}^{(0)};\quad i=1,2,\cdots,n;\quad j=1,2,\cdots,m \tag{5.23}$$

使用最速下降法或者共轭梯度法不断更换搜索方向 $\boldsymbol{P}^{(k)}$，迭代求解规划式（5.21）最终找到 $\boldsymbol{Y}^{**}$。而此 $\boldsymbol{Y}^{**}$ 正是 S_c 中 $f(\boldsymbol{X})$ 的 m 个近似局部极小值（可以有重复）所组成的向量。

这种思想的实现有一个技术性问题，即如果使用 0.618 算法在直线 $\boldsymbol{Y}_k(\mu)$ 上进行对参数 μ 的一维搜索，需要根据直线所在范围 $S_c\times S_c\times\cdots\times S_c$（$m$ 个 S_c）求出 μ 的取值范围。对于 μ 的取值范围的确定可以依据以下定理 5.5。

定理 5.5 当且仅当 $\mu\in I_\mu$ 时 n 维直线 $\boldsymbol{X}(\mu)=\boldsymbol{X}_0+\mu\boldsymbol{d}\in S=[x_1^{\min},x_1^{\max}]\times[x_2^{\min},x_2^{\max}]\times\cdots\times[x_i^{\min},x_i^{\max}]\times\cdots\times[x_n^{\min},x_n^{\max}]$，常数向量 $\boldsymbol{d}$ 的各元素 $d_i\neq 0$（$i=1,2,\cdots n$），当中：

$$I_\mu=\bigcap_{i=1}^{m}[\mu_{a,i},\mu_{b,i}]$$

$$\mu_{a,i}=\min\left\{\frac{x_i^{\max}-x_{0,i}}{d_i},\frac{x_i^{\min}-x_{0,i}}{d_i}\right\},\quad \mu_{b,i}=\max\left\{\frac{x_i^{\max}-x_{0,i}}{d_i},\frac{x_i^{\min}-x_{0,i}}{d_i}\right\}$$

证明： 求直线 $\boldsymbol{X}(\mu)$ 与区域 $S_i=\{(x_1,x_2,\cdots,x_n)\mid x_i^{\min}\leqslant x_i\leqslant x_i^{\max}\}$ 的边界相交时的 μ 值：以 $d_i>0$ 为例，$x_{0,i}+\mu_i^{\min}d_i=x_i^{\min}$，有 $\mu_i^{\min}=(x_i^{\min}-x_{0,i})/d_i$；另 $x_{0,i}+\mu_i^{\max}d_i=x_i^{\max}$，有 $\mu_i^{\max}=(x_i^{\max}-x_{0,i})/d_i$。故当且仅当 $\mu\in M_i=[\mu_{i,a},\mu_{i,b}]$ 时 $\boldsymbol{X}(\mu)\in S_i$，其中 $\mu_{i,a}=\min\{\mu_i^{\min},\mu_i^{\max}\}$，$\mu_{i,b}=\max\{\mu_i^{\min},\mu_i^{\max}\}$。所以当且仅当 $\mu\in\bigcap_i{}^m M_i$ 时 $\boldsymbol{X}(\mu)\in S=\bigcap_i{}^m S_i$。证毕。

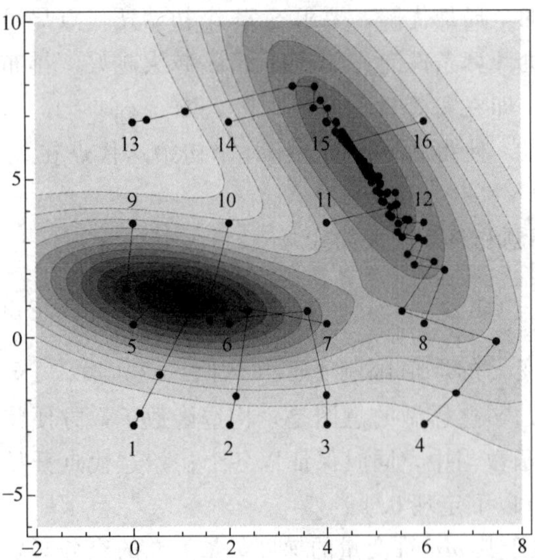

图 5.5 使用最速下降法的相对全局最优搜索得到的多点并行搜索的搜索路径

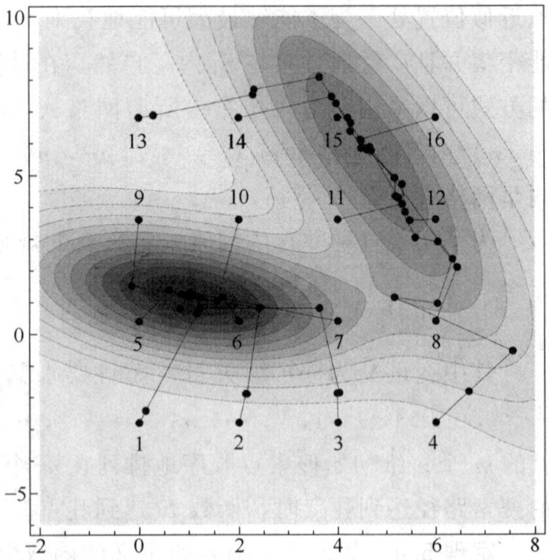

图 5.6 使用共轭梯度法的相对全局最优搜索得到的多点并行搜索的搜索路径

图 5.5 和图 5.6 分别给出了使用最速下降法和共轭梯度法针对图 5.2 的问题实施这种并行搜索的两组搜索路径。对于此问题，$n=2$，$m=16$。也就是在二维平面的方形区域内以网格化的方式设置了 16 个初始迭代点。图中标注了这 16 个点的序号。16 条折线分别是以这 16 个初始迭代点开始搜索的各搜索轨迹。两种方法都找到了区域内目标函数的两个极小值。

可以看出最速下降法的搜索轨迹多为锯齿状折线，比较而言共轭梯度法的搜索相对经济。

这种方法提供了一个搜索全局极小值的办法。但是该方法具有一定局限性：一方面需要人为规定方形区域范围；另一方面，对于某些问题，如要找到全局极小值，要求初始迭代点足够多，并且尽可能广泛地排布在方形区域当中，这样算法复杂度较高。利用算法寻找全局最优解是现代无约束规划问题研究的一个方向，在这个领域产生了很多非传统搜索方法，当中有的甚至使用到人工智能手段。此篇幅有限，不便展开。不乏全局最优化的算法的资料可供查阅[39,40]。

5.3 等式约束问题

5.3.1 等式约束问题及其必要条件

等式约束数学规划问题具体形式如式（5.2）。求解条件极值规划问题式（5.2）的方法同样是建立极值解所满足的必要性条件的方程，求解方程而寻找最优解。

m 个约束条件（$m<n$）给出了关于 n 个未知变量 $x_i(i=1,2,\cdots,n)$ 的 m 个方程，这表明 n 个未知变量当中至多有 m 可以确定，最少 $n-m$ 个未知变量是自由的。求解域 D 是此方程组的解集，所以 D 最少是 $n-m$ 维的。所以直观地讲，求解规划问题式（5.2）最直接的办法就是利用约束条件将所有变量用自由变量表达出来，代入目标函数中，构造最少有 $n-m$ 个自由变量的无约束规划问题，将原问题转化为更低维数的无约束规划问题求解。然而大多数情况下，约束条件复杂，而很难直接给出所有未知量关于自由未知量的显示表达形式。

求解条件极值规划问题如式（5.2）一般方法是拉格朗日（Lagrange）条件极值方法或称拉格朗日乘子法。

规划问题如式（5.2）的拉格朗日（Lagrange）条件极值方法，是将等式约束如式（5.2）转化成如下形式的无约束规划问题如式（5.24）求解的方法。构造无约束规划问题如式（5.24）：

$$\begin{aligned}\min L &= L(x_1, x_2, \cdots, x_n, \lambda_1, \lambda_2, \cdots, \lambda_m) \\ &= f(x_1, x_2, \cdots, x_n) + \sum_{i=1}^{m} \lambda_i g_i(x_1, x_2, \cdots, x_n)\end{aligned} \tag{5.24}$$

可以证明无约束问题如式（5.24）等价于条件极值规划问题如式（5.2）[41]。在5.3.2中给出了规划如式（5.24）极值的必要条件即规划问题如式（5.2）极值的必要条件的几何解释。因此，条件极值规划问题式（5.2）的最优解 $\boldsymbol{X}^*$ 满足式（5.24）的驻点方程，即在驻点 $\boldsymbol{X}^*$ 处有式（5.25）、式（5.26）：

$$\nabla L = \nabla f + \sum_{i=1}^{m} \lambda_i \nabla g_i = 0 \tag{5.25}$$

$$\frac{\partial L}{\partial \lambda_i} = g_i = 0, \quad (i=1, 2, \cdots, m) \tag{5.26}$$

称 $\lambda_1, \lambda_2, \cdots, \lambda_m$ 为拉格朗日乘子。方程（5.25）和方程（5.26）是关于 $n+m$ 个未知量 $x_1, x_2, \cdots, x_n$ 和 $\lambda_1, \lambda_2, \cdots, \lambda_m$ 的 $n+m$ 维方程组，此为无约束规划问题式（5.24）最优解所满足的必要条件。

5.3.2* 拉格朗日极值条件的几何解释

考虑三元条件极值问题有式（5.27）：

$$\min f=f(x_1, x_2, x_3)$$
$$\text{s.t.}\quad g_i(x_1, x_2, x_3)=0 \quad i=1, 2 \tag{5.27}$$

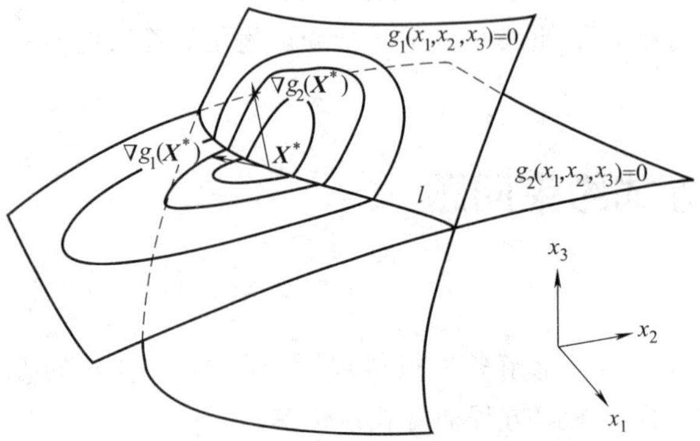

图 5.7 拉格朗日条件极值的几何解释

其两个约束条件 $g_1(x_1, x_2, x_3)=0$ 和 $g_2(x_1, x_2, x_3)=0$ 各定义了三维空间中的两个曲面，如图 5.7 所示。函数 f 在各曲面上取值，图中曲面 $g_1(x_1, x_2, x_3)=0$ 和 $g_2(x_1, x_2, x_3)=0$ 上的环线表示在曲面上 f 的等值线。条件极值问题可以转述成求两个曲面交线 l 上函数 f 的最小值问题。

$\boldsymbol{X}^*$ 为 f 在 l 上的极小值点，因此 $\boldsymbol{X}^*$ 是函数 f 在 $\{\boldsymbol{X}|g_1(\boldsymbol{X})=0\}$ 和 $\{\boldsymbol{X}|g_2(\boldsymbol{X})=0\}$ 交集上的驻点。依驻点定义，f 沿交线 l 的切线方向不再改变，有式（5.28）：

$$\mathrm{d}f(\boldsymbol{X}^*)=\nabla f(\boldsymbol{X}^*)\cdot \mathrm{d}\boldsymbol{l}=0 \tag{5.28}$$

所以在 $\boldsymbol{X}^*$ 处 f 的梯度矢量与两曲面交线的切向量 $\boldsymbol{l}$ 正交，f 的梯度矢量必处于过点 $\boldsymbol{X}^*$ 且与切向量 $\boldsymbol{l}$ 正交的平面当中。

另一方面，在曲面 $g_i(\boldsymbol{X})=0(i=1, 2)$ 上任意点 $\boldsymbol{X}$，函数 $g_i(\boldsymbol{X})$ 的梯度矢量 $\nabla g_i(\boldsymbol{X})(i=1, 2)$ 正交于该曲面任意方向的切向量，或者说在曲面 $g_i(\boldsymbol{X})=0(i=1, 2)$ 上任意点 $\boldsymbol{X}$，$\nabla g_i(\boldsymbol{X})(i=1, 2)$ 正交于该曲面。这是因为曲面 $g_i(\boldsymbol{X})=0$ 是函数 $g_i(\boldsymbol{X})$ 的等值面。因此在 $\boldsymbol{X}^*$ 处两个梯度矢量 $\nabla g_1(\boldsymbol{X}^*)$ 和 $\nabla g_2(\boldsymbol{X}^*)$ 皆与此处 l 的切线方向正交。这表明，过点 $\boldsymbol{X}^*$ 的与切向量 $\boldsymbol{l}$ 正交的平面可以由矢量 $\nabla g_1(\boldsymbol{X}^*)$ 和 $\nabla g_2(\boldsymbol{X}^*)$ 表达或张成。所以，在 $\boldsymbol{X}^*$ 处，处于该平面内的 f 的梯度矢量可由此两者线性表出，见式（5.29）：

$$\nabla f=\lambda'_1\nabla g_1+\lambda'_2\nabla g_2 \tag{5.29}$$

这就是三元条件极值问题的拉格朗日条件方程（5.25）。

当曲面 $g_i(\boldsymbol{X})=0(i=1, 2)$ 的法向矢量——梯度矢量 $\nabla g_1(\boldsymbol{X}^*)$ 和 $\nabla g_2(\boldsymbol{X}^*)$ 处于同一条直线上，或者两者线性相关时，曲面 $g_1(\boldsymbol{X})=0$ 和 $g_2(\boldsymbol{X})=0$ 在该点平行。而此时式（5.29）同样成立。这意味着不论矢量 $\nabla g_1(\boldsymbol{X}^*)$ 和 $\nabla g_2(\boldsymbol{X}^*)$ 是否线性相关，$\nabla f(\boldsymbol{X}^*)$ 皆处于 $\nabla g_1(\boldsymbol{X}^*)$ 和 $\nabla g_2(\boldsymbol{X}^*)$ 所组成的空间中。

多元条件极值极小解存在的必要条件方程（5.25）是以上分析在高维空间中的直接推广。对规划问题如式（5.2）现在利用超曲面 $g_i(\boldsymbol{X})(i=1, 2, \cdots, n)$ 的局部几何性质进行分析。以下皆约定所有函数 $g_i(\boldsymbol{X})(i=1, 2, \cdots, n)$ 关于所有变量 $x_i(i=1, 2, \cdots, n)$ 存在一阶导数。

多元条件极值问题式（5.2）的每个约束条件 $g_i(x_1, x_2, \cdots, x_n)=0(i=1, 2, \cdots, m)$ 是关于所有 n 个未知量 $x_i(i=1, 2, \cdots, n)$ 的一个方程。这个方程至多可以固定1个未知量，而保留最少 $n-1$ 个自由未知量。对于有实际意义的方程 $g_i(x_1, x_2, \cdots, x_n)=0$，认为其固定1个未知量。所以也可以在几何上将其视为 n 维空间里的一个 $n-1$ 维超曲面。则在这个超曲面 $g_i=0$ 上任意一点共有 $n-1$ 个线性无关方向，这 $n-1$ 个线性无关方向可由过该点的曲面 $g_i=0$ 的 $n-1$ 个切向量的方向给出。另一方面，在超曲面 $g_i=0$ 上任意位置处，函数 g_i 的梯度矢量总垂直于曲面本身。这是因为超曲面 $g_i=0$ 本身是函数 g_i 的一个等值面，由定理5.1的证明可知，任意点函数 g_i 的梯度矢量总垂直于过该点的等值面 $g_i=0$。所以在超曲面 $g_i=0$ 上每点自然存在一个 n 维坐标架，它们就是过该点超曲面 $g_i=0$ 的 $n-1$ 个切向量以及过该点函数 g_i 的梯度矢量。在这个坐标架下可以得到规划问题如式（5.2）极小值必要条件方程（5.25）的几何解释。

可以求出这个坐标架。对于每个固定的曲面 $g_i=0(i=1, 2, \cdots, n)$，等式 $g_i(x_1, x_2, \cdots, x_n)=0$ 本身也是关于函数 $x_n=x_n^i(x_1, x_2, \cdots, x_{n-1})$ 的一个隐式表达。所以曲面 $g_i=0$ 也可以以函数 $x_n^i(x_1, x_2, \cdots, x_{n-1})$ 的方式给出。而曲面 $x_n=x_n^i(x_1, x_2, \cdots, x_{n-1})$ 的 $n-1$ 个方向的切矢量分别是：$\boldsymbol{p}_{ij}=(0, \cdots, 1, \cdots, 0, \partial x_n/\partial x_j)^{\mathrm{T}}(j=1, 2, \cdots, n-1)$。$\boldsymbol{p}_{ij}$ 当中第 j 个元素为1。现结合等式 $g_i(x_1, x_2, \cdots, x_n)=0$，对函数 $x_n=x_n^i(x_1, x_2, \cdots, x_{n-1})$ 使用隐函数求导法则，有：$\partial x_n/\partial x_j=-(\partial g_i/\partial x_j)/(\partial g_i/\partial x_n)$。从而可以得到曲面 $g_i=0$ 的第 j 个切向量（$j=1, 2, \cdots, n-1$）的一种比较一般的表达：$\boldsymbol{q}_{ij}=(0, \cdots, \partial g_i/\partial x_n, \cdots, 0, -\partial g_i/\partial x_j)^{\mathrm{T}}$。$\boldsymbol{q}_{ij}$ 中第 j 个（$j=1, 2, \cdots, n-1$）元素为 $\partial g_i/\partial x_n$。因此，在曲面 $g_i=0$ 上任意点 $\boldsymbol{X}$ 处的 n 维坐标架就是矢量集 $A_i(\boldsymbol{X})=\{\nabla g_i(\boldsymbol{X}), \boldsymbol{q}_{ij}(\boldsymbol{X}), j=1, 2, \cdots, n-1\}$。

因为求解域集合 D 为所有曲面 $D_i=\{\boldsymbol{X}\,|\,g_i(\boldsymbol{X})=0, i=1, 2, \cdots, m\}$ 的交集，所以 D 也是个高维曲面，其维数不高于 n 维。在曲面坐标架下研究超曲面 D 的几何性质，则能够得到如下定理5.6到定理5.9，并确定 D 的维数，以及式（5.25）的几何意义。

定理5.6 在任意 $\boldsymbol{X}'$ 点处，所有 $i=1, 2, \cdots, m$ 向量 $\nabla g_i(\boldsymbol{X}')$ 皆垂直曲面 D。

证明： 由定理5.1知，$\nabla g_i(\boldsymbol{X}')$ 垂直于等值面 $g_i(\boldsymbol{X}')=0$［也可以对每个 $i(i=1, 2, \cdots, n)$ 直接使用矢量 $\nabla g_i(\boldsymbol{X}')$ 点乘曲面 D_i 在 $\boldsymbol{X}'$ 处的各个切矢量 $\boldsymbol{q}_{ij}(\boldsymbol{X}')(j=1, 2, \cdots, n-1)$ 立即验证两者相互垂直］。所以 $\nabla g_i(\boldsymbol{X}')$ 垂直 D_i。而 D 为 D_i 的子集，从而 $\nabla g_i(\boldsymbol{X}')$ 垂直 D。此对所有 $i(i=1, 2, \cdots, m)$ 成立。证毕。

定理5.7 超曲面 D 的维数为 $n-r$ 维，其中在任意 $\boldsymbol{X}'$ 点处，r 等于向量组 $\{\nabla g_i(\boldsymbol{X}')\,|\,i=1, 2, \cdots, m\}$ 当中线性无关向量的个数，$r\leqslant m$。

证明： 过点 $\boldsymbol{X}'$，曲面 D 的 $n-r$ 维切平面是过点 $\boldsymbol{X}'$ 各曲面 D_i 的切平面的交平面，即如下线性方程组的解：

$$\nabla g_i(\boldsymbol{X}')\cdot(\boldsymbol{X}-\boldsymbol{X}')=0, i=1, 2, \cdots, m$$

解集维数为 $n-r$，r 为此线性方程组系数矩阵的秩，也就是向量组 $\{\nabla g_i(\boldsymbol{X}')^{\mathrm{T}} \mid i=1, 2, \cdots, m\}$ 中线性无关向量的个数。证毕。

定理 5.8 对于规划问题（5.2），在任意 $\boldsymbol{X}'$ 点处，向量组 $B(\boldsymbol{X}')=\{\nabla g_i(\boldsymbol{X}') \mid i=1, 2, \cdots, m\}$ 组成了与曲面 D 垂直的 r 维正交空间 $T(\boldsymbol{X}')$。

证明： 以规划问题的约束条件，在任意 $\boldsymbol{X}'$ 点处，D 的所有正交矢量平行于 D_1 的法矢量 $\nabla g_1(\boldsymbol{X}')$ 或 D_2 的法矢量 $\nabla g_2(\boldsymbol{X}')$ …或 D_i 的法矢量 $\nabla g_i(\boldsymbol{X}')$…或 D_m 的法矢量 $\nabla g_m(\boldsymbol{X}')$。且在曲面 D 任意点 $\boldsymbol{X}'$ 处，与曲面 D 正交的空间为 $n-(n-r)=r$ 维。证毕。

定理 5.9 在 D 上 f 的极值点 $\boldsymbol{X}^*$ 处必有方程（5.25）成立。

证明： 函数 f 在求解域 D 上取得极值，极值点 $\boldsymbol{X}^*$ 必为 D 上驻点，即在 D 上 $\mathrm{d}f(\boldsymbol{X}^*)=0$。而 $\mathrm{d}f(\boldsymbol{X}^*)=\nabla f(\boldsymbol{X}^*)\cdot \mathrm{d}\boldsymbol{X}=0$。这表明在点 $\boldsymbol{X}^*$ 处函数 f 的梯度矢量垂直于与超曲面 D 平行的任意矢量微元 $\mathrm{d}\boldsymbol{X}$。即 $\nabla f(\boldsymbol{X}^*)$ 属于 $\boldsymbol{X}^*$ 处曲面 D 的正交空间 $T(\boldsymbol{X}^*)$，这意味着驻点 $\boldsymbol{X}^*$ 处矢量 $\nabla f(\boldsymbol{X}^*)$ 可由向量组 $\{\nabla g_i(\boldsymbol{X}^*) \mid i=1, 2, \cdots, m\}$ 线性表出：

$$\nabla f=\sum_{i}^{m} \lambda'_i \nabla g_i$$

这就是多元条件极值极小解存在的必要条件方程（5.25）。证毕。

等式约束问题如式（5.2）的极值点处的目标函数梯度矢量在求解域空间中无投影，而处于求解域的正交空间中，否则目标函数还能够在求解域内增减。这是极值点处目标函数梯度矢量所具备的特征，这也是方程（5.25）的几何意义。

5.4 一般规划问题

5.4.1 一般规划问题的松弛变量法

这里所谓一般数学规划问题是不等式规划如式（5.3）和混合规划如式（5.4）的统称，或为不限制约束条件为等式的数学规划问题。

首先讨论不等式规划问题。由约束条件所规定的集合 $D=\{\boldsymbol{X}\in \boldsymbol{R}^n \mid g_i(\boldsymbol{X})\geqslant 0, i=1, 2, \cdots, m\}$ 称为规划如式（5.3）的求解域。求解域包含了使所有约束条件 $g_i(\boldsymbol{X})(i=1, 2, \cdots, m)$ 皆大于 0 的内点集和使得所有约束条件皆等于 0 的点集。如果分别处置会非常困难。一般的处理方法是将不等式约束规划问题转化为已经熟悉等式约束规划问题来求解，这就是松弛变量法的思想。具体地，人为添加松弛变量 x_{n+i}（$i=1, 2, \cdots, m$），利用不等式约束 $g_i(\boldsymbol{X})\geqslant 0$ 构造约束条件：$h_i(\boldsymbol{X})=g_i(\boldsymbol{X})-x_{n+i}{}^2=0$。如此一般规划问题转化成含有 $n+m$ 个变量的等式约束规划问题，如式（5.30）：

$$\begin{aligned} &\min f(x_1, x_2, \cdots, x_n)=f(x_1, x_2, \cdots, x_n, x_{n+1}, \cdots, x_{n+m}) \\ \text{s.t.}\quad & h_i(x_1, x_2, \cdots, x_n, x_{n+1}, \cdots, x_{n+m})=g_i(x_1, x_2, \cdots, x_n)-x_{n+i}^2=0 \\ & i=1, 2, \cdots, m \end{aligned} \tag{5.30}$$

规划方程（5.30）的拉格朗日函数为式（5.31）：

$$L(x_1, x_2, \cdots x_{n+m})=f(x_1, x_2, \cdots x_n)+\sum_{i=1}^{m}\lambda_i[g_i(x_1, x_2, \cdots x_n)-x_{n+i}^2] \tag{5.31}$$

其极小值点满足方程（5.32a），方程（5.32b）和方程（5.32c）：

$$\frac{\partial L}{\partial x_j}=\frac{\partial f}{\partial x_j}+\sum_{j=1}^{m}\lambda_i\frac{\partial g_i}{\partial x_j}=0 \quad (j=1, 2, \cdots, n) \tag{5.32a}$$

$$\frac{\partial L}{\partial x_{n+i}}=-2\lambda_i x_{n+i}=0 \quad (i=1, 2, \cdots m) \tag{5.32b}$$

$$\frac{\partial L}{\partial \lambda_i}=g_i-x_{n+i}^2=0 \quad (i=1, 2, \cdots, m) \tag{5.32c}$$

对于混合约束规划问题同样是通过添加松弛变量将其转化为等式规划求解。这只需将不等式约束条件添加松弛变量，将其变为等式约束，并保持其余等式约束，使用拉格朗日条件极值方法求解。

5.4.2　不等式约束规划的逼近算法

除了松弛变量法，不等式规划问题还有分别以障碍函数法和惩罚函数法为代表的内点算法（内点方法）和外点算法（外点方法）两类。基于此可以构造关于混合约束规划问题的其他方法。这些方法的出现为混合规划问题的解决提供了多种选择。

内点算法和外点算法针对规划问题式（5.3）而设计，两种算法的思想都是将含有不等式约束的闭集规划问题转化成一系列无约束规划开集问题，并要求做到在一定条件下，所构造的一系列无约束规划问题的解能够最终收敛到原不等式规划问题的解。

为了说清楚不等式规划问题如式（5.3）的这两类算法，有必要对求解域 D 进行分析。如定义 $g_0(\boldsymbol{X})=\min\{g_i(\boldsymbol{X})\mid i=1, 2, \cdots, m; \boldsymbol{X}\in\boldsymbol{R}^n\}$，可以证明定理 5.10。

定理 5.10　$D=\bigcap_i^m\{\boldsymbol{X}\mid g_i(\boldsymbol{X})\geqslant 0\}$，$D'=\{\boldsymbol{X}\mid g_0(\boldsymbol{X})\geqslant 0\}$ 则 $D=D'$。

证明：首先显然 D 为 D' 的子集。对任意 $\boldsymbol{X}\in D'$，对所有 $i=1, 2, \cdots, m$ 都有 $g_i(\boldsymbol{X})\geqslant 0$，故 D' 为 D 的子集。因此 $D=D'$。证毕。

当函数 $g_i(\boldsymbol{X})$ 在 $\boldsymbol{R}^n$ 上连续时，对问题如式（5.3），存在其求解域的开子集 D_{in} 为 D 的内点集，有式（5.33）：

$$D_{\text{in}}=\{\boldsymbol{X}\mid g_0(\boldsymbol{X})>0\}=\bigcap_{i=1}^{m}\{\boldsymbol{X}\mid g_i(\boldsymbol{X})>0\} \tag{5.33}$$

求解域外点集合为式（5.34）：

$$D_{\text{out}}=\{\boldsymbol{X}\mid g_0(\boldsymbol{X})<0\}=\bigcup_{i=1}^{m}\{\boldsymbol{X}\mid g_i(\boldsymbol{X})<0\} \tag{5.34}$$

再有 D_{in} 为 D_{out} 之间的介点集为式（5.35）：

$$D_{\text{b}}=\{\boldsymbol{X}\mid g_0(\boldsymbol{X})=0\} \tag{5.35}$$

则求解域 D 为 D_{in} 和 D_{b} 的并集。继续定义 0 点集为式（5.36）：

$$D_0=\bigcup_{i=1}^{m}\{\boldsymbol{X}\mid g_i(\boldsymbol{X})=0\} \tag{5.36}$$

自然，D_{b} 为 D_0 的子集。

规划问题式（5.3）的内点算法，通过构造新的一系列开集规划问题，得到一组能够逼

近求解域内函数 f 的最小值点 $\boldsymbol{X}^*$ 的点列 $\boldsymbol{X}^{(k)}$，而近似求得原问题的极小值，同时要求各 $\boldsymbol{X}^{(k)}$ 皆处于 D_{in} 中。外点算法的计算方式与内点算法类似，同样是构造一系列开集规划问题，求得能够逼近求解域内原问题的解 $\boldsymbol{X}^*$ 的点列 $\boldsymbol{X}^{(k)}$，而近似求解原问题。而其与内点算法所不同的是，外点算法的点列中的每一个点 $\boldsymbol{X}^{(k)}$ 可以不必限定在求解域之内。

下面分别以“障碍函数法（Barrier Function Method）”和“惩罚函数法（Penalty Function Method）”作为内点算法和外点算法的最典型代表，介绍不等式规划问题如式（5.3）的逼近方法。

5.4.2.1 障碍函数法

通常可以定义分数障碍函数如式（5.37）：

$$B_{f,1}(\boldsymbol{X})=\sum_{i=1}^{m}\frac{1}{g_i(\boldsymbol{X})},\quad \boldsymbol{X}\in D_{in} \tag{5.37}$$

分数障碍函数有这样的性质，当 $\boldsymbol{X}\in D_{in}$ 越接近任何一个约束条件 $g_i(\boldsymbol{X})(i=1,2,\cdots,m)$ 的 0 点［使 $g_i(\boldsymbol{X})$ 为 0 的点］时，也就是逼近集合 D_0 时，障碍函数方程（5.37）将趋于正无穷。利用障碍函数这一性质改写不等式规划问题（5.3）为含参数 μ_k 的一系列开集规划问题如式（5.38）：

$$\min F_B(\boldsymbol{X};\mu_k)=f(\boldsymbol{X})+\mu_k\boldsymbol{B}_{f,1}(\boldsymbol{X})=f(\boldsymbol{X})+\mu_k\sum_{i=1}^{m}\frac{1}{g_i(\boldsymbol{X})},\quad \boldsymbol{X}\in D_{in} \tag{5.38}$$

称规划问题式（5.38）为问题如式（5.3）的分数障碍函数子问题。使用式（5.37）改写规划如式（5.3）为相应的子问题式（5.38）是使用分数障碍函数处理不等式约束规划的通常做法。利用障碍函数的性质，对某固定的正数 μ_k，只要 $\boldsymbol{X}$ 接近 D_0 则 $F_B(\boldsymbol{X};\mu_k)$ 将趋于正无穷。这就能使 D_{in} 内的点越接近求解域的边界时，目标函数 F_B 偏离最小值越远，而以此确保在寻找函数 F_B 极小解的过程中，近似搜索的结果永远不会逃逸出求解域 D，从而使得不等式规划问题式（5.3）的约束条件总能够得到满足。这就相当于对 D_{in} 内 $\boldsymbol{X}$ 的选择设置了一种障碍。

这里要求 k 趋于正无穷时，正数 μ_k 递减趋于 0。直观地，随迭代步数 k 不断增大，μ_k 减小，函数 f 对 F_B 的影响就越发显著。这样，如果函数 $F_B(\boldsymbol{X};\mu_k)$ 在开集 D_{in} 上存在极小值的话，函数簇 $F_B(\boldsymbol{X};\mu_k)(k=1,2,3,\cdots)$ 在开集 D_{in} 上的极小值点列 $\boldsymbol{X}^{(k)}(k=1,2,3,\cdots)$ 将逼近 $f(\boldsymbol{X})$ 在闭集 D 上的最小值。本章 5.4.4 部分将给出障碍函数法收敛性的严格证明，以及收敛的条件。因此，只要规定数列 μ_k 的递减方式，就规定了 $\boldsymbol{X}^{(k)}$ 逼近 $\boldsymbol{X}^*$ 的方式。可以规定式（5.39）：

$$\mu_k=\mu_1^k,\quad k=1,2,\cdots \tag{5.39}$$

其中 $\mu_1<1$，可选择 μ_1 等于 1/2。

障碍函数法的算法可以归纳地简述为：规定误差界 ε；对 $k=1$ 在 D_{in} 内选择初始迭代点，求解子问题式（5.38）；之后对逐个增加的 k，以得到的上一个子问题极小解 $\boldsymbol{X}^{(k-1)}$ 为当前步的初始迭代点求下一个子问题，得到极小解 $\boldsymbol{X}^{(k)}$，直到迭代到第 N 步使得 $\|\boldsymbol{X}^{(N)}-\boldsymbol{X}^{(N-1)}\|<\varepsilon$，迭代停止，输出问题式（5.3）的近似极小解 $\boldsymbol{X}^{(N)}$。在本章 5.4.3 最后部分对障碍函数算法做了优化和初步的探索。

实际上，障碍函数式（5.37）的设定把子问题中属于 D_{in} 范围内的逼近点列 $\boldsymbol{X}^{(k)}$ 可达到的范围缩小了，也就排除了某些可能成为规划式（5.3）最优解的点。根据定理 5.10，规划问题式（5.3）等价于以 $g_0(\boldsymbol{X})\geqslant 0$ 为限制条件的同目标函数规划问题。而规划式（5.3）的介点集 D_b为 0 点集 D_0的子集。这意味着规划式（5.38）在 D_{in}内避开的点增加了，而缩小了搜索范围。所以完全可以改进障碍函数法，而使用以下障碍函数式（5.40）重新定义子问题。障碍函数式（5.40）如下：

$$B_{f,2}(\boldsymbol{X})=\frac{1}{g_0(\boldsymbol{X})},\quad \boldsymbol{X}\in \boldsymbol{D}_{in} \tag{5.40}$$

相应的子问题式（5.41）如下：

$$\min F_B(\boldsymbol{X};\mu_k)=f(\boldsymbol{X})+\mu_k B_{f,2}(\boldsymbol{X})=f(\boldsymbol{X})+\mu_k\frac{1}{g_0(\boldsymbol{X})},\quad \boldsymbol{X}\in D_{in} \tag{5.41}$$

自然，障碍函数法子问题式（5.41）所搜索的范围等同于原规划式（5.3）的内点区域 D_{in}。而之所以以式（5.38）为障碍函数法的通常做法，是因为在实际应用中子问题式（5.38）便于求解，而无需事先获得 $g_0(\boldsymbol{X})$。而且当各 $g_i(\boldsymbol{X})(i=1,2,\cdots,m)$ 可导时，对子问题式（5.38）实施牛顿迭代法、最速下降法或者共轭梯度法等需要求导数和海森矩阵的算法就比较容易。相对而言，由于函数 $g_0(\boldsymbol{X})$ 有可能在某些位置处不可导，而在具体操作中会存在困难。

实际上，也可以在算法上实现对子问题式（5.41）的局部搜索。可以在算法上解决 $g_0(\boldsymbol{X})$的确定。也就是对每次计算中所出现的各具体位置 $\boldsymbol{X}$ 逐一比较其上各 $g_i(\boldsymbol{X})(i=1,2,\cdots,m)$ 的大小，以最小的 $g_k(\boldsymbol{X})$ 值返回 $g_0(\boldsymbol{X})$，而以差分导数近似代替子问题式（5.41）目标函数的真实导数，对式（5.41）实施以上诸如牛顿迭代法等的某种算法。但是这样做会产生额外误差，比如差分导数的误差。所以分数障碍函数法式（5.38）有实际应用价值，而在理论分析上应当使用式（5.41）。

以下举简单例子说明障碍函数法的应用。

关于不等式规划问题（5.3）有两种情况：其一，最小值点为 D_{in}内驻点；其二，最小值在介点集 D_b取到。图 5.8 给出了第一种情况的一个例子。目标函数簇 $F_B(\boldsymbol{X};\mu_k)$ $(k=1,2,3,\cdots)$ 的驻点列 $\boldsymbol{X}^{(k)}=\boldsymbol{X}(\mu_k)$ 将逼近 D_{in}内函数 $f(\boldsymbol{X})$ 的一个驻点。此例是一维不等式约束规划问题的障碍函数法搜索算例，使用二次函数作为目标函数，约束区域为 $x\geqslant 0$。

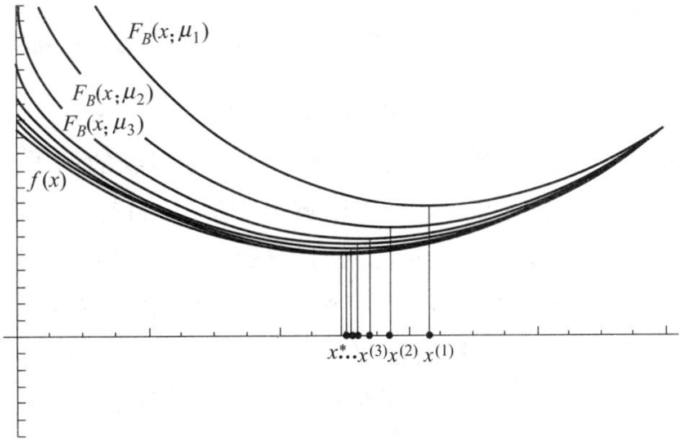

图 5.8　障碍函数法形成点列逼近约束区域内目标函数极小值

图 5.9 给出了第二种情况的一个例子。对于不等式规划问题（5.3）的最小值取值在介点集 D_b上的情况，目标函数簇 $F_B(\boldsymbol{X};\mu_k)(k=1,2,3,\cdots)$ 在边界附近的一系列驻点形成了开集 D_{in}内的一组能够逼近函数 f 边界上的最小值点的点列 $\boldsymbol{X}^{(k)}=\boldsymbol{X}(\mu_k)$，如图 5.9 所示。此列在范围 $x\geqslant 0$ 内使用障碍函数法求 $f(x)=ax^b+c$ 的最小值的一维不等式约束规划问题。

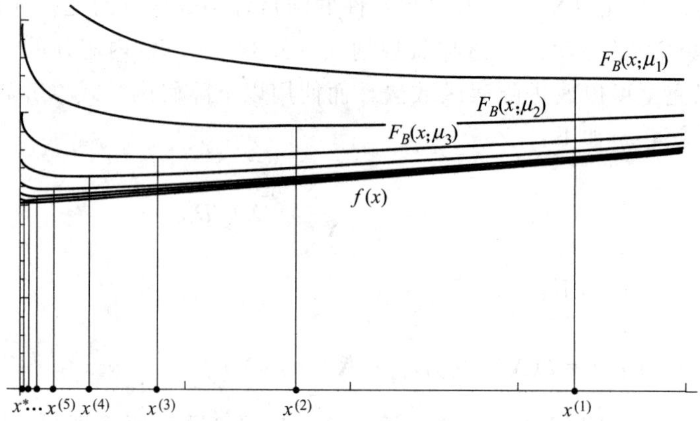

图 5.9 障碍函数法形成点列逼近约束区域边界目标函数最小值

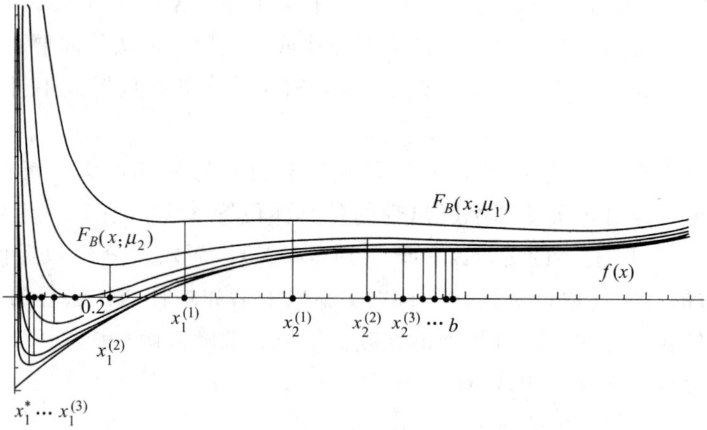

图 5.10 障碍函数法形成点列逼近目标函数驻点

也存在函数簇 $F_B(\boldsymbol{X};\mu_k)(k=1, 2, 3, \cdots)$ 在 D_{in}的驻点列不收敛到 $f(\boldsymbol{X})$ 在 D 上的最小值的情况，图 5.10 给出了一个一维问题的例子。目标函数为 $f(x)=a(x-b)^3+c$，其中 a、b、c 皆大于 0，约束区域为 $x\geqslant 0$。目标函数在约束区域内存在驻点为 $x=b$，但此驻点并非 $f(x)$ 在 $x\geqslant 0$ 范围内的最小值点，而是个拐点。其最小值取在边界 $x=0$ 处。函数簇 $F_B(x;\mu_k)(k=1, 2, 3, \cdots)$ 在 $x>0$ 范围内存在 2 组驻点点列 $x_1^{(k)}$ 和 $x_2^{(k)}$，而其中 $x_2^{(k)}$ 收敛于 $x=b$。尽管如此，仍有 $x_1^{(k)}$ 收敛于 $f(x)$ 在 $x\geqslant 0$ 范围内的最小值点 $x^*=0$。

有时障碍函数法使用对数障碍函数，其形式为式 (5.42)：

$$B_{l,1}(\boldsymbol{X})=-\sum_{i=1}^{m}\ln[g_i(\boldsymbol{X})], \quad \boldsymbol{X}\in D_{in} \tag{5.42}$$

或者为式 (5.43)：

$$B_{l,2}(\boldsymbol{X})=-\ln[g_0(\boldsymbol{X})], \quad \boldsymbol{X}\in D_{in} \tag{5.43}$$

分数障碍函数和对数障碍函数各有适用，简单地讲如果函数 $f(\boldsymbol{X})$ 的最小值取值在边界处，使用对数障碍函数更优，此不再赘述。

5.4.2.2 障碍函数法失效的情况

并不是说障碍函数法总能够找到目标函数在 D 上的最小值。图 5.11 给出了两个目标函

数在介点集合 D_b 上取得极小值 x^* 时障碍函数法无法收敛到 x^* 的例子。图 5.11 (a) 中，约束函数 $g(x)$ 为：$x \leqslant x_1$ 时，为 $-a(x-x_1)$，$x_1 < x \leqslant x_2$ 时为 0，$x_1 < x$ 时为 $a(x-x_2)$。a 为某正数。介点集 D_b 为一个非空区间 $[x_1, x_2]$，而目标函数在 D_b 内部上取得最小值 x^*，并且 x^* 距离 D_{in} 非 0，此时障碍函数法失效。图 5.11 (b) 中，x^* 同为目标函数 $f(x)$ 和 $g(x)$ 的驻点，并且 x^* 为 D_{in} 外孤立点，障碍函数法失效。原因是这两个例子中目标点 x^* 都与 D_{in} 存在一定非 0 距离，而无法在 D_{in} 内找到能够逼近 x^* 的点列。实际上，所有内点算法都对此两类问题都失效。

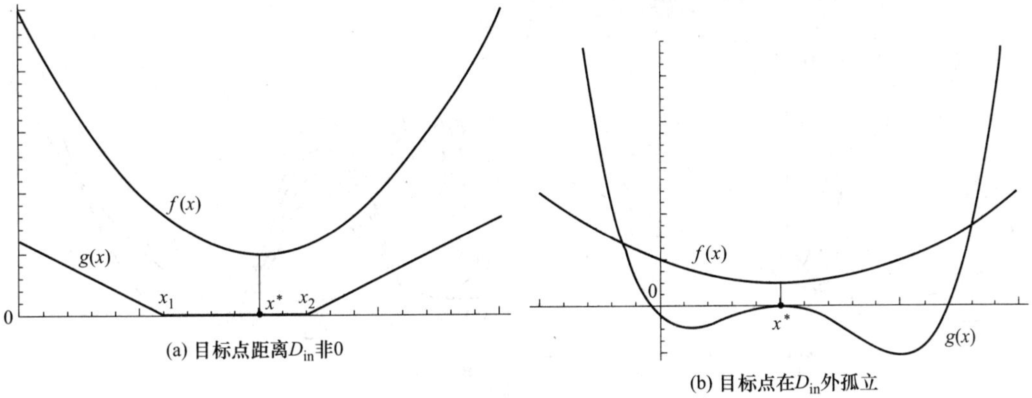

图 5.11　障碍函数法失效的例子

有必要说明一点，介点集 D_b 并不一定是边界点集（关于边界点集的定义请参看 5.1.3 部分）。比如图 5.11 (a) 中，对于介点集 $D_b=[x_1, x_2]$，当 $x=(x_1+x_2)/2$，$\delta=(x_2-x_1)/4$，邻域 $(x-\delta, x+\delta)$ 还是的 D_b 子集。此时 D_b 不是 $\boldsymbol{R}$ 上 D 的边界点集。一般地讲，对于如式 (5.35) 所定义的介点集 D_b 只要约束条件个数 $m<n$，则 D_b 满足成为边界集的条件，否则不一定。

5.4.2.3　惩罚函数法及其局限

定义惩罚函数如式 (5.44) 所示：

$$P(\boldsymbol{X})=\sum_{i=1}^{m}(\min\{0, g_i(\boldsymbol{X})\})^2, \quad \boldsymbol{X}\in R^n \tag{5.44}$$

改写不等式约束问题式 (5.3) 为含参数 M_k 的开集规划问题如式 (5.45) 所示：

$$\min F_P(\boldsymbol{X};M_k)=f(\boldsymbol{X})+M_kP(\boldsymbol{X})=f(\boldsymbol{X})+M_k\sum_{i=1}^{m}(\min\{0, g_i(\boldsymbol{X})\})^2, \quad \boldsymbol{X}\in R^n \tag{5.45}$$

称式 (5.45) 为式 (5.3) 的惩罚函数子问题。可见当变量 $\boldsymbol{X}$ 属于求解域以外区域 D_{out} 时，惩罚函数将给出与 M_k 正相关的惩罚值，否则惩罚为 0。惩罚函数法并不限制变量 $\boldsymbol{X}$ 的取值必须在求解域范围 D 之内，只是相对地给出了当变量 $\boldsymbol{X}$ 逃逸求解域 D 的惩罚。直观上，对于连续的约束条件 $g_i(\boldsymbol{X})$，在要求初始的迭代变量 $\boldsymbol{X}^{(0)}$ 属于 D_{out} 的情况下，如果不断增加 M_k，在达到足够的迭代步数 k 之后迭代结果 $\boldsymbol{X}^{(k)}$ 应足够接近求解域 D，进而进入 D，最终逼近问题式 (5.3) 的极小解 $\boldsymbol{X}^*$。规定数列 M_k 的增加方式，即规定了 $\boldsymbol{X}^{(k)}$ 逼近

$\boldsymbol{X}^*$ 的方式。如规定式（5.46）：

$$M_k = M_0^k,\quad k=1,2,\cdots \tag{5.46}$$

其中 M_0 可以等于 2～5。所以算法可以直接简述为：约定误差界 ε，逐个对增加的 k 求解无约束规划子问题式（5.45）直到迭代到第 N 步使得 $\|\boldsymbol{X}^{(N)}-\boldsymbol{X}^{(N-1)}\|<\varepsilon$，迭代停止，输出问题式（5.3）的近似极小解 $\boldsymbol{X}^{(N)}$。

图 5.12 给出了使用惩罚函数法求解最小值在边界上取到的一维不等式规划问题的例子。其目标函数为线性函数，约束区域为 $x\geqslant 0$。

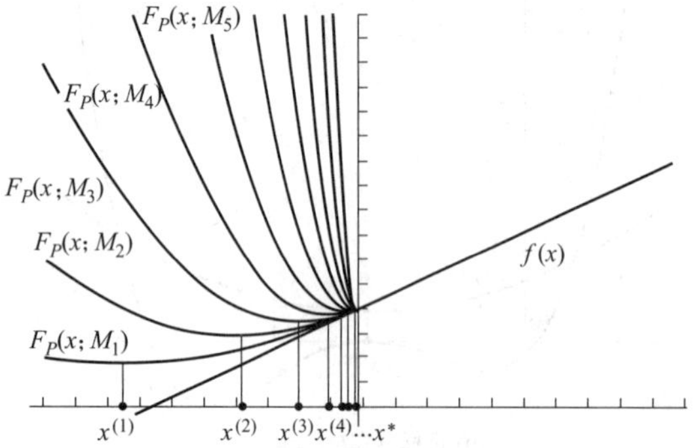

图 5.12 惩罚函数法求解一维约束问题

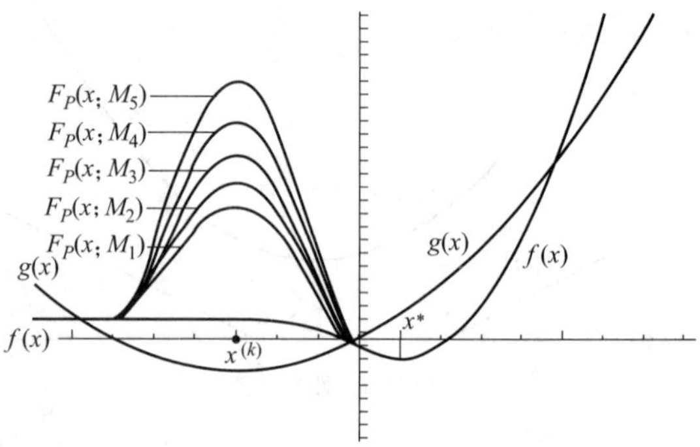

图 5.13 惩罚函数法迭代不收敛情况之一

显然地，当目标函数最小值为 D_{in} 内驻点，不断求惩罚函数子问题驻点的算法将在 $\boldsymbol{X}^{(k)}$ 进入 D 后直接达到 f 在 D_{in} 内驻点。

在实际应用中，不太容易比较障碍函数法与惩罚函数法的优劣。两种方法各有特点。当约束条件过于复杂，寻找 D_{in} 范围内的初始迭代点并不容易时，初始迭代点的选择不受限制的惩罚函数法更有优势。再如图 5.11 的例子，内点算法失效，但是可以使用惩罚函数法找到 D 上 $f(x)$ 极小值。也存在障碍函数法优于惩罚函数法的情况。当函数 $f(\boldsymbol{X})$ 和（或）$g_i(\boldsymbol{X})$ 在 D_{out} 内存在驻点时，惩罚函数法的收敛速度有可能比障碍函数法小，甚至还会出现惩罚函数法不收敛到目标点的情况。如图 5.13 所示，此给出了一维不等式约束规划问题的一种惩罚函数法迭代不收敛情况。图中约束函数 $g(x)$ 在求解域之外存在驻点，而且在这个驻点附近目标函数 $f(x)$ 趋于恒定；如果初始迭代点取在求解域以外，在不断增加惩罚值 M_k 的过程中新目标函数 $F_P(x;M_k)$ 将受 $g(x)$ 的影响越发明显。迭代结果将在 D 外 $g(x)$ 的驻点附近徘徊而无法收敛在 D 中 x^* 点处。此例 $g(x)$ 为二次函数，为 $g(x)=a_1x(x-2b_1)$。目标函数 $f(x)$ 为这样的函数：$x\geqslant 0$ 时 $f(x)=a(x-b)^2+c$，$x<0$ 时 $f(x)=2ab[1-\exp(x)]+ab^2+c$，其中 a_1、a 和 b 大于 0，b_1、c 小于 0。

5.4.3 混合约束规划的逼近算法

这里给出可以计算混合约束规划问题式（5.4）的两种方法。其一，利用拉格朗日乘子法将等式约束融入到目标函数当中，对新的目标函数使用不等式规划的算法；其二，使用障碍函数法和惩罚函数法相结合处理混合约束问题。

拉氏乘子-障碍函数法。比较起障碍函数法相对于惩罚函数法在收敛性方面的优点，现使用拉格朗日乘子法与障碍函数法结合，对混合规划问题式（5.4）构造规划问题如式（5.47）：

$$\min F_{LB}(\boldsymbol{X},\lambda;\mu_k)=f(\boldsymbol{X})+\sum_{i=1}^{m_1}\lambda_i g_{1,i}(\boldsymbol{X})+\mu_k\sum_{i=1}^{m_2}\frac{1}{g_{2,i}(\boldsymbol{X})} \tag{5.47}$$

或者如式（5.48）：

$$\min F_{LB}(\boldsymbol{X},\lambda;\mu_k)=f(\boldsymbol{X})+\sum_{i=1}^{m_1}\lambda_i g_{1,i}(\boldsymbol{X})+\mu_k\frac{1}{g_{2,0}(\boldsymbol{X})} \tag{5.48}$$

当中 $g_{2,0}(\boldsymbol{X})=\min\{g_{2,i}(\boldsymbol{X})\,|\,i=1,2,\cdots,m_2\}$。$\boldsymbol{X}$ 属于 $\{\boldsymbol{X}\in\boldsymbol{R}^n\,|\,g_{2,i}(\boldsymbol{X})>0,i=1,2,\cdots,m_2\}$。按照式（5.39）方式定义数列 μ_k，以保证 μ_k 单调递减趋于 0。这种方法可以看做是对障碍目标函数 $F(\boldsymbol{X};\mu_k)=f(\boldsymbol{X})+\mu_k\sum[1/g_{2,i}(\boldsymbol{X})]$ 或者 $F(\boldsymbol{X};\mu_k)=f(\boldsymbol{X})+\mu_k[1/g_{2,0}(\boldsymbol{X})]$ 使用拉格朗日乘子法，这就保证了在这种算法的迭代中，对于每一个 k，$F_{LB}(\boldsymbol{X};\mu_k)$ 的极小值 $\boldsymbol{X}^{(k)}$ 都在等式约束区域 $\{\boldsymbol{X}\in\boldsymbol{R}^n\,|\,g_{1,i}(\boldsymbol{X})=0,i=1,2,\cdots,m_1\}$ 当中；同时兼顾了内点法迭代点不会跳出不等式约束区域的特点。但由于引入了拉格朗日乘子，在每步迭代中需要求解包括拉格朗日乘子在内的 $n+m_1$ 个变量。

惩罚-障碍函数法。针对混合规划问题式（5.4）构造规划问题如式（5.49）：

$$\min F_{PB}(\boldsymbol{X};\mu_k)=f(\boldsymbol{X})+\frac{1}{\mu_k}\sum_{i=1}^{m_1}g_{1,i}^2(\boldsymbol{X})+\mu_k\sum_{i=1}^{m_2}\frac{1}{g_{2,i}(\boldsymbol{X})} \tag{5.49}$$

或者如式（5.50）：

$$\min F_{PB}(\boldsymbol{X};\mu_k)=f(\boldsymbol{X})+\frac{1}{\mu_k}\sum_{i=1}^{m_1}g_{1,i}^2(\boldsymbol{X})+\mu_k\frac{1}{g_{2,0}(\boldsymbol{X})} \tag{5.50}$$

变量 $\boldsymbol{X}$ 属于 $\{\boldsymbol{X}\in\boldsymbol{R}^n\,|\,g_{2,i}(\boldsymbol{X})>0,i=1,2,\cdots,m_2\}$。同样按照式（5.39）定义数列 μ_k，以保证 μ_k 递减趋于 0。这种方法是关于 $g_{2,i}(\boldsymbol{X})(i=1,2,\cdots,m)$ 不等式约束的障碍函数法和 $g_{1,i}(\boldsymbol{X})(i=1,2,\cdots,m)$ 等式约束惩罚函数法的综合。每次迭代中，变量皆取自不等式约束的内点集合，但是迭代极小值 $\boldsymbol{X}^{(k)}$ 可以不一定都在等式约束区域 $\{\boldsymbol{X}\in\boldsymbol{R}^n\,|\,g_{1,i}(\boldsymbol{X})=0,i=1,2,\cdots,m_1\}$ 内部。

两种算法各有优点。惩罚-障碍函数法在每次迭代中只需求解 n 个变量的驻点方程，比第一种拉氏乘子-障碍函数法的算法复杂度要小得多，尤其在问题规模较大，等式约束较多的情况下，算法复杂度优势明显。但是由于惩罚-障碍函数法对等式约束条件使用了惩罚函数的处理方法，这就继承了惩罚函数法在某些情况下不收敛的缺点。比如在等式约束区域以外的某些点（或区域）上等式约束 $g_{1,i}(\boldsymbol{X})$ 存在驻点，而在这些点（或区域）上目标函数变化甚微的情况下，迭代解会徘徊在求解域之外。

下面使用两种算法计算了同一个混合规划问题，具体可见式（5.51）：

$$\min f(x_1,x_2)=\frac{(x_1-p)^2}{a^2}+\frac{(x_2-q)^2}{b^2}$$

$$\text{s.t.}\quad g_{1,1}(x_1,x_2)=x_2-[a_{1,1}\sin(b_{1,1}x_1)+c_{1,1}x_1+d_{1,1}]=0$$

$$g_{2,1}(x_1, x_2)=r_{2,1}-\left(\frac{x_1-p_{2,1}}{a_{2,1}}\right)^2-\left(\frac{x_1-q_{2,1}}{b_{2,1}}\right)^2+\frac{(x_1-p_{2,1})(x_1-q_{2,1})}{c_{2,1}}\geqslant 0$$

$$g_{2,2}(x_1, x_2)=x_2-a_{2,2}(x_1-b_{2,2})^2-c_{2,2}\geqslant 0$$

(5.51)

此为求开口向上抛物面 $f(x_1, x_2)$ 在 $g_{2,1}(x_1, x_2)\geqslant 0$ 和 $g_{2,2}(x_1, x_2)\geqslant 0$ 交集范围内曲线 $g_{1,1}(x_1, x_2)=0$ 上的最小值问题。使用两种方法的计算结果如图 5.14 所示。图中，深色椭圆区域是 $g_{2,1}(x_1, x_2)\geqslant 0$ 区域，抛物线区域是 $g_{2,2}(x_1, x_2)\geqslant 0$ 区域，曲线为 $g_{1,1}(x_1, x_2)=0$，一系列不相交椭圆环为抛物面 $f(x_1, x_2)$ 的等值线，椭圆环中心处为抛物面全局极小点。图中点列为各步迭代所求得的迭代极小值 $\boldsymbol{X}^{(k)}$。图 5.14 显示，拉氏乘子-障碍函数法各迭代解皆处在约束曲线上；惩罚-障碍函数法从曲线外逼近极小解。

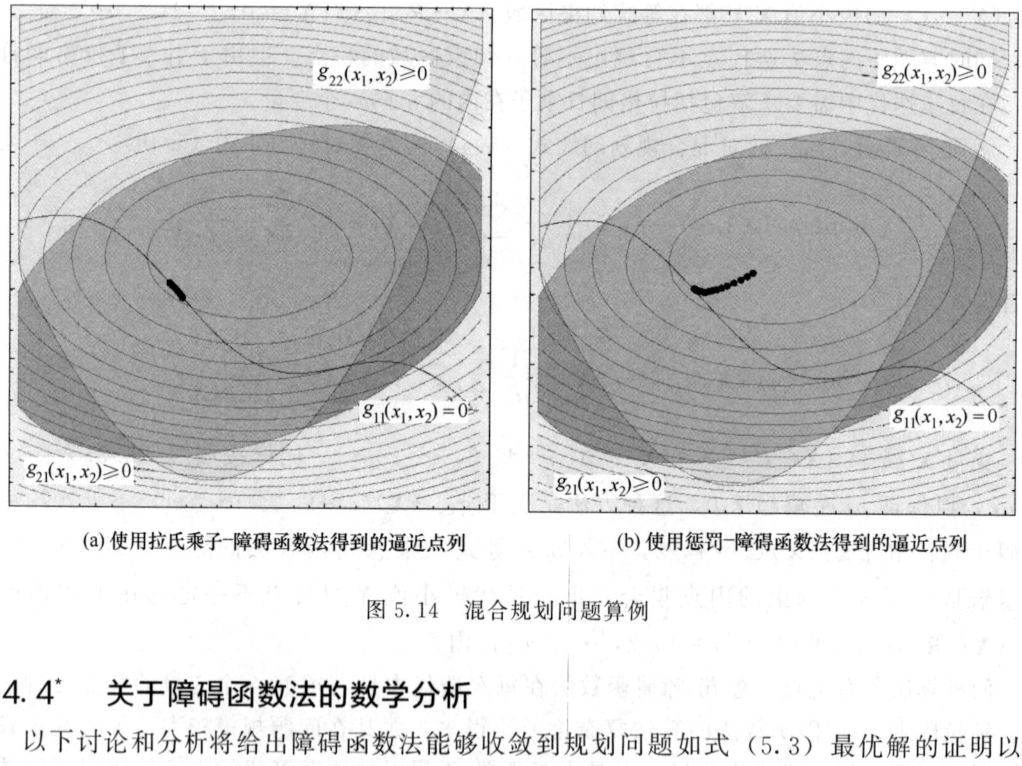

(a) 使用拉氏乘子-障碍函数法得到的逼近点列　　(b) 使用惩罚-障碍函数法得到的逼近点列

图 5.14　混合规划问题算例

5.4.4* 关于障碍函数法的数学分析

以下讨论和分析将给出障碍函数法能够收敛到规划问题如式（5.3）最优解的证明以及收敛的条件，并在此基础上建立障碍函数法算法优化设计。5.4.4.1 和 5.4.4.2 在理论上对障碍函数进行数学分析，探讨其性质并不涉及算法；5.4.4.3 提出一种全新的障碍函数逼近算法。关于收敛性的分析和证明依规划问题的复杂程度逐步递进，从一维单约束不等式规划问题推广到一般不等式规划问题的收敛性证明。以下定理的证明兼顾分数障碍函数法和对数障碍函数法。

5.4.4.1* 一维单约束的障碍函数法最小值收敛理论

首先对最为简单的单个约束条件的一维规划问题，如式（5.52）：

$$\min f=f(x)$$
$$\text{s.t.}\quad g(x)\geqslant 0 \tag{5.52}$$

分别定义子问题目标函数方程（5.53）和方程（5.54）。对数障碍函数子问题，如式（5.53）：

$$F_{B,1}(x;\mu)=f(x)-\mu\ln[g(x)],\quad x\in D_{\text{in}}=\{x\in\boldsymbol{R}\mid g(x)>0\} \tag{5.53}$$

以及分数障碍函数子问题，如式（5.54）：

$$F_{B,2}(x;\mu)=f(x)+\mu\frac{1}{g(x)},\quad x\in D_{\text{in}} \tag{5.54}$$

以下试图回答一维单约束障碍函数法式（5.53）和式（5.54）在什么条件下能够逼近到原规划问题式（5.52）在求解域上的最小值。以下叙述和证明中所出现的集合 D_{in}定义于式（5.53）中，并且约定 D_{in}不空。D_b为介点集$\{x\in\boldsymbol{R}\mid g(x)=0\}$。

有的分数障碍函数为推广的情形：$B(x)=1/g^a(x)$，$a>0$。实际上这等价于对新的约束条件 $g_1(x)=g^a(x)\geqslant 0$ 讨论规划问题式（5.52）。所以只要对一般障碍函数法式（5.54）讨论最小值的收敛性即可。另一方面，对于存在多个约束条件的一维规划问题，能够将其化成一维单约束问题来解决。当一维目标函数 $f(x)$ 存在多个约束条件 $g_i(x)\geqslant 0(i=1,2,\cdots,m)$ 的情况，可定义 $g(x)=\min\{g_i(x)\mid i=1,2,\cdots,m;\boldsymbol{X}\in\boldsymbol{R}\}$，则此多个约束一维规划等价于规划式（5.52）。因此，讨论式（5.52）的障碍函数法收敛性理论对于一维问题有一般性。

对于连续函数 $g(x)$，集合 $D=\{x\mid g(x)\geqslant 0\}$为闭集，而连续函数 $f(x)$ 在闭集上总能取到最小值。记 $f(x)$ 在 D 上的最小值为 y^*。如果定义 $f_1(x)=f(x)-y^*$，有 $f_1(x)$ 在 D 上取得最小值 0。所以，如将原目标函数为 $f(x)$ 的规划问题改写为关于目标函数为 $f_1(x)$ 的规划问题，两者等价。所以为了讨论方便，以下不妨假设规划问题式（5.52）的目标函数 $f(x)$ 在 D 上的最小值为 0，$f(x)$ 在 D 上的 0 点即为其求解域上的最小值点。

定理 5.12 的证明需要利用性质 5.11（定理 5.11）。为了推证的连贯，此处证明定理 5.11。

定理 5.11　总存在足够小正数 μ，使得 $\mu/g(x)$ 和$-\mu\ln[g(x)]$在 D_{in}上小于 1。

证明：仅对 $\mu/g(x)$ 证明，关于$-\ln[g(x)]$ 的证法类似而无需赘述。反证。若不然，对任意正数 μ 存在某 $x\in D_{\text{in}}$，但 $\mu\geqslant g(x)>0$，而此与 μ 的任意性矛盾，故此成立。证毕。

从实际分析知道，若 $g(x)$ 在 $\boldsymbol{R}$ 上有定义并在 D_{in}上连续，则集合 D_{in}为开集；可以拓展定义集合 D_{in}的聚点集 D'_{in}，则 D'_{in}为闭集，并且 D_{in}为 D'_{in}的子集。以下定理 5.12 将障碍函数 $F_{B,1}(x;\mu)$ 和 $F_{B,2}(x;\mu)$ 视为关于双变元 x 和 μ 二维函数，讨论其在聚点集 D'_{in}上的连续性。

定理 5.12　函数 $f(x)$ 在 D'_{in}上连续，函数 $g(x)$ 在 $\boldsymbol{R}$ 上有定义并在 D_{in}上连续，对任意 $x^*\in D'_{\text{in}}$，当 x 在 D_{in}上趋于 x^*，正数 μ 趋于 0 时，$F_{B,l}(x;\mu)$（$l=1$ 或 2）趋于 $f(x^*)$。

证明：因为 $x^*\in D'_{\text{in}}$，x^* 为 D_{in}的聚点，则对某范围内任意 $\delta_1>0$，集合 $(x^*-\delta_1,x^*+\delta_1)\cap(D_{\text{in}}-\{x^*\})$ 不空。又 $f(x)$ 在 D'_{in}上连续，对 $x^*\in D'_{\text{in}}$，任取 $\varepsilon/3>0$，存在正数 $\delta_2\leqslant\delta_1$，当 $x^{**}\in(x^*-\delta_2,x^*+\delta_2)\cap(D_{\text{in}}-\{x^*\})$ 时：$|f(x^{**})-f(x^*)|<\varepsilon/3$。因 D_{in}为 D'_{in}子集，则 $f(x)$ 在 D_{in}上连续。故对上述 $x^{**}\in D_{\text{in}}$，任取 $\varepsilon/3>0$，存在 $\delta_3>0$，当 $x\in(x^{**}-\delta_3,x^{**}+\delta_3)\cap D_{\text{in}}$时：$|f(x)-f(x^{**})|<\varepsilon/3$。对于对数障碍函数法，总存在正数 $\mu'>0$，使得$-\mu'\ln[g(x)]$ 在 D_{in}上小于 1。故存在正数 $\delta=\min\{\mu'\varepsilon/3,\delta_2,\delta_3\}$，当 $\mu\in(0,\delta)$ 时，$x\in(x^{**}-\delta,x^{**}+\delta)\cap D_{\text{in}}$时就有：$|F_{B,1}(x;\mu)-f(x^*)|$

$\leqslant|F_{B,1}(x;\mu)-f(x)|+|f(x)-f(x^{**})|+|f(x^{**})-f(x^*)|<-\mu'\ln[g(x)]\cdot\varepsilon/3+\varepsilon/3+\varepsilon/3<\varepsilon$。对于分数障碍函数法，总存在正数 $\mu'>0$，$\mu'/g(x)$ 在 D_{in}上小于 1。所以，对任意 $\varepsilon>0$，只要取 $\delta=\min\{\mu'\varepsilon/3, \delta_2, \delta_3\}$，则当 $0<\mu<\delta$，以及 $x\in(x^{**}-\delta, x^{**}+\delta)\cap D_{in}$时：$|F_{B,2}(x;\mu)-f(x^*)|\leqslant|F_{B,2}(x;\mu)-f(x)|+|f(x)-f(x^{**})|+|f(x^{**})-f(x^*)|<\mu'/g(x)\cdot\varepsilon/3+\varepsilon/3+\varepsilon/3<\varepsilon$。证毕。

定理 5.12 指明只要满足其条件：函数 $F_{B,l}(x;\mu)(l=1$ 或 $2)$ 能够在 μ 趋于 0，x 逼近 D'_{in}上任何一个目标点 x^* 的时候，逼近其上的 $f(x^*)$。所以对于 x^* 为函数 $f(x)$ 在 D'_{in}上的最小值点时也不例外。但是，定理 5.12 并没有直接给出是否当正数 μ 趋于 0 时，子问题式（5.53）和式（5.54）在 D'_{in}上的最小值点能够逼近 $f(x)$ 在 D'_{in}上的最小值点。以下定理 5.14 回答了这个问题。在证明定理 5.14 之前先证明定理 5.13。

定理 5.13 函数 $g(x)$ 在 $\boldsymbol{R}$ 上有定义，函数 $f(x)$ 和 $g(x)$ 在 D'_{in}上连续，当正数 $\mu\to0$时，$\inf\{F_{B,l}(x;\mu)|x\in D_{in}\}(l=1$ 或 $2)$ 从 0 以上趋于 0。

证明： 首先，$f(x)$ 在 D 上不小于 0，故当 μ 为正数时，函数 $F_{B,l}(x;\mu)$ 在 D 的子集 D_{in}上大于 0，则 $F_{B,l}(x;\mu)$ 在 D_{in}上存在下确界，且显然 $\inf\{F_{B,l}(x;\mu)|x\in D_{in}\}>0$。以下反证。若不然，则存在 $\varepsilon_0>0$，对任意 $\delta>0$，当 $\mu\in(0,\delta)$ 时，有 $\inf\{F_{B,l}(x;\mu)|x\in D_{in}\}\geqslant\varepsilon_0$。所以对任意 $x\in D_{in}$以及 $\mu\in(0,\delta)$ 都有 $F_{B,l}(x;\mu)\geqslant\varepsilon_0$。但是由定理 5.12，对 $f(x)$ 在 D'_{in}上的极小值点 x^*，有任意 $\varepsilon>0$，存在 $\delta'\leqslant\delta$，则当 $0<\mu<\delta'$，以及 $x\in(x^*-\delta', x^*+\delta')\cap D_{in}$时，$F_{B,l}(x;\mu)<\varepsilon$。矛盾。证毕。

定理 5.14 函数 $g(x)$ 在 $\boldsymbol{R}$ 上有定义，函数 $f(x)$ 和 $g(x)$ 在 D'_{in}上连续，x^* 为 D'_{in}上函数 $f(x)$ 的最小值点，则总存在 D_{in}上的某个点 x^{**}，其能够令 $F(x^{**};\mu)$ 与 $\inf\{F_{B,l}(x;\mu)|x\in D_{in}\}$ 任意接近，当正数 $\mu\to0$ 时，x^{**} 趋于 x^*。

证明： 由函数 $F_{B,l}(x;\mu)$ 在 D_{in}上的连续性，及下确界的定义，对任意 $\varepsilon/2>0$，存在 $x^{**}\in D_{in}$，使得 $\inf\{F_{B,l}(x;\mu)|x\in D_{in}\}\leqslant F_{B,l}(x^{**};\mu)<\inf\{F_{B,l}(x;\mu)|x\in D_{in}\}+\varepsilon/2$。另由定理 5.13，对任意 $\varepsilon/2>0$，存在 $\delta>0$，当 $\mu\in(0,\delta)$ 时，$0<\inf\{F_{B,l}(x;\mu)|x\in D_{in}\}<\varepsilon/2$。因此对任意 $\varepsilon/2>0$，存在 $\delta>0$，当 $\mu\in(0,\delta)$时有，$0<F_{B,l}(x^{**};\mu)<\varepsilon$。证毕。

定理 5.14 指明，对于在 $\boldsymbol{R}$ 上有定义的约束条件 $g(x)$，只要函数 $f(x)$ 和 $g(x)$ 在 D'_{in}上连续，障碍函数法方程（5.53）和方程（5.54）的子问题总能够收敛到内聚点集 D'_{in}上原规划问题的最小值点。这同时也说明了内点算法对目标函数在内点 D_{in}以外孤立点上取到最小值的情况无能为力的原因。

以上定理证明了障碍函数法子问题最小值能够收敛到原问题的最小值，但是并没有证明子问题的驻点一定能够收敛到原问题的驻点。我们在实际求解障碍函数法的时候，会选择求解子问题的驻点方程，以子问题驻点逼近原函数驻点。这对于某些情况是可行的，但是存在这样的例子，即便是子问题驻点和原问题驻点同是函数极小值的情况，也找不到障碍函数子问题的驻点逼近原问题驻点的有效方式。首先观察障碍函数子问题驻点方程（5.55）：

$$f'(x)-\mu\frac{g'(x)}{g^l(x)}=0 \tag{5.55}$$

其中 $l=1$ 或 2 分别对应于对数障碍函数法式（5.53）和分数障碍函数法式（5.54）。实际上只要在原问题驻点 x^* 处 $g'(x^*)\neq0$，则根据 $g'(x)$ 的连续性，就能够保证在 x^* 某邻域（$x^*-\delta$，$x^*+\delta$）内都有 $g'(x)\neq 0$，因此可以在（$x^*-\delta$，$x^*+\delta$）定义分别对应于对数障碍函数法和分数障碍函数法的两个 μ 关于 x 的取值函数函数 $m_1(x)$ 和 $m_2(x)$ 如式（5.56）：

$$m_l(x)=g^l(x)\frac{f'(x)}{g'(x)},\quad l=1,2 \tag{5.56}$$

当此函数存在反函数的时候，则它的反函数的结果就是子问题的驻点：$x^{**}(\mu)=m_l^{-1}(\mu)$，且 $x^{**}(\mu)\in(x^*-\delta,\ x^*+\delta)$。但是，其一，并不能保证如式（5.56）所定义的 m_l 函数总是正数。比如以以下式（5.57）为例的规划问题。$\alpha(x;0)$ 如式（5.12）所定义。

$$\begin{aligned}&\min f(x)=\min\alpha(x;0)\\&\text{s.t.}\quad x+1\geqslant 0\end{aligned} \tag{5.57}$$

0 点为 $f(x)$ 的极小值点，$f'(0)=0$。其 m_l（$l=1$ 或 2）函数为式（5.58）：

$$m_l(x)=(x+1)^l\beta(x;0) \tag{5.58}$$

在 $x>-1$ 范围内的 0 点任意大小领域内未必恒正。其二，未必能够保证 m_l 在 x^* 附近总存在反函数。同样是例子方程（5.57），由方程（5.58）知，取 0 附近点列可得方程（5.59）：

$$x_r=\pm 1/\sqrt{r},\quad r=2,3,\cdots \tag{5.59}$$

有 $m_l'(x_r)=0$。故对于任意小的 $\delta<1$，都有某个正整数 r 使得 x_r 处于（$-\delta$，0）或（0，δ）范围内令 $m_l'(x_r)=0$。这样，就无法找到某一个足够小的数 δ，使得 $m_l(x)$ 在（$-\delta$，0）或（0，δ）上存在反函数。

例子式（5.57）说明了使用子问题驻点逼近原问题 D_{in} 范围内极小值点的做法未必可行，其实，如若原问题极小值点取在介点集 D_{b} 和内聚点集 D_{in}' 的交集上，同样也不难利用函数式（5.12）构造这样的例子说明无法使用子问题驻点列逼近原问题的最小值点。此不再赘述。对于这样的规划问题，可以使用 0.618 法搜索求解子问题 D_{in} 内的极小值逼近原问题最小值。

5.4.4.2* 多维多约束的障碍函数法最小值收敛理论

对定义在 $\boldsymbol{R}^n$ 上的规划问题式（5.3）建立障碍函数子问题。首先对数障碍函数子问题为式（5.60）：

$$\Phi_{B,1}(\boldsymbol{X};\mu)=f(\boldsymbol{X})-\mu\ln[g_0(\boldsymbol{X})],\boldsymbol{X}\in D_{\text{in}}=\{\boldsymbol{X}\in\boldsymbol{R}^n\,|\,g_0(\boldsymbol{X})>0\} \tag{5.60}$$

以及分数障碍函数子问题为式（5.61）：

$$\Phi_{B,2}(\boldsymbol{X};\mu)=f(\boldsymbol{X})+\mu\frac{1}{g_0(\boldsymbol{X})},\boldsymbol{X}\in D_{\text{in}} \tag{5.61}$$

以上 $g_0(\boldsymbol{X})=\min\{g_i(\boldsymbol{X})\,|\,i=1,2,\cdots,m,\boldsymbol{X}\in\boldsymbol{R}^n\}$。此 5.4.4.2 部分所出现的求解域 D 为 $\{\boldsymbol{X}\in\boldsymbol{R}^n\,|\,g_0(\boldsymbol{X})\geqslant 0\}$，内点集合如 D_{in} 式（5.60）所定义，介点集合 D_b 为 $\{\boldsymbol{X}\in\boldsymbol{R}^n\,|\,g_0(\boldsymbol{X})=0\}$。并拓展定义集合 D_{in} 的聚点集 D_{in}'。若 $g_0(\boldsymbol{X})$ 在 D_{in} 上连续，则集合 D_{in} 为开集，D_{in}' 为闭集，并且 D_{in} 为 D_{in}' 的子集。

此部分将给出高维多约束障碍函数法的收敛理论。以下定理是一维单约束障碍函数法收敛的相关定理的直接推广，定理的证明类似于 5.4.4.1 中的定理的证明，而有所省略。同样地，在 $g_0(\boldsymbol{X})$ 为 $\boldsymbol{R}^n$ 上连续函数的条件下，标准化 $f(\boldsymbol{X})$ 在 D 上的最小值为 0。认为规划问题式（5.3）以及障碍函数子问题式（5.60）和式（5.61）中 $f(\boldsymbol{X})$ 在 D 上的 0 点即为其求解域上的最小值点。

定理 5.15 函数 $f(\boldsymbol{X})$ 在 D'_{in}上连续，$g_0(\boldsymbol{X})$ 在 $\boldsymbol{R}^n$上有定义并在 D_{in}上连续，对任意 $\boldsymbol{X}^* \in D'_{\text{in}}$，当 $\boldsymbol{X}$ 在 D_{in}上趋于 $\boldsymbol{X}^*$，正数 μ 趋于 0 时，$\Phi_{B,l}(\boldsymbol{X};\mu)$（$l=1$ 或 2）趋于 $f(\boldsymbol{X}^*)$。

证明： 证明过程与定理 5.12 的证明过程类似，陈述过程所出现的以 $\boldsymbol{X}^*$ 为中心以 δ 为半径的邻域的定义方式为 $\mathrm{U}(\boldsymbol{X}^*, \delta)=\{\boldsymbol{X}\in\boldsymbol{R}^n \mid |\boldsymbol{X}-\boldsymbol{X}^*|<\delta\}$。定理证明中直接使用到：总存在足够小正数 μ'，使得 $\mu'/g(\boldsymbol{X})$和$-\mu'\ln[g(\boldsymbol{X})]$ 在 D_{in}上小于 1 的结论，关于此的证明与定理 5.12 的证明相同。证略。

定理 5.16 函数 $g_0(\boldsymbol{X})$ 在 $\boldsymbol{R}^n$上有定义，函数 $f(\boldsymbol{X})$ 和 $g_0(\boldsymbol{X})$ 在 D'_{in}上连续，当正数 $\mu\to 0$ 时，$\inf\{\Phi_{B,l}(\boldsymbol{X};\mu)\mid\boldsymbol{X}\in D_{\text{in}}\}$（$l=1$ 或 2）从 0 以上趋于 0。

证明： 证明过程与定理 5.13 的证明过程相同。略证。

定理 5.17 函数 $g_0(\boldsymbol{X})$ 在 $\boldsymbol{R}^n$上有定义，函数 $f(\boldsymbol{X})$ 和 $g_0(\boldsymbol{X})$ 在 D'_{in}上连续，$\boldsymbol{X}^*$ 为 D'_{in}上函数 $f(\boldsymbol{X})$ 的最小值点，则总存在 D_{in}上的某个点 $\boldsymbol{X}^{**}$，其能够令 $\Phi_{B,l}(\boldsymbol{X}^{**};\mu)$ 与 $\inf\{\Phi_{B,l}(\boldsymbol{X};\mu)\mid\boldsymbol{X}\in D_{\text{in}}\}$ 任意接近，当正数 $\mu\to 0$ 时，$\boldsymbol{X}^{**}$ 趋于 $\boldsymbol{X}^*$。

证明： 证明过程与定理 5.14 的证明过程相同。证略。

5.4.4.3* 障碍函数法算法优化

虽然使用不断求障碍函数子问题驻点逼近原函数最小值点的方法有可能会遇到 5.4.4.1 中例子方程（5.57）的问题，但是除了这种极为少见的情况，通常人们还是会选择使用求子问题驻点的方式求解规划式（5.3）。

障碍函数法每个 μ_k 对应一个子问题的目标函数 $F_{B,l}(x;\mu_k)(l=1、2)$ 或 $\Phi_{B,l}(\boldsymbol{X};\mu_k)$ $(l=1、2)$ 的驻点方程，需要求解此驻点方程得到子问题最优解的近似值 $x^{(k)}$ 或 $\boldsymbol{X}^{(k)}$。可以选用之前所介绍的牛顿迭代法、最速下降法、共轭梯度法甚至拟牛顿法等算法计算子问题 k 的驻点。但是，不论使用什么算法求解驻点，对每个子问题 k 需要多次迭代才能得到合乎精度要求的解 $\boldsymbol{X}^{(k)}$。这样，如果需要 K 个子问题逼近原问题，在每个子问题的迭代中又需要迭代 N 次求解驻点方程，那么整个算法需要循环迭代 KN 次。算法迭代过程就会十分庞大。因此十分有必要对算法做出优化，而试图避免求解 $F_{B,l}(x;\mu_k)(l=1、2)$ 或 $\Phi_{B,l}(\boldsymbol{X};\mu_k)(l=1、2)$ 的驻点方程，提高算法效率。

以下这种算法的设计思想是将求解一系列子规划驻点的问题转化为一个求解常微分方程（组）的问题。如以等比方式定义数列 $\mu_k=\mu_1^k(\mu_1<1)$，则分别有 $l=1$ 或 2 时的障碍函数子问题驻点方程（5.62）：

$$\nabla f(\boldsymbol{X})-\mu_1{}^k\frac{\nabla g_0(\boldsymbol{X})}{g_0{}^l(\boldsymbol{X})}=0,l=1,2 \tag{5.62}$$

而如果把 k 视为正数而非正整数，μ 是关于 k 的函数：$\mu(k)=\mu_1^k(\mu_1<1)$，则对应于不同的 k 值，方程（5.62）就是一个关于障碍函数子问题的驻点（坐标）$\boldsymbol{X}=\boldsymbol{X}(k)$ 的方程（组），并且当 k 趋于∞时，$\boldsymbol{X}(k)$ 则能够趋于规划（5.3）的驻点 $\boldsymbol{X}^*$。但是式（5.62）是各子问题的驻点坐标 x_i关于 k 的隐式表达，并且当 g_0形式较为复杂时，很难得到各 x_i关于 k 的显式表达方式，这给直接求解 $\boldsymbol{X}=\boldsymbol{X}(k)$ 带来困难。所以，这里对式（5.62）中的 k 求导，构造 $\boldsymbol{X}$ 关于 k 的微分方程，则有式（5.63）：

$$\left[\boldsymbol{H}_f(\boldsymbol{X})+\frac{l\cdot\mu_1{}^k}{g_0{}^{l+1}(\boldsymbol{X})}\boldsymbol{G}(\boldsymbol{X})-\frac{\mu_1{}^k}{g_0{}^l(\boldsymbol{X})}\boldsymbol{H}_{g_0}(\boldsymbol{X})\right]\frac{\mathrm{d}\boldsymbol{X}}{\mathrm{d}k}=(\ln\mu_1)\frac{\mu_1{}^k}{g_0{}^l(\boldsymbol{X})}\nabla g_0(\boldsymbol{X}) \tag{5.63}$$

其中 $\boldsymbol{H}_f(\boldsymbol{X})$ 和 $\boldsymbol{H}_{g0}(\boldsymbol{X})$ 分别是函数 f 和 g_0在 $\boldsymbol{X}$ 处的海森矩阵，并且有式（5.64）：

$$
\boldsymbol{G}=\begin{pmatrix}
\frac{\partial g_0}{\partial x_1}\frac{\partial g_0}{\partial x_1} & \frac{\partial g_0}{\partial x_1}\frac{\partial g_0}{\partial x_2}, & \cdots & \frac{\partial g_0}{\partial x_1}\frac{\partial g_0}{\partial x_n} \\
\frac{\partial g_0}{\partial x_2}\frac{\partial g_0}{\partial x_1} & \frac{\partial g_0}{\partial x_2}\frac{\partial g_0}{\partial x_2} & \cdots & \frac{\partial g_0}{\partial x_2}\frac{\partial g_0}{\partial x_n} \\
\vdots & \vdots & \ddots & \vdots \\
\frac{\partial g_0}{\partial x_n}\frac{\partial g_0}{\partial x_1} & \frac{\partial g_0}{\partial x_n}\frac{\partial g_0}{\partial x_2} & \cdots & \frac{\partial g_0}{\partial x_n}\frac{\partial g_0}{\partial x_n}
\end{pmatrix} \tag{5.64}
$$

这就把求解子问题驻点的问题转化成了计算成本相对较低的求解常微分方程（组）问题。只要得到初始条件下 $k=0$ 或 1 时的坐标位置，选择合适的步长 Δk，对离散化的 k：$k_r=r\Delta k$（$r=1, 2, 3\cdots$），使用常微分方程的算法求解方程（5.63）则能够逼近原问题驻点。这要求关于正整数 r 的迭代达到使得$|\boldsymbol{X}^{(r)}-\boldsymbol{X}^{(r-1)}|$足够小的时候，输出坐标位置为原问题驻点（逼近）解。这个过程要求矩阵 $[\boldsymbol{H}_f+l\cdot\mu_1^k\cdot\boldsymbol{G}/g_0^{l+1}-\mu_1^k\cdot\boldsymbol{H}_{g0}/g_0^l]$ 可逆。有时会出现对函数 $g_0(\boldsymbol{X})$ 在局部位置求导的困难，对于复杂形式的 $g_0(\boldsymbol{X})$ 可以使用其差分导数近似，而得到式（5.63）的各种形式的数值导数的近似值。

类似地，可以对一维单约束问题式（5.52）构造类似常微分方程算法。式（5.52）的子问题式（5.53）和式（5.54）的驻点满足方程（5.55）。利用隐函数求导法则得到 x 关于 k 的常微分方程（5.65）：

$$
x'(k)=(\ln\mu_1)\frac{{\mu_1}^k}{g^l(x)}g'(x)\Big/\left[f''(x)+\frac{l\cdot{\mu_1}^k}{g^{l+1}(x)}(g'(x))^2-\frac{{\mu_1}^k}{g^l(x)}g''(x)\right] \tag{5.65}
$$

有时对于形式复杂的函数 $f(x)$ 和（或）$g(x)$ 求解问题式（5.65）的算法复杂度要比解驻点方程（5.55）小得多。

5.5 线性规划

5.5.1 线性规划及其标准形式

线性规划是指目标函数和约束条件皆为线性函数的一类特殊的最优化问题[37]。其标准形式为式（5.66）：

$$
\begin{aligned}
&\min f=\boldsymbol{c}^{\mathrm{T}}\boldsymbol{X}\\
&\text{s.t.}\quad \boldsymbol{A}\boldsymbol{X}=\boldsymbol{b}\\
&\qquad\quad \boldsymbol{X}\geqslant 0
\end{aligned} \tag{5.66}
$$

当中变量 $\boldsymbol{X}=(x_1, x_2, \cdots, x_n)^{\mathrm{T}}$。目标函数系数 $\boldsymbol{c}=(c_1, c_2, \cdots, c_n)^{\mathrm{T}}$。约束条件系数矩阵 $\boldsymbol{A}$ 为有 m 行 n 列（$m\leqslant n$）的实数矩阵，i 行 j 列元素标记为 a_{ij}，$1\leqslant i\leqslant m$，$1\leqslant j\leqslant n$。另 $\boldsymbol{b}=(b_1, b_2, \cdots, b_m)^{\mathrm{T}}$。

对于一般形式的线性规划，有的要求目标函数取得最大值而不一定是最小值，而且其约束条件不一定为等式，但是一般形式的线性规划皆可以化为如式（5.66）的标准形式。这里有个例子：

例 5.1 $\max\quad f=2x_1+3x_2$

$$
\begin{aligned}
\text{s.t.}\quad & x_1+2x_2\leqslant 8\\
& 4x_1\qquad\ \leqslant 16\\
& \qquad 4x_2\leqslant 12
\end{aligned}
$$

$x_1, x_2 \geqslant 0$

引入新的变量 x_3、x_4 和 x_5 将其标准化：

$$\min \quad f=-2x_1-3x_2$$

$$\text{s.t.} \quad \begin{cases} x_1+2x_2+x_3 = 8 \\ 4x_1 + x_4 = 16 \\ 4x_2 + x_5 = 12 \\ x_1, x_2, x_3, x_4, x_5 \geqslant 0 \end{cases}$$

通过这个例子可以看出对于要求目标函数最大化的线性规划问题，可改变目标函数系数的符号将其转化为最小化问题；对于约束条件为不等式的线性规划问题可通过引入多个正的新变量将其转化为等式约束，从而将一般线性规划问题化为标准形式。如果线性规划问题的某些变量没有要求其为非负，可以引入两个非负变量表达之，同样可以将其标准化。比如未要求 x_k 非负，可令 $x_k=y_k-y_{k+1}$，y_k 及 y_{k+1} 皆非负，代替 x_k。由此，所有形式的线性规划问题皆可以标准化。归纳线性规划标准形式的意义在于统一问题形式，方便讨论和求解。

5.5.2 线性规划解的结构

为找到标准线性规划式（5.66）的解，现在一般地讨论式（5.66）的最优解所满足的条件。关于线性规划求解域（或称可行域[37,42]）最基本的事实是，在 m 个约束条件彼此独立（即约束矩阵 $\boldsymbol{A}$ 中所有 m 个行向量线性无关）的情况下，m 个约束条件仅可以规定 m 个未知量，求解域（或称可行域）$D=\{\boldsymbol{X}\in\boldsymbol{R}^n \mid \boldsymbol{AX}=\boldsymbol{b}, \boldsymbol{X}\geqslant\boldsymbol{0}\}$ 中含有 $n-m$ 个自由变量。所以目标函数是这 $n-m$ 个自由变量的线性函数。自然地，当对这 $n-m$ 个自由变量的选择不同时，线性规划的形式也有所不同。显然地，如果能够使得目标函数中这 $n-m$ 个自由变量的系数统统为正数，当且仅当这 $n-m$ 个非负自由变量皆为 0 时目标函数取得最小值。所以由这 $n-m$ 个 0 值自由变量，和由这 $n-m$ 个 0 值自由变量所决定其他未知量共同组成了使目标函数最小的最优解。这表明，解标准形式线性规划的关键就是如何在 n 个变量中选择出这 $n-m$ 个自由未知量，使其在目标函数中系数全为正数。为方便一般求解方法的叙述需要，以下给出标准线性规划问题式（5.66）代数的讨论。

在 m 个约束条件彼此独立（即约束矩阵 $\boldsymbol{A}$ 中所有 m 个行向量线性无关）的情况下，将变量分为两部分，如式（5.67）：

$$\boldsymbol{X}=\begin{pmatrix}\boldsymbol{X}_A \\ \boldsymbol{X}_D\end{pmatrix} \tag{5.67}$$

其中 $\boldsymbol{X}_D$ 为由 $n-m$ 个自由变量所组成的 $n-m$ 维向量；剩下的 m 维向量是 $\boldsymbol{X}_A$。相应地，$m\times n$ 维系数矩阵 $\boldsymbol{A}$ 被划分为两个部分：$\boldsymbol{X}_A$ 的系数矩阵 $m\times m$ 维方阵 $\boldsymbol{B}_A$ 和 $\boldsymbol{X}_D$ 的系数矩阵 $m\times(n-m)$ 维矩阵 $\boldsymbol{B}_D$，如式（5.68）：

$$\boldsymbol{A}=(\boldsymbol{B}_A \quad \boldsymbol{B}_D) \tag{5.68}$$

称 $m\times m$ 维方阵 $\boldsymbol{B}_A$ 为系数矩阵 $\boldsymbol{A}$ 的基矩阵。同样地，目标函数未知量系数矢量 $\boldsymbol{c}$ 被分为两个部分：$\boldsymbol{X}_A$ 的 m 维系数矢量 $\boldsymbol{c}_A$ 和 $\boldsymbol{X}_D$ 的 $n-m$ 维系数矢量 $\boldsymbol{c}_D$，如式（5.69）：

$$\boldsymbol{c}^{\mathrm{T}}=(\boldsymbol{c}_A^{\mathrm{T}}, \quad \boldsymbol{c}_D^{\mathrm{T}}) \tag{5.69}$$

现在使用自由变量表达该线性规划问题。由约束条件 $\boldsymbol{AX}=\boldsymbol{b}$ 及式（5.67）和式（5.68）得到 $\boldsymbol{X}_A=\boldsymbol{B}_A^{-1}\boldsymbol{b}-\boldsymbol{B}_A^{-1}\boldsymbol{B}_D\boldsymbol{X}_D$。从而有式（5.70）：

$$\boldsymbol{X}=\begin{pmatrix}\boldsymbol{B}_A{}^{-1}\boldsymbol{b}-\boldsymbol{B}_A{}^{-1}\boldsymbol{B}_D\boldsymbol{X}_D \\ \boldsymbol{X}_D\end{pmatrix}=\begin{pmatrix}\boldsymbol{B}_A{}^{-1}\boldsymbol{b} \\ 0\end{pmatrix}+\begin{pmatrix}-\boldsymbol{B}_A{}^{-1}\boldsymbol{B}_D \\ \boldsymbol{I}\end{pmatrix}\boldsymbol{X}_D=\boldsymbol{G}+\boldsymbol{H}\boldsymbol{X}_D \tag{5.70}$$

式（5.70）中 $\boldsymbol{I}$ 为 $(n-m)\times(n-m)$ 维单位矩阵，$\boldsymbol{H}$ 为 $n\times(n-m)$ 矩阵，其可被视为求解域（或称可行域）的基向量矩阵，其由 $n-m$ 个 n 维基向量作为列向量所组成。

另，目标函数 $f=\boldsymbol{c}^{\mathrm{T}}\boldsymbol{X}=\boldsymbol{c}_A^{\mathrm{T}}\boldsymbol{X}_A+\boldsymbol{c}_D^{\mathrm{T}}\boldsymbol{X}_D$。利用式（5.70）可进一步将目标函数 f 写为由自由变量 $\boldsymbol{X}_D$ 所决定的形式是式（5.71）：

$$f=\boldsymbol{c}_A^{\mathrm{T}}\boldsymbol{B}_A{}^{-1}\boldsymbol{b}+(\boldsymbol{c}_D^{\mathrm{T}}-\boldsymbol{c}_A^{\mathrm{T}}\boldsymbol{B}_A{}^{-1}\boldsymbol{B}_D)\boldsymbol{X}_D=f_0+\boldsymbol{k}^{\mathrm{T}}\boldsymbol{X}_D \tag{5.71}$$

当中 $f_0=\boldsymbol{c}_A^{\mathrm{T}}\boldsymbol{B}_A{}^{-1}\boldsymbol{b}$，矢量 $\boldsymbol{k}^{\mathrm{T}}=\boldsymbol{c}_D^{\mathrm{T}}-\boldsymbol{c}_A^{\mathrm{T}}\boldsymbol{B}_A{}^{-1}\boldsymbol{B}_D$，此被称为检验矢量。可见，对于正数所组成的自由变量矢量 $\boldsymbol{X}_D$，当且仅当 $\boldsymbol{k}>\boldsymbol{0}$ 时，f_0 为目标函数的最小值。所以此时线性规划问题式（5.66）的解为式（5.72）：

$$\boldsymbol{X}^*=\begin{pmatrix}\boldsymbol{B}_A{}^{-1}\boldsymbol{b}\\ \boldsymbol{0}\end{pmatrix} \tag{5.72}$$

因此求解标准线性规划问题的过程就是在 n 个未知量中不断地更换 $n-m$ 个自由变量的组合直到检验矢量各分量皆为正数，此时对应的 $\boldsymbol{X}^*$ 为最优解。而不断更换自由变量的过程等价于在系数矩阵 $\boldsymbol{A}$ 中不断更换基矩阵 $\boldsymbol{B}_A$ 的过程。因此求解线性规划问题的步骤也可以叙述为，不断更换基矩阵直到当前基矩阵所定义的检验向量 $\boldsymbol{k}$ 的各分量皆正，找到最优解，最优解为当前基矩阵所决定的式（5.72）形式。

不排除出现以下两种情况。其一，如不论怎么变换自由变量，总有检验矢量的某个或某些分量为 0，其他检验矢量分量大于 0，则线性规划问题有无穷多最优解。这是因为当 f 已经达到最小值时，不论系数为 0 的自由变量取何正数，都不影响 f 的最小取值。其二，如不论怎么变换自由变量，检验矢量中总存在某个或某些分量小于 0，则线性规划问题无解，或线性规划问题无界。

若 m 个约束条件并非彼此独立，即约束矩阵 $\boldsymbol{A}$ 中仅有 $m'(m'<m)$ 个行向量线性无关，可以运用解线性方程组的方法判定方程组是否有解，若方程组无解，则线性规划无解；若方程组有解，可剔除多余的约束，保留 m' 个约束继续按上述方法求解。

虽然求解域（或称可行域）空间 D 给出了变量 $\boldsymbol{X}$ 的无穷多种取值，而自由变量的选择方式仅有 $\mathrm{C}_{\mathrm{n}}^{\mathrm{m}}$ 种，是有限数。如线性规划问题存在最优解，则最优解只能出现在某一种自由变量的组合方式的情况下，这就把无限问题转化为有限的问题。线性规划问题在一般意义上得到解决。

5.5.3 线性规划的求解

求解线性规划最为常见的方法为单纯形法（Simplex Method），其原理如 5.5.2 所述。现以计算实例说明单纯形法求解线性规划的步骤。

为进行矩阵初等变换的需要，将系数矩阵 $\boldsymbol{A}$、目标函数未知量系数矢量 $\boldsymbol{c}$ 以及检验矢量 $\boldsymbol{k}$ 写入同一个表格中，称此为单纯形表（Simplex Tableau）。所有矩阵初等变换的计算在单纯形表中进行。

需要对 5.5.2 原理叙述做出补充说明的是，在具体操作中为了方便得到最优解式（5.72）我们总是需要把基矩阵 $\boldsymbol{B}_A$ 通过初等变换将其变换为单位矩阵的形式。那么整个在系数矩阵 $\boldsymbol{A}$ 中不断更换基矩阵 $\boldsymbol{B}_A$ 的过程可以被叙述为：首先，在实施计算之前，对线性规划问题标准化的时候，在系数矩阵 $\boldsymbol{A}$ 中构造一个 $m\times m$ 维单位矩阵，并以此作为初始单位基矩阵 $\boldsymbol{B}_A^{(0)}$；之后，在计算之中的第 r 步，需要在 $\boldsymbol{A}$ 中 $\boldsymbol{B}_D^{(r)}$ 中选择一个列向量使成为新的 $\boldsymbol{B}_A^{(r+1)}$ 中的某一个单位列向量，而重新定义下一步的单位基矩阵 $\boldsymbol{B}_A^{(r+1)}$，直到检验矢量 $\boldsymbol{k}$ 的各个分量皆为正数时为止。自然地，如检验矢量 $\boldsymbol{k}$ 还未达到要求，应选择 $\boldsymbol{k}$ 中最小负数分量所对应的 $\boldsymbol{A}$ 中列向量为新的单位列向量（对于有些特殊的线性规划，用最小负数分量的方法，可能出现循环迭代且达不到最优解的情况，用最小/大角标法可以解决此类问题）。至于这个新换入的列向量中哪一行元素需要经由初等变换变成 1，应该考虑到新的基矩阵 $\boldsymbol{B}_A^{(r+1)}$ 能够使目标函数 f 的取值更小，并同时保证 $\boldsymbol{X}$ 的取值非负。所以在单纯形法中，针对换入的基矢量的各行定义了一个检验数 θ_i（$i=1,2,\cdots,m$），i 为行序号。在进行初等变换之前需要比较各行检验数，以检验数最小的行为新基向量元素 1 所在行进行初等变换。θ_i 的具体定义为式（5.73）：

$$\theta_i=\frac{b_i}{a_{ij}},\quad i=1,2,\cdots,m \tag{5.73}$$

当中 j 表示检验矢量 $\boldsymbol{k}$ 中最小负数分量所对应的 $\boldsymbol{A}$ 中列序号。a_{ij} 表示矩阵 $\boldsymbol{A}$ 中 i 行 j 列所对应元素，并且要求 $a_{ij}>0$。

现在使用单纯形法解例 5.1。例 5.1 的标准形式已经包含了一个 $m\times m$ 维单位矩阵，后面的例子将给出如何在标准化的过程中初始构造 $m\times m$ 维单位矩阵。表 5.1 给出了单纯形法完整的计算步骤，以及每步所对应的线性规划问题的解的结构。表中“[]”所标记的元素是在将进行的初等变换中被变换成 1 的元素，其所在列向量为将换入的新的基向量。

表 5.1 标准线性规划例 5.1 的单纯形解法

单纯形表（第一步）

	x_1	x_2	x_3	x_4	x_5	b'	θ_i
$\boldsymbol{c}$	−2	−3	0	0	0	0	
$\boldsymbol{A}$	1	2	1	0	0	8	4
	4	0	0	1	0	16	—
	0	[4]	0	0	1	12	3
$\boldsymbol{k}$	−2	−3					

解的结构

$$f=-2x_1-3x_2$$

$$\begin{pmatrix}x_1\\x_2\\x_3\\x_4\\x_5\end{pmatrix}=\begin{pmatrix}x_1\\x_2\\8-x_1-2x_2\\16-4x_1\\12-4x_2\end{pmatrix}=\begin{pmatrix}0\\0\\8\\16\\12\end{pmatrix}+x_1\begin{pmatrix}1\\0\\-1\\-4\\0\end{pmatrix}+x_2\begin{pmatrix}0\\1\\-2\\0\\-4\end{pmatrix}$$

单纯形表（第二步）

	x_1	x_2	x_3	x_4	x_5	b'	θ_i
$\boldsymbol{c}$	−2	−3	0	0	0	0	
$\boldsymbol{A}$	[1]	0	1	0	−1/2	2	2
	4	0	0	1	0	16	4
	0	1	0	0	1/4	3	—
$\boldsymbol{k}$	−2				3/4		

解的结构

$$f=-9-2x_1+3x_5/4$$

$$\begin{pmatrix}x_1\\x_2\\x_3\\x_4\\x_5\end{pmatrix}=\begin{pmatrix}x_1\\3-\dfrac{x_5}{4}\\2-x_1+\dfrac{x_5}{2}\\16-4x_1\\x_5\end{pmatrix}=\begin{pmatrix}0\\3\\2\\16\\0\end{pmatrix}+x_1\begin{pmatrix}1\\0\\-1\\-4\\0\end{pmatrix}+x_5\begin{pmatrix}0\\-\dfrac{1}{4}\\\dfrac{1}{2}\\0\\1\end{pmatrix}$$

单纯形表（第三步）

	x_1	x_2	x_3	x_4	x_5	b'	θ_i
$\boldsymbol{c}$	−2	−3	0	0	0	0	
$\boldsymbol{A}$	1	0	1	0	−1/2	2	—
	0	0	−4	1	[2]	8	4
	0	1	0	0	1/4	3	12
$\boldsymbol{k}$			2		−1/4		

解的结构

$$f=-13+2x_3-x_5/4$$

$$\begin{pmatrix}x_1\\x_2\\x_3\\x_4\\x_5\end{pmatrix}=\begin{pmatrix}2-x_3+\dfrac{x_5}{2}\\3-\dfrac{x_5}{4}\\x_3\\8+4x_1-2x_5\\x_5\end{pmatrix}=\begin{pmatrix}2\\3\\0\\8\\0\end{pmatrix}+x_3\begin{pmatrix}-1\\0\\1\\4\\0\end{pmatrix}+x_5\begin{pmatrix}\dfrac{1}{2}\\-\dfrac{1}{4}\\0\\-2\\1\end{pmatrix}$$

（续）

<table>
<tr><th>单纯形表</th><th>解的结构</th></tr>
<tr><td>
<table>
<tr><th></th><th>x_1</th><th>x_2</th><th>x_3</th><th>x_4</th><th>x_5</th><th>$\boldsymbol{b}'$</th><th>θ_i</th></tr>
<tr><td>$\boldsymbol{c}$</td><td>−2</td><td>−3</td><td>0</td><td>0</td><td>0</td><td>0</td><td></td></tr>
<tr><td>$\boldsymbol{A}$</td><td>1</td><td>0</td><td>0</td><td>1/4</td><td>0</td><td></td><td></td></tr>
<tr><td></td><td>0</td><td>0</td><td>−2</td><td>1/2</td><td>1</td><td>4</td><td></td></tr>
<tr><td></td><td>0</td><td>1</td><td>1/2</td><td>−1/8</td><td>0</td><td>2</td><td></td></tr>
<tr><td>$\boldsymbol{k}$</td><td></td><td></td><td>3/2</td><td>1/8</td><td></td><td></td><td></td></tr>
</table>
</td><td>
$f=-14+3x_3/2+x_4/8$

$$\begin{pmatrix}x_1\\x_2\\x_3\\x_4\\x_5\end{pmatrix}=\begin{pmatrix}4-\dfrac{x_4}{4}\\2-\dfrac{x_3}{2}+\dfrac{x_4}{8}\\x_3\\x_4\\4+2x_3-\dfrac{x_4}{2}\end{pmatrix}=\begin{pmatrix}4\\2\\0\\0\\4\end{pmatrix}+x_3\begin{pmatrix}0\\-\dfrac{1}{2}\\1\\0\\2\end{pmatrix}+x_5\begin{pmatrix}-\dfrac{1}{4}\\\dfrac{1}{8}\\0\\1\\-\dfrac{1}{2}\end{pmatrix}$$
</td></tr>
<tr><td colspan="2">最优解为$(x_1, x_2)=(4, 2)$，目标函数最优值为 $f_{\min}=-14$</td></tr>
</table>

例 5.1 经过标准化后很巧合地在约束条件的系数矩阵中出现了单位矩阵，这是初始基矩阵正好为单位矩阵的特殊情况，然而在大多数情况下需要引入人工变量初始化标准化线性规划问题。通过例 5.2 详细说明。

例 5.2　求解线性规划问题：

$$\begin{aligned}\min\quad & f=-3x_1+x_2+x_3\\ \text{s.t.}\quad & x_1-2x_2+x_3\leqslant 11\\ & -4x_1+x_2+2x_3\geqslant 3\\ & -2x_1+x_3=1\\ & x_1,\ x_2,\ x_3\geqslant 0\end{aligned}$$

解：首先将线性规划问题标准化：

$$\begin{aligned}\min\quad & f=-3x_1+x_2+x_3\\ \text{s.t.}\quad & x_1-2x_2+x_3+x_4=11\\ & -4x_1+x_2+2x_3-x_5=3\\ & -2x_1+x_3=1\\ & x_1,\ x_2,\ x_3,\ x_4,\ x_5\geqslant 0\end{aligned}$$

由于此时无法找到单位矩阵为初始基矩阵，而引入人工变量 x_6 和 x_7，将线性规划问题改写为：

$$\begin{aligned}\min\quad & f=-3x_1+x_2+x_3+Mx_6+Mx_7\\ \text{s.t.}\quad & x_1-2x_2+x_3+x_4=11\\ & -4x_1+x_2+2x_3-x_5+x_6=3\\ & -2x_1+x_3+x_7=1\\ & x_1,\ x_2,\ x_3,\ x_4,\ x_5,\ x_6,\ x_7\geqslant 0\end{aligned}$$

其中 M 为某足够大正数。为确保最优解不受人工变量影响，或者说当规划问题取得最优解时，应要求最优解当中人工变量 x_6 和 x_7 取值皆为 0；因此要求目标函数中人工变量的系数为足够大正数 M（此应远远大于目标函数中任何变量的系数）。另一方面，在引入人工变量 x_6 和 x_7 进入约束条件的时候，并未改变约束条件的界限，那是因为最终需要要求人工变量 x_6 和 x_7 为 0。而在求解过程中变量的取值是否偏离约束条件其实无关紧要。

引入人工变量的求解标准化线性规划的单纯形方法也称作大 M 法。表 5.2 给出了使用大 M 法求例 5.2 全过程，以及对应的解的结构。

表 5.2　标准线性规划例 5.2 的大 M 解法

单纯形表 | 解的结构

	x_1	x_2	x_3	x_4	x_5	x_6	x_7	$\boldsymbol{b}'$	θ_i
$\boldsymbol{c}$	−3	1	1	0	0	M	M	0	
$\boldsymbol{A}$	1	−2	1	1	0	0	0	11	11
	−4	1	2	0	−1	1	0	3	3/2
	−2	0	[1]	0	0	0	1	1	1
$\boldsymbol{k}$	$-3+6M$	$1-M$	$1-3M$		M				

$$f=4M+(6M-3)x_1+(1-M)x_2+(1-3M)x_3+Mx_5$$

$$\begin{pmatrix}x_1\\x_2\\x_3\\x_4\\x_5\\x_6\\x_7\end{pmatrix}=\begin{pmatrix}0\\0\\0\\11\\0\\3\\1\end{pmatrix}+x_1\begin{pmatrix}1\\0\\0\\-1\\0\\4\\2\end{pmatrix}+x_2\begin{pmatrix}0\\1\\0\\2\\0\\-1\\0\end{pmatrix}+x_3\begin{pmatrix}0\\0\\1\\-1\\0\\-2\\-1\end{pmatrix}+x_5\begin{pmatrix}0\\0\\0\\0\\1\\1\\0\end{pmatrix}$$

	x_1	x_2	x_3	x_4	x_5	x_6	x_7	$\boldsymbol{b}'$	θ_i
$\boldsymbol{c}$	−3	1	1	0	0	M	M	0	
$\boldsymbol{A}$	3	−2	0	1	0	0	−1	10	
	0	[1]	0	0	−1	1	−2	1	1
	−2	0	1	0	0	0	1	1	
$\boldsymbol{k}$	−1	$1-M$			M		$3M-1$		

$$f=M+1-x_1+(1-M)x_2+Mx_5+(3M-1)x_7$$

$$\begin{pmatrix}x_1\\x_2\\x_3\\x_4\\x_5\\x_6\\x_7\end{pmatrix}=\begin{pmatrix}0\\0\\1\\10\\0\\1\\0\end{pmatrix}+x_1\begin{pmatrix}1\\0\\2\\-3\\0\\0\\0\end{pmatrix}+x_2\begin{pmatrix}0\\1\\0\\2\\0\\-1\\0\end{pmatrix}+x_5\begin{pmatrix}0\\0\\0\\0\\1\\1\\0\end{pmatrix}+x_7\begin{pmatrix}0\\0\\-1\\1\\0\\2\\1\end{pmatrix}$$

	x_1	x_2	x_3	x_4	x_5	x_6	x_7	$\boldsymbol{b}'$	θ_i
$\boldsymbol{c}$	−3	1	1	0	0	M	M	0	
$\boldsymbol{A}$	[3]	0	0	1	−2	2	−5	12	4
	0	1	0	0	−1	1	−2	1	
	−2	0	1	0	0	0	1	1	
$\boldsymbol{k}$	−1				1	$M-1$	$M+1$		

$$f=2-x_1+x_5+(M-1)x_6+(M+1)x_7$$

$$\begin{pmatrix}x_1\\x_2\\x_3\\x_4\\x_5\\x_6\\x_7\end{pmatrix}=\begin{pmatrix}0\\1\\1\\12\\0\\0\\0\end{pmatrix}+x_1\begin{pmatrix}1\\0\\2\\-3\\0\\0\\0\end{pmatrix}+x_5\begin{pmatrix}0\\1\\0\\2\\1\\0\\0\end{pmatrix}+x_6\begin{pmatrix}0\\-1\\0\\-2\\0\\1\\0\end{pmatrix}+x_7\begin{pmatrix}0\\2\\-1\\5\\0\\0\\1\end{pmatrix}$$

	x_1	x_2	x_3	x_4	x_5	x_6	x_7	$\boldsymbol{b}'$	θ_i
$\boldsymbol{c}$	−3	1	1	0	0	M	M	0	
$\boldsymbol{A}$	1	0	0	1/3	−2/3	−2/3	−5/3	4	
	0	1	0	0	−1	1	−2	1	
	0	0	1	−2/3	−4/3	4/3	−7/3	9	
$\boldsymbol{k}$				1/3	1/3	$M-1/3$	$M-2/3$		

$$f=-2+x_4/3+x_5/3+(M-1/3)x_6+(M-2/3)x_7$$

$$\begin{pmatrix}x_1\\x_2\\x_3\\x_4\\x_5\\x_6\\x_7\end{pmatrix}=\begin{pmatrix}4\\1\\9\\0\\0\\0\\0\end{pmatrix}+x_4\begin{pmatrix}-\frac{1}{3}\\0\\-\frac{2}{3}\\1\\0\\0\\0\end{pmatrix}+x_5\begin{pmatrix}\frac{2}{3}\\1\\\frac{4}{3}\\0\\1\\0\\0\end{pmatrix}+x_6\begin{pmatrix}-\frac{2}{3}\\-1\\-\frac{4}{3}\\0\\0\\1\\0\end{pmatrix}+x_7\begin{pmatrix}\frac{5}{3}\\2\\\frac{7}{3}\\0\\0\\0\\1\end{pmatrix}$$

最优解为$(x_1, x_2, x_3)=(4, 1, 9)$，目标函数最优值为 $f_{\min}=-2$

求解线性规划问题的方法并不唯一，这里介绍的单纯形法是求解线性规划问题最为常用的方法。实际上，对于约束条件中没有非负约束，而只有等式约束的特殊的线性规划问题，完全可以使用拉格朗日（Lagrange）条件极值方法求解。具体地，对形如式（5.74）的非标准形式线性规划问题：

$$\min f=\boldsymbol{c}^{\mathrm{T}}\boldsymbol{X}$$
$$\text{s. t.}\quad \boldsymbol{AX}=\boldsymbol{b} \tag{5.74}$$

使用拉格朗日条件极值法求解，等价于解线性方程组（5.75）：

$$\begin{pmatrix}\boldsymbol{A} & 0\\ 0 & \boldsymbol{A}^{\mathrm{T}}\end{pmatrix}\begin{pmatrix}\boldsymbol{X}\\ \boldsymbol{\lambda}\end{pmatrix}=\begin{pmatrix}\boldsymbol{b}\\ -\boldsymbol{c}\end{pmatrix} \tag{5.75}$$

其中矢量 $\boldsymbol{\lambda}$ 为拉格朗日乘子矢量：$\boldsymbol{\lambda}=(\lambda_1, \lambda_2, \cdots, \lambda_m)^{\mathrm{T}}$。

开发关于线性规划的算法的研究仍在继续，简化求解过程降低计算复杂度是追求的目标。而单纯形法是线性规划问题的一个重要和基本的组成部分。

习 题

1. 对图5.2所显示的例子，自行设置目标函数的参数，使用最速下降法寻找其局部极小值。

2. 对图5.2所显示的例子，自行设置目标函数的参数，使用共轭梯度法寻找其局部极小值。

3. 对图5.14所显示的例子，即规划问题[见式(5.51)]，自行设置目标函数和约束条件的参数，使用5.4.3中介绍的方法求解之。

4. 不限计算机语言，编写程序使用一般规划问题的松弛变量法求解线性规划问题例5.2。

第 6 章　环境规划问题

本章给出了 6 个与环境科学相关的数学建模问题。6.1“利用最大熵原理得到粒径分布”和 6.2“平原风电场风机的直线排布问题”皆继承自他人的研究工作，具备真实工程背景。6.6“海水入侵规划问题”部分虽然同样延续了相关理论，但此更多的是理论以及模型和算法上的讨论，相关实际问题中的不确定性依然突出。6.5“大气污染物时间序列监测指标预报问题”来自真实的预报案例，包含相关理论证明、数据采集、建模以及模型预报应用等的相关工作，现已整理并发表。6.3“山地风电场风机选址问题”以及 6.4“单线地铁趟次调度最优化问题”纯属数学建模工作，并未涉及具体实际环境工程实际案例。

从环境科学和系统论角度上讲，此章仅以 6 个环境规划的例子，意图首先在于说明数学模型是给出复杂问题合理解决方案的关键方法论手段。从以问题为导向的实用性上讲，本章试图以例证说明模型方法论的灵活性和具体学科理论的相对性。比如 6.2 和 6.3，虽然同属风机微选址问题，但因关注的视角和侧重的不同，整个建模过程和使用到的理论背景截然不同。再比如，6.5“大气污染物时间序列监测指标预报问题”中，对于大气污染物浓度的预报方式可以完全是机理性的，也可以是体现不确定性的，而成功的预报方式取决于具体应用条件。有时摒弃决定论并非否认规律性，这里成功应用了统计模型和随机性假设，而恰恰是结合了数字特征的规律和浓度指标在局地监测条件下的现实特征。再从数学建模角度上讲，几个在环境科学上的实际应用，具有典型性。6.1“利用最大熵原理得到粒径分布”部分内容涉及微观领域，结论可能应用于实验科学或相关颗粒物形成等的机理研究，但建模的支配性原理为最大熵原理，此为复杂性理论在具体领域的应用例子，也是学科交叉的生动范例。6.4“单线地铁趟次调整最优化问题”提炼出纷繁的交通问题的统计规律性特征，也有意说明合理的公共交通规划在环境和经济上都具备优势。6.6“海水入侵规划问题”部分中将偏微分方程约束规划问题转化为线性规划或其他能够处理的规划问题，是问题转化的生动例子。

这里的模型演绎有的有实际或理论背景，有的没有，作为交叉学科并不应排斥数学建模的介入，反而应该体现其在环境科学中的优势。当中模型具备进一步深入或具体应用上的改进和研究余地。

6.1　利用最大熵原理得到粒径分布

6.1.1　问题提出

环境科学某些具体领域会涉及颗粒相物质或气溶胶等液滴相物质的分布以及其传输建模问题[43]。比如不同粒径细颗粒物在环境中的传输，或者气溶胶形成、转变和传播问题等。当中的关键在于如何给出细颗粒物或气溶胶尺寸的先验分布律。另外，在与化工过程有关的环境工程领域中也会涉及含有离散相物质的多相流问题。诸如化工反应器中的精确模拟。流化床反应器中气-固两相流的混合和反应过程，搅拌反应器内部的多相流混合及反应过程[44]都涉及颗粒相或微粒相物质转化和转移。萃取过程中也会涉及微粒相与流体的相互作用[45]。这些都离不开对微粒相的整体把握，而微粒相的尺寸分布即是其基本内容。

大气环境中细颗粒物，因其尺寸的不同，对人的危害不一。而且不同细颗粒物之间存在相互作用，诸如凝并、细碎等，不同粒径颗粒物的数量在随时改变。而气溶胶这种液态的微粒相在传播的过程中还存在相变。除了微粒之间的凝并、细碎作用以外，气溶胶微粒时刻在挥发、溶解，尺寸改变的情况更普遍。微粒相尺寸的改变与其所处环境条件有关。反应器中的极端情况尤其能够体现这一点。比如存在固态微粒相参与反应的化工过程，随着反应的进行粒径尺寸明显变化。

不同大小尺寸微粒的数量不尽相同，而以不同尺寸的微粒的数量分布函数归纳微粒相的存在方式，则能整体把握微粒相的基本概况。而且微粒相的尺寸数量组成会随时改变。这种改变过程十分复杂，与其细究个别微粒尺寸的变化，不如在微粒尺寸分布律整体视角上把握微粒相的动态变化过程，进而简化对整个过程的认识，并建立宏观/表观与微观的桥梁。因此，利用粒径尺寸的分布律这一认识工具能够大大简化并明晰对颗粒相的总体情况的认识和把握，尤其对于变尺寸的微粒整体而言，粒径尺寸分布更能发挥其优势。所以能够找到微粒的尺寸分布律，对于微粒相的描述至关重要。

由于微粒相的复杂性，可以以统计学的思想定义微粒相的尺寸分布。颗粒以某种尺寸出现的概率即等同于该尺寸颗粒占总颗粒物数量的比例，而将微粒的尺寸分布视为某种概率分布率。在气溶胶液滴粒径的研究领域，Rosin-Rammler 首先使用 Weibull 概率分布描述不同直径颗粒数目的分布情况，之后 Rosin-Rammler（RR）分布与基于此而改进的 Nukiyama-Tanasawa（NT）模式被研究者广泛地应用于不同种类的颗粒或重气液滴的尺寸分布上[46,47]。

然而大多数实际情况是，微粒的组分复杂，而微粒分布并非严格地满足某一个理论的分布规律。它可以是多个分布的叠加。比如可以从大气细颗粒物或可燃灰分的粒径分布的实测数据[48]中发现，所有细颗粒物的粒径组成存在明显的叠加性，其尺寸数量存在多个峰值，而在统计上这可以被视为这种细颗粒物由多种具有不同平均尺寸的细颗粒物样本所组成。既然现实情况下颗粒的尺寸数量分布是多个样本分布的叠加，则应该首先研究单纯尺度组分颗粒样本的尺寸分布规律。然而，对于简单微粒组分的微粒，即使其粒径的分布能够表现出尺寸数量分布的单一性[49]，但对此尺寸数量上单一的微粒类别，如人为地选择概率分布拟合则不可避免地带有主观任意性。基本的尺寸分布律的选择应尽可能地体现微粒的尺寸数量分布的客观性。所以，应该首先找到基本简单微粒粒径的分布，它能够使得复杂分布是多个简单分布的叠加，同时其也能作为单一组分分布的客观参照。

这里将使用最大熵原理给出微粒的粒径数量的基本分布律，而摒弃主观选择粒径数量分布律概率分布的做法。这种方法将分布律视为未知函数，在最大熵的原则下建立有约束的优化模型并确定之。因此这种方法具有一般性，而所得到的分布律可以不同于已存在的任何概率分布律，但与之存在特殊与一般的关系。利用统计的估计方法能够得到建立于不同研究样本基础之上的确切分布函数，所以这种方法具有客观性，对于不同类别的微粒相皆有参考价值。需要说明的是，这里使用最大熵原理得到的粒径数量分布律首先着眼于单一尺寸组成微粒的粒径数量分布律，对于由多种平均尺寸的细颗粒物所组成复杂微粒相，其粒径数量分布可以视为多个这种分布的叠加。

6.1.2 利用最大熵原理得到分布函数

最大熵原理产生于信息论。仙农（Shannon）在信息论中迁移使用热力学中“熵”的概念定义某一种编码方式所蕴含的信息量的大小。不同于热力学中的熵，这个“熵”的概念在其他科学领域其被引申为系统复杂性的大小的量度。

首先介绍最大熵理论在信息学中的背景。在信息学中人们关心某一种未知编码方式总的码字数量的多寡，而将此认为是这种编码方式的信息量。实际上，人们很难一来就能把握一种编码方式的信息量大小，往往只是通过零星出现的码字和其出现的频率来估计这种编码的信息量的。所以在某些情况下，在编码学理论中，可以把一段通信中可能出现的单一码字视为随变量，以所截获码字为样本，而对这种编码的信息量做统计学的估计。编码的信息量与这种编码中所有码字出现的频率密切相关。如果某一码字出现的频率过繁，而码字为数不多，则这种编码方式能蕴含的信息量不大。

离散情况时，编码的仙农熵为 $H=-\sum_i(p_i\ln p_i)$。p_i 代表第 i 个某个码字出现的概率（比如英文这种编码方式中某一个字母出现的概率）。那么 $1/p_i$ 则为当这个码字只出现一次时，整个编码空间的总码字数量的估计。而 $\lg_2(1/p_i)$ 则是当这些码字全以二进制编码后，以第 i 个码字所估计出的所有码字数量应占的位数。所以所有 $\lg_2(1/p_i)$ 的统计平均值就是该编码方式的信息量大小的量度。而为了计算的方便采用 $\ln(1/p_i)$。

所以对于一般的连续概率分布 $f(x)$ 而言，$\ln[1/f(x)]$的均值则体现了随机变量所来自样本的复杂或者丰富的程度。连续分布 $f(x)$ 的仙农熵的定义为式（6.1）：

$$H=-\int f(x)\ln f(x)\mathrm{d}x \tag{6.1}$$

所谓熵最大化原理，即是说能够普遍稳定存在的系统，其熵必定达到最大，它的丰富和复杂程度已经最大化而能够支持其稳定长期存在。

Zhang & Xu 使用最大熵原理得到了一个具有一般意义的一维概率分布律[50~52]，虽然此分布律最初的建立是用于海浪波高的统计，但其推导方式并不受此局限，而具有一般意义并值得推广，可以应用这种概率分布律描述微粒的粒径数量分布律。在得到此分布律之后引用陶山山[52]对此分布律与其他常用分布律的比较，说明其一般意义。

表 6.1 是 6.1 部分使用符号说明。

表 6.1 粒径分布律问题符号说明

符号	意　义
a	Gamma 分布、Weibull 分布参数
d	Weibull 分布参数
f	分布函数
H	仙农熵
L	拉格朗日极值问题目标函数
m	Weibull 分布参数
x	分布函数自变量
α	分布参数
β	分布参数
γ	分布参数
λ	拉格朗日乘子、指数分布参数
μ	约束条件参数
ξ	分布参数
σ	Rayleigh 分布、标准正态分布参数

回到单一尺寸组成的颗粒物粒径分布问题上。认为某种单一组成的微粒物的粒径为随机变量 X，而存在某种概率密度分布函数 $f(x)$ 描述这种颗粒的粒径尺寸和数量之间的关系。既然此种颗粒物按照这种尺寸分布已达到稳定，此概率密度 $f(x)$ 必满足最大熵原理。所以，可以以有约束的最大熵原理求解 $f(x)$ 的具体形式。定义数学规划问题如式（6.2）：

$$\max H(f) = -\int_0^{+\infty} f(x)\ln f(x)\mathrm{d}x$$

$$\text{s.t.} \int_0^{+\infty} f(x)\mathrm{d}x = 1$$

$$\int_0^{+\infty} (\ln x) f(x)\mathrm{d}x = \mu_1$$

$$\int_0^{+\infty} x^{\xi} f(x)\mathrm{d}x = \mu_2 \tag{6.2}$$

式中 μ_1、μ_2 为某常数。规划问题如式（6.2）的第一个约束为全概率为 1 条件，第二个约束条件为 $\ln x$ 的期望收敛，第三个约束条件为 x^{ξ} 的期望收敛。改写式（6.2）为式（6.3），即拉格朗日条件极值问题：

$$\max L(f) = -\int_0^{+\infty} f(x)\ln f(x)\mathrm{d}x +$$

$$\lambda_1\left(\int_0^{+\infty} f(x)\mathrm{d}x - 1\right) + \lambda_2\left(\int_0^{+\infty} f(x)\ln x\mathrm{d}x - \mu_1\right) + \lambda_3\left(\int_0^{+\infty} x^{\xi} f(x)\mathrm{d}x - \mu_2\right) \tag{6.3}$$

其驻点方程如式（6.4）～式（6.7）：

$$\frac{\partial L}{\partial f} = \int_0^{+\infty} (-\ln f - 1 + \lambda_1 + \lambda_2 \ln x + \lambda_3 x^{\xi})\mathrm{d}x = 0 \tag{6.4}$$

$$\frac{\partial L}{\partial \lambda_1} = \int_0^{+\infty} f(x)\mathrm{d}x - 1 = 0 \tag{6.5}$$

$$\frac{\partial L}{\partial \lambda_2} = \int_0^{+\infty} f(x)\ln x\mathrm{d}x - \mu_1 = 0 \tag{6.6}$$

$$\frac{\partial L}{\partial \lambda_3} = \int_0^{+\infty} x^{\xi} f(x)\mathrm{d}x - \mu_2 = 0 \tag{6.7}$$

由式（6.4）得式（6.8）：

$$f = x^{\lambda_2} e^{\lambda_1 - 1 + \lambda_3 x^{\xi}} = \alpha x^{\gamma} e^{-\beta x^{\xi}} \tag{6.8}$$

其中 $\alpha = \exp(\lambda_1 - 1)$，$\gamma = \lambda_2$，$\beta = -\lambda_3$；再利用式（6.5）得式（6.9）：

$$1 = \int_0^{+\infty} \alpha x^{\gamma} e^{-\beta x^{\xi}}\mathrm{d}x = \int_0^{+\infty} \frac{\alpha}{\xi\beta} x^{\gamma-\xi+1} e^{-\beta x^{\xi}}\mathrm{d}(\beta x^{\xi}) = \int_0^{+\infty} \frac{\alpha}{\xi\beta^{\frac{\gamma+1}{\xi}}} y^{\frac{\gamma+1}{\xi}-1} e^{-y}\mathrm{d}y = \frac{\alpha}{\xi\beta^{\frac{\gamma+1}{\xi}}}\Gamma\left(\frac{\gamma+1}{\xi}\right) \tag{6.9}$$

因此可以利用伽玛函数定义 α 即式（6.10）：

$$\alpha = \frac{\xi\beta^{\frac{\gamma+1}{\xi}}}{\Gamma\left(\frac{\gamma+1}{\xi}\right)} \tag{6.10}$$

故有式（6.11a）：

$$f(x)=\frac{\xi\beta^{\frac{\gamma+1}{\xi}}}{\Gamma\left(\frac{\gamma+1}{\xi}\right)}x^{\gamma}e^{-\beta x^{\xi}} \tag{6.11a}$$

这就是以如上方式所得到的单一组成的微粒物的粒径最大熵分布。或者将其整理为式（6.11b）：

$$f(x)=\begin{cases}\dfrac{\xi\beta^{\frac{\gamma+1}{\xi}}}{\Gamma\left(\frac{\gamma+1}{\xi}\right)}x^{\gamma}e^{-\beta x^{\xi}}, & x\geqslant 0\\ 0, & x<0\end{cases} \tag{6.11b}$$

表 6.2 给出了此最大熵分布与其他主要常用统计分布的比较。由比较可以看出，其他常用分布是此最大熵分布的参数取特殊值的特殊情形。

表 6.2 最大熵分布与主要常用统计分布的比较

分布名称	分布密度函数	最大熵分布参数的选择
最大熵分布	$f(x)=\frac{\xi\beta^{\frac{\gamma+1}{\xi}}}{\Gamma\left(\frac{\gamma+1}{\xi}\right)}x^{\gamma}e^{-\beta x^{\xi}}$	—
Gamma 分布	$f(x)=\frac{\beta^{a}}{\Gamma(a)}x^{a-1}e^{-\beta x}$	$\beta=\beta$，$\gamma=a-1$，$\xi=1$
Weibull 分布	$f(x)=\frac{m}{d}x^{m-1}e^{-x^{m}/d}$	$\beta=d^{-1}$，$\gamma=m-1$，$\xi=m$
三参数 Weibull 分布	$f(x)=\frac{m}{d^{a/m}\Gamma(a/m)}x^{a-1}e^{-x^{m}/d}$	$\beta=d^{-1}$，$\gamma=a-1$，$\xi=m$
指数分布	$f(x)=\lambda e^{-\lambda x}$	$\beta=\lambda$，$\gamma=0$，$\xi=1$
Rayleigh 分布	$f(x)=\frac{x}{\sigma^{2}}\exp\left(-\frac{x^{2}}{2\sigma^{2}}\right)$	$\beta=1/(2\sigma^{2})$，$\gamma=1$，$\xi=2$
标准正态分布	$f(x)=\frac{1}{\sigma\sqrt{2\pi}}\exp\left(-\frac{x^{2}}{2\sigma^{2}}\right)$	当 $\beta=1/(2\sigma^{2})$，$\gamma=0$，$\xi=2$ 时，最大熵分布为标准正太分布的一半，是 $x\geqslant 0$ 时的分布。

并且由式（6.11）不难得到其各阶矩式（6.12）：

$$\mu_{n}=Ex^{n}=\beta^{-\frac{n}{\xi}}\frac{\Gamma\left(\frac{\gamma+n+1}{\xi}\right)}{\Gamma\left(\frac{\gamma+1}{\xi}\right)} \tag{6.12}$$

所以在实际应用中可使用矩的参数估计方法得到参数 γ、β 和 ξ 的近似估计值。利用式（6.12），在样本的 1、2 到 3 阶矩的统计值可以获得的情况下，建立三个方程，而解得 γ、β 和 ξ 值。

由以上推导和表 6.2 的比较可以看出，此得到的最大熵分布具有一般意义，可以推广应用于诸多随机现象的统计分析中。

6.2　平原风电场风机的直线排布问题

6.2.1　问题的提出

近年来新能源的开发和使用成为热点。风能因其持续、清洁、可再生以及其收集技术日趋成熟等特点而发展迅速。

风电场分类方式在工程上基本上是按照风力资源的多少来分的，也可以按照风电场所建设的地理情况来分类。诸如为平原风电场、海上风电场和山地风电场。在中国，这三种风电场都在蓬勃建设中。新疆广泛分布着平原风力发电厂，最大的为即将建成的新疆吐鲁番小草湖风区风电基地。目前，云南大理市下关镇的大风坝、者磨山风电场和四川会东鲁南风电场是中国为数不多的山地风电场。上海东海大桥海上风力发电场是中国首个海上风力发电场。随着经济的发展，这些例子将不胜枚举。

在平原上风电场风机选址问题当中最简单的情况就是风机呈直线排列，所有风机在主导风向吹过的直线上等间距排布。如果直线的长度固定，需要考虑这条直线上风机发电的效率，即风机总功率指标。设想，如果在这条固定长度的直线上风机排布得过少，总功率必然不高，另一方面由于风速经过风机之后将有所衰减，如果风机排布得过多，之后的风机将在衰弱的风场中采集风能，同样会影响风能的采集效率。所以这当中有个最优化的问题，就是当环境风速一定的条件下，在固定长度的直线上应该排布几台风机能够使得所有风机发电的功率最大。

为完整回答这个问题必须首先弄清风受风机阻力、风机发电功率等基本物理问题，以及风速在风机的阻挡下衰减的规律，最后才能对以上最优化问题建立量化分析模型。而且所有分析必须在同样的假设条件下，当中风速因风机的阻挡而随距离的衰减不可忽略。表 6.3 为第 6.2 节的部分符号说明。

表 6.3　风机直线排布问题符号说明

变　量	意　义	量　纲
A	风力发电机风扇所扫过面积	m^2
C_D	发电功率与环境风场风能最大传输功率比例系数	—
C_T	风机阻力与风场最大动量通量比例系数	—
d	风力发电机风扇所扫过圆直径	m
F	风受到的风机阻力	N
i	风机序号 $i=1, 2, 3, \cdots, n$	—
k	风机叶片影响半径函数参数	—
L	风机间距	km
L_{max}	风机直线排布的总长度	km
L_{min}	最小风机间距	km
n	风机总数	—
p	单台风力发电机发电功率	W
p_i	第 i 台风力发电机发电功率	W
r	风力发电机风扇所扫过圆半径	m
U_i	第 i 台风力发电机尾迹风速	$m \cdot s^{-1}$
U_w	单台风力发电机尾迹风速	$m \cdot s^{-1}$
U_∞	环境风速	$m \cdot s^{-1}$

续表

变量	意义	量纲
x	风机下游距离坐标	m
β	单台风力发电机尾迹风速分布律参数	—
η	风速衰减函数	—
ρ	大气密度	$kg \cdot m^{-3}$
σ	风机叶片影响半径	m
ϕ	辅助函数	m^2

6.2.2 阻力和功率

以下对一台风机进行分析，相对地认为风机厚度足够薄。假设吹入风速为恒定值 U_∞，大气密度 ρ 为常数，风速经过风机阻挡之后风速变为 $U_w(0)$，其随下风距离 x 的增加而发生改变，为 x 的函数 $U_w(x)$。风以风速 $U_w(0)$ 通过风机。因此，单位时间内通过风机叶片所扫过面积 A 的大气体积为 $U_w(0)A$。考虑到通过面积 A 的大气体积守恒，在风机位置处，风以固定风速 U_∞ 进入风机截面积时风的动量通量为 $\rho U_\infty U_w(0)A$；风流出风机截面积时风的动量改变率为 $\rho U_w(0)U_w(0)A$。所以风在经过风机前后，单位时间内，风的动量总共减少了 $\rho U_\infty U_w(0)A-\rho U_w(0)U_w(0)A$。而此完全归因于风机对风的阻碍，所以此动量通量改变的差值即为风受风机阻力 F。

如考虑到风速在风机叶片半径 r 方向的分布的不均匀性，认为 U_w 是下风距离和半径方向距离的函数 $U_w=U_w(x,r)$，则风受风机阻力应通过半径方向的积分得到式（6.13）：

$$F=\rho\int U_w(0,r)(U_\infty-U_w(0,r))2\pi r\,dr \tag{6.13}$$

在风机位置处风机受到风推力为 $-F$，此部分力用于发电，这部分力的功率即为 p，有式（6.14）：

$$p=\rho\int U_w{}^2(0,r)(U_\infty-U_w(0,r))2\pi r\,dr \tag{6.14}$$

另一方面，从风能的采集上讲，风机的发电功率是风场风能最大传输功率（动能通量）的一部分，也就是式（6.15）：

$$p=\frac{1}{2}C_D\rho U_\infty{}^2U_\infty A=\frac{\pi}{8}C_D\rho U_\infty{}^3d^2 \tag{6.15}$$

式中，C_D 为 0～1 之间无量纲比例系数，利用伯努利能量守恒律方程可以估计出 C_D 最大值为 16/27。d 为风机横截面积直径[53,54]。同样地，从整体效果上看，风机对风的阻力也可以表达成经过风机横截面积的大气动量总通量的一部分，如式（6.16）：

$$F=\frac{1}{2}C_T\rho U_\infty U_\infty A=\frac{\pi}{8}C_T\rho U_\infty{}^2d^2 \tag{6.16}$$

C_T 是阻力的无量纲比例系数，取值在 0～1 之间。

此为风机的基本物理情况。

6.2.3 风速的衰减

Majid Bastankhah 和 Fernando Porté-Agel[55] 给出了风经风机阻碍后风速随下风距离的增加而衰减的近似解析表达形式。其关键假设是认为风在经过风机之后，风速的减少量在风机叶片半径方向上呈高斯分布，如图 6.1 所示，并且随下风距离的增加而单调递减，而满足式（6.17）的关系：

$$U_\infty-U_w(x,r)=U_\infty\eta(x)\exp\left[-\frac{r^2}{2\sigma^2(x)}\right] \tag{6.17}$$

其中函数 $\sigma(x)$ 为风机叶片的平均影响半径，$\eta(x)$ 为衰减函数。显然，随着在下风方向上距离的增加，风速在 r 方向上所呈现出的分布的不均匀性得到缓解。这意味着，平均影响半径 $\sigma(x)$ 随下风距离的增加而增大。

将式（6.17）代入式（6.13）和式（6.16）所建立的方程中，完成积分求出 $\eta(0)$，则有式（6.18）：

$$\eta(0)=1-\sqrt{1-\frac{C_T}{8\,(\sigma(0)/d)^2}} \tag{6.18}$$

如近似认为 $\sigma(x)$ 是关于 x 的线性函数建立经验关系式[55]，则可以确定风速的衰减分布律式（6.15）的完整解析形式如式（6.17）、式（6.19）以及式（6.20）。

$$\sigma(x)=\frac{kx}{d}+\frac{\sqrt{\beta}}{5} \tag{6.19}$$

$$\eta(x)=1-\sqrt{1-\frac{C_T}{8\,(\sigma(x)/d)^2}} \tag{6.20}$$

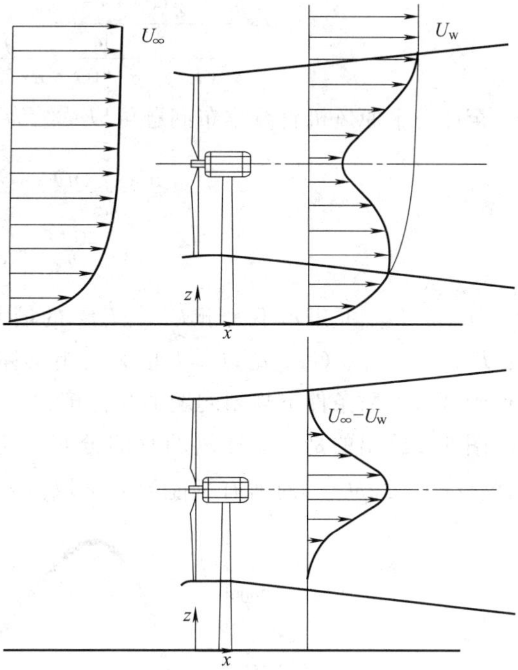

图 6.1　风的传播经风机阻碍导致风速衰减

其中 β 为常数，见式（6.21）：

$$\beta=\frac{1+\sqrt{1-C_T}}{2\sqrt{1-C_T}} \tag{6.21}$$

6.2.4　风机直线排布规划模型

在固定长度为 $L_{\max}$(km) 的直线上以等间距 L(km) 排布风机 $n\,(n\geqslant 2)$ 台，并且要求各风机间距至少为 $L_{\min}$(km)，风机中心位置等高，叶片等长。记第 $i\,(i=1,2,\cdots,n)$ 台风机下风位置 x 处，与 x 垂直的风机叶片方向尺度 r 的风速为 $U_i(x,r)$，符合风速的衰减分布律式（6.17），则依据式（6.14），第 i 台风机的发电功率为式（6.22）：

$$p_i=\rho\int U_i^2(0,r)[U_{i-1}(L,r)-U_i(0,r)]2\pi r\,\mathrm{d}r \tag{6.22}$$

$U_{i-1}(L,r)$ 是上一个风机产生的流场的衰减风速，可以利用式（6.17）归纳得到式（6.23）：

$$U_i(L,r)=\left(1-\eta(L)\exp\left(-\frac{r^2}{2\sigma^2(L)}\right)\right)^i U_\infty \tag{6.23}$$

以及式（6.24）：

$$U_i(0,r)=\left(1-\eta(0)\exp\left(-\frac{r^2}{2\sigma^2(0)}\right)\right)U_{i-1}(L,r) \tag{6.24}$$

利用式（6.23）以及式（6.24）可以计算出积分式（6.22）的解析形式如式（6.25）：

$$p_i(L)=2\pi\rho U_\infty{}^3\sum_{j=0}^{3(i-1)}(-1)^j C_{3(i-1)}^j\,\phi(L)\,\eta^j(L) \tag{6.25}$$

当中有式（6.26）：

$$\phi(L)=\frac{\eta(0)}{\frac{j}{\sigma^2(L)}+\frac{1}{\sigma^2(0)}}-\frac{2\eta^2(0)}{\frac{j}{\sigma^2(L)}+\frac{2}{\sigma^2(0)}}+\frac{\eta^3(0)}{\frac{j}{\sigma^2(L)}+\frac{3}{\sigma^2(0)}} \tag{6.26}$$

至此，平原风机直线排布问题可以总结为式（6.27）的数学规划形式：

$$\max f(n)=\sum_{i=1}^{n}p_i\left(\frac{L_{\max}}{n-1}\right)$$
$$\text{s.t.}\quad n=2,3,\cdots,\left[\frac{L_{\max}}{L_{\min}}\right] \tag{6.27}$$

$[L_{\max}/L_{\min}]$ 表示不大于 $L_{\max}/L_{\min}$ 的最大整数。既然 n 取值于有限集合，对于各个参数：$L_{\max}$、$L_{\min}$、C_T、d 以及 k 的某一组具体取值，只要遍历所有 n 的取值就可以直接搜索得到既有参数条件下规划问题的最优解 n^*。

图 6.2 给出的是一个算例的解的分布。这个算例当中 $L_{\max}$ 取 5km，并限定其他参数，指标 $f(n)/(2\pi\rho U_\infty^3)$ 对所有可能的 n 值取值。此算例的最优解为 $n^*=31$ 台。

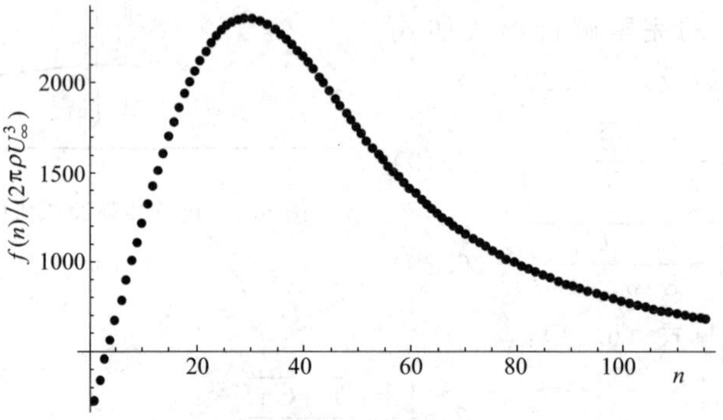

图 6.2 某组参数条件下风机直线排布问题模型的解

对于平原二维区域上的风电场风机的排布，可行的方法是首先确定这片区域的主导风向方向，在主导风向直线上按照如上方式等距排列风机，形成若干列此方向上的风机阵列。平原风机的微选址问题是一类宽泛的环境最优化问题，不乏关于此风机选址问题的研究。针对具体的工程条件问题的解决方案有所不同，有兴趣的读者请查阅相关文献。

6.3 山地风电场风机选址问题

6.3.1 问题的提出

在海上风电场和平原风电场，风机可以规则地排布在地形较为平整的风区平原或海面。而山地地区风电场则不同，因为山地地形的起伏，风机的排列方式需要选择。比如云南大理市下关镇的大风坝、者磨山风电场风机多排布在山脊。这主要是一方面为了修路和维护的需要，另一方面是希望能够最大限度的采集风能。

关于风机的微选址问题，山地风电场有其特点。需要考虑山地的地形起伏，以及海拔高度。前者影响到风机的架设成本，后者与风速有关而影响到电能生产的效益。对于山地风机选址问题，关注焦点不同，问题的提出方式就有所不同。这里在成本的约束下就电能的生产效益最大化进行讨论。问题可以阐述为：在某城市山地郊区建立一个风电场，风电场的风机数量固定，风电场总投资有限，山地地形因素不可忽略。单个风机的架设成本与架设地点以及风机是否处于城市范围内或者所处位置的山地坡度有关；风机的架设位置的海拔高度影响到风机所能够采集到的风的动能上限。在成本和地形约束下，问如何选择各风机位置，达到电能生产的效益最大化。表6.4是对此问题建模使用到的符号的说明。

表6.4 山地风机微选址问题符号说明

变量	意义	量纲
C	架设风力发电机的代价函数	元
C_f	平地风机架设代价函数	元
C_M	风力发电场总代价上界	元
C_m	山地风机架设代价函数	元
d_m	风力发电机最小间隔距离	m
e	地形的相对起伏高度(高程)	m
f	最优化目标函数	W
g	重力加速度或地形梯度	$m \cdot s^{-2}$/—
H	风机高度	m
I_{pwr}	风机发电功率指标	$W \cdot m^{-2}$
i	风机序号 $i=1, 2, 3, \cdots, n$	—
k	风机叶片影响半径函数参数	—
n	风机总数	—
P_i	第 i 台风力发电机的水平坐标位置	m
p	大气压	Pa
p_{nsh}	罚函数	W
R	理想气体常数	$J \cdot g^{-1} \cdot K^{-1}$
r	x 方向地形高程插值点总数	—
s	y 方向地形高程插值点总数	—
T	环境温度	℃
v	环境风速	$m \cdot s^{-1}$
X_{max}	选址区域 x 方向上界	m
x	坐标尺度	m
Y_{max}	选址区域 y 方向上界	
y	坐标尺度	
z	铅直高度	m
ρ	大气密度	$kg \cdot m^{-3}$

在这个山地风电场微选址问题中，由于风机能够调整姿态，迎风采集动能，因此约束限制风机之间的最短距离，而不特别考虑因风机可能处在其他风机风向下游而受到风力衰减的现象。

在给出解决方案之前需要详细讨论以下三个具体问题：①单机发电功率的估计；②平均风速的估计；③大气密度的垂直分布规律的确定。

首先，单机发电功率的估计。风力发电机从大气风场中截获风能。由式（6.15）知单个风机的发电功率与风机局部位置处的量 ρv^3 成正比，ρv^3 取决于局部自然条件和地理因素。记 $I_{pwr}=\rho v^3$。在山地风场风机微选址问题中应以量 I_{pwr} 的大小衡量风机所在位置的优劣。称 I_{pwr} 为风机发电功率指标，量纲为 $W \cdot m^{-2}$。

另外，平均风速的估计。在大气边界层的平均风速与地表气温、地形条件以及局部天气情况等诸多因素有关。尽管影响大气运动的因素众多并且关系复杂，但是这些因素的综合效果使得边界层局部风场呈现多种类型。这些类型无外乎两种极端情况，也就是大气平流占优的稳定大气流场、上下热交换显著的对流大气流场，以及其间的过渡情况。这些情况被概况为大气稳定度分类。我国采用的Pasquill稳定度分类方式将大气稳定度分为A到F六个等级：A 强不稳定、B 不稳定、C 弱不稳定、D 中性、E 较稳定和 F 稳定。表 6.5 给出了各稳定等级与诸多气象参数之间的关系。这些参数包括位温标准差、平均温度梯度，50m 与 10m 处风速速率之比，以及地面平均风速速率[56]。此处地面平均风速指距地表高度 10m 处时间 10min 内的平均风速。数据的具体值的获得取决于观测条件，此表仅供参考。

表 6.5 Pasquill 稳定度划分下的大气特征参数

Pasquill 稳定度	位温标准差 σ_θ	平均温度梯度 $\Delta T/\Delta z/\mathrm{K}\cdot 100\mathrm{m}^{-1}$	风速比 UR	地面平均风速 $/\mathrm{m}\cdot\mathrm{s}^{-1}$
A	22.5<	<−1.9	<1.186	≤2.0
B	17.5～22.5	−1.9～−1.7	1.186～1.207	2.0～5.0
C	12.5～17.5	−1.7～−1.5	1.207～1.258	5.0～6.0
D	7.5～12.5	−1.5～−0.5	1.258～1.59	>6.0
E	3.75～7.5	−0.5～1.5	1.59～2.29	
F	2.0～3.75	1.5～4.0	2.29～3.0	
G	≤2.0	≥4.0	≥3.0	

总体来讲，边界层大气的风速速率大小随高度的增加而增加。这种规律可以用风廓线来刻画。风廓线是在平均意义下的大气风速大小的垂直分布。表 6.6 总结了几种常见的大气边界层风廓线的类型和经验公式以及其所适用的大气稳定度类型[20,57]。

表 6.6 大气边界层风廓线与稳定度

风廓线类型 / 大气稳定度类型	对数风廓线	幂律风廓线
	$u=\frac{u_0}{\kappa}\left[\ln\frac{z}{z_0}-\Psi(z)\right]$	$u=u_0\left(\frac{z}{z_0}\right)^\alpha$
	稳定度修正函数 $\Psi(z)$形式	
A B C	$\Psi(z)=2\ln\left(\frac{1+x}{2}\right)+\ln\left(\frac{1+x^2}{2}\right)-2\arctan x+\frac{\pi}{2}$ $x=(1-16z/L)^{0.25}$	
D E F	$\Psi(z)=5z/L$	

此处总结了两种风廓线类型，分别是对数风廓线和幂律风廓线。对数风廓线相对严整和准确，比较常用，但参数较多，对于不同的大气稳定度条件需使用不同的修正函数经验公式；幂律风廓线形式简单，参数少，可以对取对数的幂律风廓线分布函数直接使用线性回归的方式确定拟合参数 α。另外，参数 L 为莫宁-奥布霍夫（Монин-Обухов）长度、非负常数 u_0为摩擦速度、z_0为地表粗糙度。利用风廓线可以比较方便地建立平均风速与高度之间的对应关系。风廓线为山地风电场风机微选址问题的建模提供了一种不同海拔高度位置处，风机所能采得的风速的一种量化估计方式。

影响风机发电效益的自然条件因素基本可以概括为大气平均密度和大气平均风速。可以将大气密度视为常数。但是如山区风电场海拔高度起伏明显，可以考虑大气密度随高度的变化规律。应以静压平衡假设建立大气平均密度随高度变化的函数关系。静压平衡假设为大气压力与近似重力平衡关系：$-\partial p/\partial z=\rho g$。同时压力与密度满足理想气体状态方程：$p=R\rho T$。从而得到大气平均密度随高度变化的指数衰减分布：$\rho(z)=\rho_0\exp[-gz/(RT)]$。

建模工作应包括建立量化分析的数学模型框架和可实现的模型算法。

6.3.2 模型框架

根据山地风电场风机微选址问题陈述，可以将其总结为由单目标和三组约束条件所组成的数学规划问题。其中优化目标为总发电功率指标最大化（或负指标最小化），三组约束条件分别是成本约束和风机间距控制以及风机位置取值范围约束。具体地如式（6.28）所示：

$$\min f(\boldsymbol{P}_1,\boldsymbol{P}_1,\cdots,\boldsymbol{P}_n)=-\sum_{i=1}^{n}I_{\text{pwr}}(\boldsymbol{P}_i)$$

$$\text{s.t.}\quad \sum_{i=1}^{n}C(\boldsymbol{P}_i)\leqslant C_{\text{M}}$$

$$|\boldsymbol{P}_i-\boldsymbol{P}_j|\geqslant d_{\text{m}},\quad i\neq j$$

$$\boldsymbol{P}_i\in[X_{\min},X_{\max}]\times[Y_{\min},Y_{\max}],\quad i=1,2,\cdots,n \tag{6.28}$$

符号 $\boldsymbol{P}_i$ 为第 i 个风机的地理坐标：$\boldsymbol{P}_i=(x_i,\ y_i)^{\text{T}}$，$C(\boldsymbol{P}_i)$ 为在位置 $\boldsymbol{P}_i$ 处搭建风机的成本（函数），C_{M}是总的安装成本，d_{m}是风机之间最小间距，区域 $[X_{\min},\ X_{\max}]\times[Y_{\min},\ Y_{\max}]$ 是风机可选址的区域范围。

因为平均风速和大气平均密度皆与高度有关，则风机发电功率指标 I_{pwr}与风机所在地形高度有直接关系。因此发电功率指标与位置的函数关系应该表示为式（6.29）：

$$I_{\text{pwr}}(\boldsymbol{P}_i)=\rho(e(\boldsymbol{P}_i)+H)\cdot[v(e(\boldsymbol{P}_i)+H)]^3,\qquad i=1,2,\cdots,n \tag{6.29}$$

其中 e 为山地地形的相对起伏高度或称为高程，H 为风机高度。v 关于高度的函数的定义方式依大气稳定度情况采用表 6.6 相应风廓线给出。

6.3.3 模型细化

6.3.3.1 山地地形模式化

为了对模型（6.28）实施运算，首先需要利用实测的山地地形的高程数据，得到近似的连续地形曲面 $e(\boldsymbol{P})$ 或 $e(x,\ y)$。根据所采集数据的方式不同，地形曲面的构造方式有所不同。比如可以选择多项式插值方法、克里金（Kriging）插值方法、移动最小二乘法以及分片多项式插值方法等。如果高程数据采集自较为密集并且规则的网格化结点，可以选择多项式插值或者分片插值，但分片插值具有较高的精度；若地形高程数据的位置分布并不规则，可以选择另外两种方法。这里简要介绍使用插值处理二维地形高程数据。

方法一：使用多项式插值构造二维高程曲面。以下利用拉格朗日（Lagrange）插值基函数构造二维插值曲面。如在一个维度尺度 r 个位置上采集数据，则可关于这 r 个位置：x_1，x_2，…，x_3，x_r而定义的拉格朗日插值多项式，如式（6.30）：

$$l_i(x)=\frac{\prod\limits_{j\neq i}(x-x_j)}{\prod\limits_{j\neq i}(x_i-x_j)} \tag{6.30}$$

此多项式 $l_i(x)$ 具有性质：当 $x=x_i$时等于 1，x 取其他结点位置时为 0。现在二维平面上采集的 rs 个高程数据：$(x_1,\ y_1,\ e_{11})$，$(x_2,\ y_1,\ e_{21})$，…，$(x_r,\ y_1,\ e_{r1})$，$(x_1,\ y_2,\ e_{12})$，$(x_2,\ y_2,\ e_{22})$，…，$(x_r,\ y_2,\ e_{r2})$，…，$(x_i,\ y_j,\ e_{ij})$，…，$(x_1,\ y_s,\ e_{1s})$，$(x_2,\ y_s,\ e_{2s})$，…，$(x_r,\ y_r,\ e_{rs})$。利用式（6.30）构造地表高程曲面的二维插值函数如式（6.31）所示：

$$e(x,y)=\sum_{i,j}e_{ij}l_i(x)l_j(y) \tag{6.31}$$

这种方法所构造的地形曲面为 $(r-1)(s-1)$ 阶多项式。多项式阶数过高，形式过于复杂，有时在插值区域的边界处还会产生较大误差。因此可以考虑使用分段插值的方法构造地形曲面。

方法二：利用线性插值构造分片二维地形曲面插值函数。这种方法是以上方法的简化和延续。考虑在二维平面上仅在西南 SW、东南 SE、西北 NW 和东北 NE 这 4 个位置上存在数据点：(x_W, y_S, e_{SW})，(x_E, y_S, e_{SE})，(x_W, y_N, e_{NW})，(x_E, y_N, e_{NE})。按照如上方法所构造的插值曲面为式（6.32）：

$$\begin{aligned}e_p(x,y)=&e_{SW}\frac{(x-x_E)(y-y_N)}{(x_W-x_E)(y_S-y_N)}+e_{SE}\frac{(x-x_W)(y-y_N)}{(x_E-x_W)(y_S-y_N)}\\&+e_{NW}\frac{(x-x_E)(y-y_S)}{(x_W-x_E)(y_N-y_S)}+e_{NE}\frac{(x-x_W)(y-y_S)}{(x_E-x_W)(y_N-y_S)}\end{aligned} \tag{6.32}$$

所谓（x，y）处的分片插值即利用该点（x，y）周围 SW、SE、NW、NE 各处 4 个数据点按照（6.32）方式构造插值函数 $e(x, y)=e_p(x, y)$。这样插值函数的阶数只有 2 阶，插值方式被大大简化。因插值点排布在规则网格上，即对所有 i 和 j，x_i 与 x_{i+1} 间距为 Δx，y_j 与 y_{j+1} 间距为 Δy，则可以求得：$x_W=[(x-x_0)/\Delta x]$，$x_E=[(x-x_0)/\Delta x]+1$，$y_S=[(y-y_0)/\Delta y]$，$y_N=[(y-y_0)/\Delta y]+1$（符号 $[x]$ 表示不大于 x 的最大整数）。

6.3.3.2 成本函数的确定

风机的安装架设成本与该风机的安装位置有关。风电场建设在山地城市附近，整个区域可以被分为山区以及平地两个部分。安装成本也被分为山地安装架设成本 $C_m(\boldsymbol{P})$ 和平地安装架设成本 $C_f(\boldsymbol{P})$ 两类。平地的安装架设成本 $C_f(\boldsymbol{P})$ 与坡度无关而与是否处于城市范围内有关，山地的安装架设成本 $C_m(\boldsymbol{P})$ 与坡度有关。因此有式（6.33）：

$$C(\boldsymbol{P})=\begin{cases}C_f(\boldsymbol{P}), & |\nabla e(\boldsymbol{P})|<g_0\\ C_m(\boldsymbol{P}), & |\nabla e(\boldsymbol{P})|\geqslant g_0\end{cases} \tag{6.33}$$

g_0 为判定该位置为山地或平地的临界坡度。对于 $C_m(\boldsymbol{P})$ 可以分别以分段函数的形式或线性函数的方式定义。即分段山地架设成本为式（6.34）：

$$C_m(\boldsymbol{P})=\begin{cases}C_1, & g_0\leqslant|\nabla e(\boldsymbol{P})|<g_1\\ \vdots & \vdots\\ C_k, & g_{k-1}\leqslant|\nabla e(\boldsymbol{P})|<g_k\\ \vdots & \vdots\\ C_l, & g_{l-1}\leqslant|\nabla e(\boldsymbol{P})|\end{cases} \tag{6.34}$$

或线性山地架设成本为式（6.35）：

$$C_m(\boldsymbol{P})=a|\nabla e(\boldsymbol{P})|+b \tag{6.35}$$

其中 g_1，g_2，… g_k，…，g_{l-1} 以及 a 和 b 皆为不小于 0 的参数。

6.3.4 模型求解

考虑到规划模型（6.28）的限制条件复杂，对模型使用罚函数法求解，则有式（6.36）：

$$\min F(\boldsymbol{P}_1,\boldsymbol{P}_2,\cdots,\boldsymbol{P}_n)=f(\boldsymbol{P}_1,\boldsymbol{P}_2,\cdots,\boldsymbol{P}_n)+\sum_{i=1}^{n-1}\sum_{j=i+1}^{n}p_{nsh}$$

$$(|\boldsymbol{P}_i-\boldsymbol{P}_j|-d_m)+p_{\rm nsh}(C_{\rm M}-\sum_{i=1}^{n}C(\boldsymbol{P}_i)) \tag{6.36}$$

其中函数 $p_{\rm nsh}$ 为罚函数：$p_{\rm nsh}(x)=M\cdot(\min\{x,0\})^2$，$M>0$。所有风机位置 $\boldsymbol{P}_i$（$i=1,2,\cdots,n$）限制于二维方形区域：$[X_{\min},X_{\max}]\times[Y_{\min},Y_{\max}]$。

对规划问题式（6.36）使用最速下降法求解。首先求得其梯度为式（6.37）：

$$\nabla_i F=\nabla_i I_{\rm pwr}(\boldsymbol{P}_i)+\sum_{i\neq j}p'_{\rm nsh}(|\boldsymbol{P}_i-\boldsymbol{P}_j|-d_{\rm m})\frac{\boldsymbol{P}_i-\boldsymbol{P}_j}{|\boldsymbol{P}_i-\boldsymbol{P}_j|}$$

$$-p'_{\rm nsh}(C_{\rm M}-\sum_{i=1}^{n}C(\boldsymbol{P}_i))\nabla_i C(\boldsymbol{P}_i) \tag{6.37}$$

当中梯度算子∇_i是关于点 $\boldsymbol{P}_i=(x_i,y_i)$ 的梯度，$i=1,2,\cdots,n$。罚函数的导数为分段函数式（6.38）：

$$p'_{\rm nsh}(x)=\begin{cases}2Mx, & x<0\\ 0, & x\geqslant 0\end{cases} \tag{6.38}$$

需要说明的是，在求解的过程中应将所有 n 台风机位置视为一个变量，也就是将所有风机位置变量组成为一个 $2n$ 维未知矢量来处理。即 $F(\boldsymbol{P}_1,\boldsymbol{P}_2,\cdots,\boldsymbol{P}_i,\cdots,\boldsymbol{P}_n)=F(\boldsymbol{X})$，$\boldsymbol{X}=(x_1,y_1,x_2,y_2,\cdots,x_i,y_i,\cdots,x_n,y_n)^{\rm T}$。目标函数关于 $\boldsymbol{X}$ 的梯度由各 $\boldsymbol{P}_i$ 的梯度组成。最速下降方向为其负梯度方向。

以上讨论基于模型框架，给出了 6.3.1 问题提法的一般解决方案。当山地地形的情况有所不同、大气风廓线的选择有所不同以及成本函数的不同选择情况时模型有具体的应用。以下就某一个具体的山地地形情况给出数学规划模型式（6.28）或式（6.36）的一个近似解。

图 6.3 给出了某山地地形条件下风电场微选址数学规划问题的近似解。城市郊区山地地形的形态如图中等高线所示。图中右下角部分为地形平缓区域，属于城市郊区范围。该问题就 40 台风机的安装地点进行了选址搜索。因为函数 $C(\boldsymbol{P}_i)$ 有可能在某些位置不可导，这个试算使用有限差分导数代替理论导数求解。迭代近 40 步后达到收敛条件。图中黑点所标记的位置为近似最优解，即这 40 台风机的最优安装位置。从图中可以明显看出风机的最优位置处在山地区域，避开城市范围，这与成本函数有关。少数风机接近两个山丘形成的山谷附近位置，也有少数风机分布在山顶位置，这与迭代过程中的初始条件的设定有关。该近似最优解选择的是多个初始条件所得到的不同最优解中的最小者。

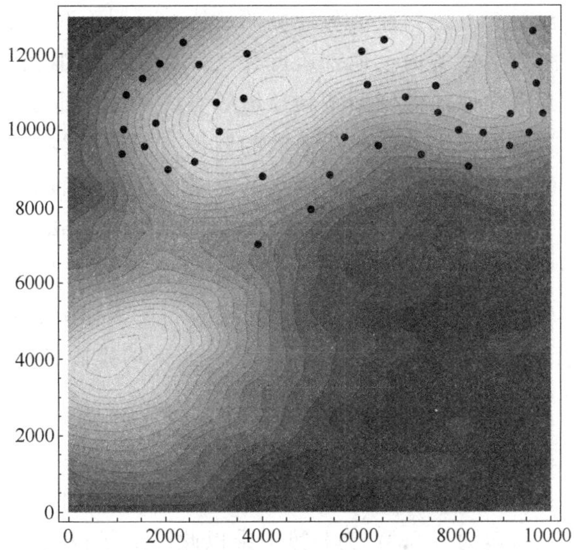

图 6.3　某山地风电场风机微选址问题近似解

图 6.4 是迭代求解过程中总发电功率指标的变化情况。明显看出在搜索的过程中，总发

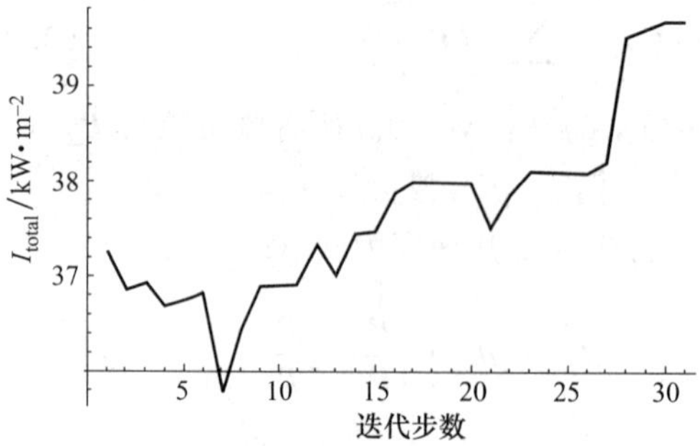

图 6.4 某山地风电场风机微选址问题最速下降法总发电功率指标迭代解

电功率呈增加趋势。局部出现减少，并立即恢复，原因在于罚函数的贡献。

不可否认的是对于并不光滑的和局部不可导的函数 $C(\boldsymbol{P}_i)$ 的定义方式，以及随之带来的局部不可导的约束条件，采用有限差分导数代替计算理论导数的做法实为一种变通的做法，其严密性和误差灵敏度等问题有待专业讨论。考虑到实用性和即时性，这种做法在某些条件下可以接受。而且，对于带有分段函数的约束规划问题，存在其它求解方式。

6.4 单线地铁趟次调度最优化问题

6.4.1 问题的提出

地铁因其低廉的人均出行成本和较少的人均污染排放而受到重视，尤其在人口密集的城市中这种特点尤为突出。不仅如此地铁的运营是经济收益和环境友好两者都能兼顾的实际例子。地铁以及轨道交通在现代城市基础设施中已成为不可或缺的一环。

地铁虽然不直接排放温室气体，但其运营同样需要消耗能源，同样存在环境优化的问题。自然地，如何调度地铁的发车频数或者一个运营周期内地铁的发车趟数，使得在某种衡量指标意义下达到经济与环境的最优化，具有现实意义。此部分试图以一个相对简化的地铁载人的数学模型揭示地铁运行和人口交通的详细状态，与此同时从另外一个角度具体说明地铁的运营是如何做到经济和环境效益统一的，也是数学规划的一个生动例子。

问题的提出基于单线地铁的假设。所谓单线地铁，即模型只考虑一条线路的地铁运营。对于更为复杂的地铁运营网络是多条单线地铁的耦合或协同。问题的陈述为，某城市某地铁线路上有 $n+1$ 个站点，分别为 0～n 站，每天运营周期内共发车 $m+1$ 趟地铁，分别为 0～m 趟车。如果列车的趟数过多，自然会造成运营成本的浪费和过高的能源消耗；反之，如果列车趟数过少则不能够满足市民出行的需求，造成列车过于拥挤，或存在大量乘客滞留的问题。问 m 为多少时此运营周期内的人均排放最小，或运营成本最低（经济收益最大）。

6.4.2 系统特征变量

6.4.2.1 运力

为描述列车的工作效果或功效，定义运力的概念。定义在一段行驶长度为 l(m) 的路段上，列车运力 w(m) 为长度 l 乘以此段上运送人数 x（无量纲）：$w=xl$。运力可以相加减。在同一段行驶长度 l 上，如有多辆列车并行，则总运力为各量列车运力的和——也就是等价于一辆承载了所有列车总运送人数的列车运力。考虑多段行驶长度时，单列列车的累计运力为各段运力的和，等于列车一次性行驶总长度的运力。运力是评价列车效率的指标。对于单线地铁并不考虑列车并行的情况。

6.4.2.2 累计达站人次数

累计达站人次数是个无量纲指标，其随站点的不同而不同。所谓站点 s($s=0, 1, 2, \cdots$,

n）的累计达站人次数是关于时间 t 的函数 $q_s(t)$，即自0时截止到时刻 t 时，累计来到站点 s 的人次数总数。明显地，累计达站人次函数 $q_s(t)$ 是达站人数频次的积分，见式（6.39）：

$$q_s(t)=\int_0^t f_s(t')\mathrm{d}t' \tag{6.39}$$

式中函数 $f_s(t)$ 为站点 s（$s=0, 1, 2, \cdots, n$）的达站人数频次，单位为 s^{-1}，意义为单位时间内来到该站点的候车人次数。此为描述站点繁忙程度的重要指标。所谓该站点地铁候车的高峰时刻，即函数 $f_s(t)$ 达到峰值的时刻；高峰时间，为出现函数 $f_s(t)$ 峰值的某一时间段。早高峰和晚高峰体现在 $f_s(t)$ 上。在实际情况中函数 $f_s(t)$ 的取值通常为随机变量，这和古典意义下的连续可微函数的意义并不完全相同。实际上可以并不要求函数 $f_s(t)$ 具此良好的微分性质因为它只出现在积分当中。

$1/f_s(t)$ 的意义是时刻 t 时，站点 s 每增加一个候车人的间隔时间。一般认为随机变量 $1/f_s(t)$ 服从指数分布，这给 $f_s(t)$ 的估计提供了依据。在时间区间 $[t, t+\Delta t]$ 内，不论直接统计 $f_s(t)$ 还是统计 $1/f_s(t)$，$f_s(t)$ 在时间区间 $[t, t+\Delta t]$ 内的平均值完全可以估计。以下皆以平均意义下的达站人数频次定义 $f_s(t)$。

6.4.2.3 下车概率

虽然在某一站，上车的人在之后哪一站下车这完全是其主观行为，但这并不表示上车人的下车行为完全没有规律可循。因为从大量的下车行为可以看出，在某站上车的所有人在之后各站下车，这个上车的总人数则可以因此被划分不同份数。当所观察的人数足够多时，也就是统计样本足够大时，这种按下车站点对上车人数总数进行划分的意义就表现出来，其份数将表现出明显的规律性。而且随着统计观察的人数的增加，这种规律性则越发地趋于稳定。

实际上，从这个角度上说，如不区别上车人，其在之后某一站下车则可以被看做是个随机行为，且这种随机行为并不是任意的而具备统计规律性。所以反过来讲，某个乘车人样本在之后某站下车的事件，依站点不同存在不同概率。由此，现标记变量以描述之。记 $p_{i,j}$ 为第 i 站上车的人在第 j 站下车的概率；或者说 $p_{i,j}$ 为：对于第 i 站上车的所有人，在第 j 站下车的人数占上车人数的比例。明显地 $i \leqslant n-1$，且当 $j \leqslant i$ 时 $p_{i,j}=0$。并且对于所有 $i \leqslant n-1$ 都有式（6.40）：

$$\sum_{j=0}^{n} p_{i,j}=1 \tag{6.40}$$

6.4.2.4 其他变量

以上三个指标的定义可以大体给出单线地铁运输过程的关键特征的把握：运力给出了列车的运营功效，累计达站人次给出了站点繁忙程度，下车概率给出了这条线路上旅客乘车行为的特征。其中累计达站人数和下车概率准确地表达了地铁运营调度的背景数据。在此基础上则可以以量化的方式估计地铁的运行效用。

为此，还必须进一步更加细致地把握列车载客人数的相关信息。需要知道在不同运营路段车上有多少人。故而定义 $x_{k,s}$ 为列车 k（$k=0, 1, 2, \cdots, m$）在各运营路段 l_s（$s=1, 2, \cdots, n$）段的载客人数。并基于此，定义了与此关联的其他变量，包括：$y_{k,s}$——列车 k（$k=0, 1, 2, \cdots, m$）到达第 s 站（$s=0, 1, 2, \cdots, n$）后的上车人数；$z_{k,s}$——列车 k（$k=0, 1, 2, \cdots, m$）到达第 s 站后的下车人数；$g_{k,s}$——列车 k（$k=0, 1, 2, \cdots, m$）刚刚离开第 s 站（$s=0, 1, 2, \cdots, n$）时，曾在该站的等待的候车人数。模型中出现的所有变量和记号及其意义皆罗列于表6.7。

表 6.7 模型各变量和记号意义

变量	意 义	量 纲
D_s	从第 0 站到第 s 站的总路程($s=0,1,2,\cdots,n$)	km
i	站点序号 $i=0,1,2,\cdots,n$	—
j	站点序号 $i=0,1,2,\cdots,n$	—
$g_{k,s}$	第 k 辆车刚刚离开第 s 站时，曾在该站的等待的候车人数	—
k	列车序号 $k=0,1,2,\cdots,m$	—
l	行驶长度	km
l_s	$s-1$ 站到 s 站段之间列车行驶的距离($s=1,2,\cdots,n$)	km
$p_{i,j}$	第 i 站上车的人在第 j 站下车的概率	—
Q	单列列车最大载客数	—
q_s	s 站的累积达站人数	
s	站点序号 $s=0,1,2,\cdots,n$	—
$t_{k,s}$	第 k 辆车($k=0,1,2,\cdots,m$)离开第 s 站($s=0,1,2,\cdots,n$)的时刻	h
v	列车平均运行速度	km・h
W	该运营线路上所有列车的总运力	km
w	运力	km
$w_{k,s}$	列车 k($k=0,1,\cdots,m$)在 $s-1$ 站到 s 站段($s=1,2,\cdots,n$)的运力	km
$x_{k,s}$	第 k 辆车到达第 s 站时(车门未开)车上已有的载客人数	—
$y_{k,s}$	$y_{k,s}$ 为第 k 辆车到达第 s 站后上此车的人数	—
$z_{k,s}$	$z_{k,s}$ 为第 k 辆车到达第 s 站后从此车上下车的人数	—
τ	两辆相邻发车列车的发车时间间隔	h
τ_0	车辆在每个车站的等候时间	h

6.4.3 模型的建立

显然，列车 $k(k=0,1,2,\cdots,m)$ 在运营路段 $l_s(s=0,1,2,\cdots,n)$ 段的载客人数 $x_{k,s}$ 与上下车的人数 $y_{k,s}$ 和 $z_{k,s}$ 之间有如式（6.41）的关系：

$$x_{k,s}=\begin{cases}0, & s=0\\ x_{k,s-1}+y_{k,s-1}-z_{k,s-1}, & s\geqslant 1\end{cases} \tag{6.41}$$

并且存在式（6.42）及式（6.43）：

$$y_{k,s}=\begin{cases}\min\{g_{k,s},Q-(x_{k,s}-z_{k,s})\}, & s\leqslant n-1\\ 0, & s=n\end{cases} \tag{6.42}$$

$$z_{k,s}=\begin{cases}0, & s=0\\ \sum_{j=0}^{s-1}y_{k,j}p_{j,s}, & s\geqslant 1\end{cases} \tag{6.43}$$

需要特别说明的是，变量 $g_{k,s}$ 为第 k 辆车刚刚离开第 s 站时，曾在该站的等待的候车人数。这包括了该车刚到达该站时此站点已有的等候人数，以及当车辆离开该站点时，在车辆驻站时间内新增的人数。这是为了计入正巧赶上列车的人数，而必须引入此变量。因此有式（6.44）：

$$g_{k,s}=\begin{cases}q_s(t_{0,s}), & k=0\\ q_s(t_{k,s})-\sum_{i=0}^{k-1}y_{i,s}, & k\geqslant 0\end{cases} \tag{6.44}$$

其中，各列车在不同站点的离站时间 $t_{k,s}$ 满足式（6.45）：

$$t_{k,s}=\begin{cases}D_s/v+(s+1)\tau_0, & k=0\\ D_s/v+k\tau+(s+1)\tau_0, & k\geqslant 1\end{cases} \tag{6.45}$$

至此，单线多铁的列车和载客状态被完全确定。可以在此基础上归纳出 6.2.1. 所提及问题的数学形式。

由于地铁的运行成本或能源消费量以及列车的排放量与列车的行驶旅程长度成正比，故可以以 D_n 来量度单列列车在此线路上运行一趟的运行总代价。因此可以定义，在一个运营周期 $T=t_{m,n}$ 内，这条线路的每单位运力代价为式（6.46）：

$$e_m=\frac{(m+1)D_n}{W}=(m+1)\frac{\sum_{s=1}^{n}l_s}{\sum_{k=0}^{m}\sum_{s=1}^{n}x_{k,s}l_s} \tag{6.46}$$

单线地铁运力问题就是在式（6.41）到式（6.45）所定义的约束条件中寻找使得 e_m 最小化 m 的数学规划问题。由于 m 取值为整数，所以最为直接的搜索方法就是对所有可能的 m 逐一求解 e_m 从而找到使其最小的 m。图 6.5 给出了在某一组累计达站人次数和下车概率背景数据条件下，某包括 17 个站点的线路的单位运力代价随地铁趟数的变化趋势。对于这个特定的问题 m 的最优解为 53 趟。

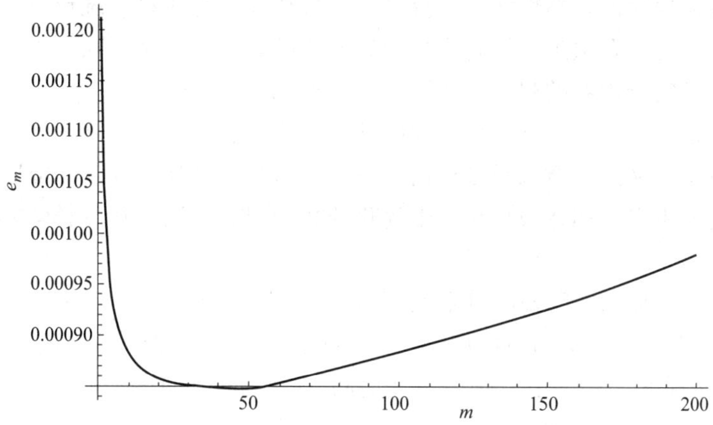

图 6.5　某单线多铁的地铁单位运力代价随地铁趟数变化趋势

此结果完全以最大效率地载客为出发点，按照此结果调度列车难免会造成列车过于拥挤的情况。换言之，最优运行列车趟数 m^* 可能被低估。如需要增加乘客舒适度，考虑地铁的乘车环境不必太过拥挤，可以在此最优解的基础上酌情增加若干发车趟数。或者在目标函数中增加关于乘客舒适度的考量。最为直接和简单的方法就是减少最大载客容量，以实际载客容量 $Q'(<Q)$ 代替参数 Q 重新求解原问题。

6.5　大气污染物时间序列监测指标预报问题

6.5.1　问题概述

此部分讨论诸如 CO 浓度、NO_x 浓度和 $PM_{2.5}$ 浓度等的某种大气污染物浓度指标的时间序列的预报问题。环境监测点能够采集一段时间以来，各天或各小时等的等距时间间隔的某种污染物浓度指标值。由于采集点处于大气流场中微观位置，比如城市街道、工厂、农田和风景区等位置，不仅受大气传输等必然性规律的影响，包括大气湍流现象等的复杂现象会对指标值有明显干扰，而且周围的车辆行驶和尾气排放或其他人们的生产生活等活动都会对监测值产生影响。因此每个时刻的监测指标的取值表现出明显地随机性特点，而被认作随机变量。这一系列随时间从前到后排列的指标数值则被看做是随机变量的时间序列。

对于受不确定性因素所影响的复杂过程，很难找到某种决定性的机理模型对其准确描述并给出精确的预报。对于此类问题单纯使用机理模型的预报方式是不能反映全部真实情况，自然也是不准确的。但是另一方面，大气质量监测数据也并不是理想的统计时间序列。也就是说，从统计学上讲，监测站所采集的大气污染物的浓度指标时间序列并不严格服从 0 均值特征。这给直接套用现成时间序列方法做预报带来困难的同时，也给建立模型留下了空间和余地。

实际上，监测数据时间序列数据表现出明显的时序相关性。所谓数据的时序相关性即是当前时间点数据的取值与之前多个时间点的数据的取值之间存在明显相关性，时间间隔越接近则相关性越明显。此为其最基本的数字特征。

基于时序相关性基本规律，能够构造监测数据的时间序列预报模型。除此之外，如有需要，模型还应体现大气边界层质量传输的必然性规律，而必然性规律与随机现象之间的关系体现在时间序列的均值的数字特征处理上。也就是说，较长时间尺度范畴内的时间序列更突出表现了大气传输规律的必然性特征，反之，随机特征尤为明显。统计模型和机理模型相结合的预报方式，称为综合预报。综合预报的思想兼顾偶然性与必然性，以及微观干扰与宏观规律，适用于针对复杂现象的建模，而逐渐受到重视。

以下建模过程有意回避复杂的数学和统计学理论的表述，并省略了严整的证明过程，相关内容直接引自参考文献，意图旨在给出尽量简明直观的陈述，易于非数学或统计学领域读者阅读理解。内容重点强调建模思想和最优化的数学规划方法在环境科学复杂时间序列的预报中的应用。

问题的描述是这样的，已知某种监测指标的时间序列样本 x_0，x_1，x_2，x_3，…，x_{t-2}，x_{t-3}，x_t，需要预报 x_{t+1}，设计预报模型。当监测样本不断更新时，或者说监测站能够随时获得新的监测数据的条件下，给出如何预报下一个时间点的数据的模型和计算方法。

6.5.2 简单时间序列模型

本节中出现的所有变量的记号及其意义皆罗列于表 6.8。

表 6.8 时间序列监测指标预报问题符号说明

变量	意　义
a	自回归参数
F	目标函数
I	自回归阶数
$\boldsymbol{M}$	统计样本矩阵
M_P	惩罚值
N	样本数量
P	惩罚函数
t	离散时间点
X	监测指标随机变量
x	监测指标样本值
$\boldsymbol{\alpha}$	自回归参数矢量
$\boldsymbol{\eta}$	统计样本矢量

在一定条件下，明显满足时序相关性的时间序列数据能够化成自回归形式[58]。具体地，离散时刻 t 的某种污染物浓度的监测数据值为 X_t，为随机变量，其与之前的此种浓度的所有监测值 X_{t-i}（$i=1$，2，3，…）存在着如式（6.47）的线性决定方式：

$$X_t = \sum_{i=1}^{\infty} a_i X_{t-i} + \varepsilon_t \tag{6.47}$$

式中 a_i 为参数，并且能够证明，对于存在时序相关性的时间序列 X_t，当 i 趋于无穷时，a_i 趋于 0[58]。此性质的直观意义是，随机变量 X_t 与其在时间上接近的其他随机变量的相关性明显，i 越大相关性越小。ε_t 为白噪声，这里可将其视为服从以 0 为均值 σ^2 为方差正态分布的随机变量。此以 ε_t 描述误差，或其他复杂干扰的综合效果，σ 越大误差或其他干扰则越大。

i 趋于无穷时，a_i 趋于 0 的性质表明，可以使用与 t 相近的并且是有限个之前的监测值的加权平均来近似预报当前的监测值。也就是说，对于时间序列随机变量 X_t，可以选择于足够大的 I，而能够使得式（6.48）成立：

$$X_t \approx \sum_{i=1}^{I} a_i X_{t-i} + \varepsilon_t \tag{6.48}$$

考虑到监测值随时不同，其与之前监测值的决定关系也可能存在差异，为了提高预报的准确性，预报参数 a_i 的取值可能随时改变。比如对 5 月份的监测数据进行预报，可以使用 3 月份的参数组 $\{a_i\}$ 给出预报，也可以使用 5 月份新测得的监测数据所计算得到的预报参数组 $\{a_i'\}$ 给出预报。人们自然偏向于使用后者，因为此参数组中包含了最新的数据信息，而且更新参数的预报方式更为准确。因此这里所构造的预报模型需要实现更新预报参数 $\{a_i\}$ 的功能，而不能将各 a_i 定义为常数。所以，X_{t+1} 的预报值为式（6.49）：

$$\hat{X}_{t+1} = \sum_{i=1}^{I} a_i(t) X_{t+1-i} \tag{6.49}$$

$a_i(t)$ 应满足对所有已知数据预报的最小误差条件，所以可以使用以下规划问题形式确定参数 $a_i(t)$。定义目标函数 F 如式（6.50）所示：

$$F(a_1, a_2, a_3, \cdots, a_I) = F(\boldsymbol{\alpha}) = \sum_{i=0}^{N-1} \left(x_{t-i} - \sum_{k=1}^{I} a_k x_{t-i-k} \right)^2 = |\boldsymbol{\eta} - \boldsymbol{M\alpha}|^2 \tag{6.50}$$

其中符号 $\boldsymbol{\eta}$、$\boldsymbol{\alpha}$ 和 $\boldsymbol{M}$ 分别表示统计样本矢量 $\boldsymbol{\eta}=(x_t,\ x_{t-1},\ \cdots,\ x_{t-N+1})^{\mathrm{T}}$、未知参数矢量 $\boldsymbol{\alpha}=(a_1,\ a_2, a_3 \cdots,\ a_I)^{\mathrm{T}}$，以及统计样本矩阵式（6.51）：

$$\boldsymbol{M} = \begin{pmatrix} x_{t-1} & x_{t-2} & \cdots & x_{t-I} \\ x_{t-2} & x_{t-3} & \cdots & x_{t-1-I} \\ \vdots & \vdots & \ddots & \vdots \\ x_{t-N} & x_{t-N-1} & \cdots & x_{t-N+1-I} \end{pmatrix}$$

确定规划问题式（6.50）参数 a_i（$i=1$，2，…，I）的问题就等价于求解无约束规划问题，见式（6.51）：

$$\min F(\boldsymbol{\alpha}) = (\boldsymbol{\eta} - \boldsymbol{M\alpha})^{\mathrm{T}} (\boldsymbol{\eta} - \boldsymbol{M\alpha}) = \boldsymbol{\alpha}^{\mathrm{T}} \boldsymbol{M}^{\mathrm{T}} \boldsymbol{M\alpha} - 2\, \boldsymbol{\eta}^{\mathrm{T}} \boldsymbol{M\alpha} + \boldsymbol{\eta}^{\mathrm{T}} \boldsymbol{\eta} \tag{6.51}$$

该问题无约束，其目标函数是关于 I 维实变量 $\boldsymbol{\alpha}$ 的（多元）二次函数，直接对其求梯度，并令其为 0，得到最优参数 $\boldsymbol{\alpha}^*$ 所满足的方程式（6.52）：

$$\boldsymbol{M}^{\mathrm{T}} \boldsymbol{M} \boldsymbol{\alpha}^* = \boldsymbol{M}^{\mathrm{T}} \boldsymbol{\eta} \tag{6.52}$$

至此，可以利用时间 t 和之前 $N-1$ 个时间点的统计样本，解确知的线性方程组

（6.52）得到最优预报参数 $\boldsymbol{\alpha}^*(t)$，并利用式（6.49）的方式给出 $t+1$ 时间点的预报值。当得到 $t+1$ 时间点的确切真实值后，更新矩阵 $\boldsymbol{M}(t+1)$ 和矢量 $\boldsymbol{\eta}(t+1)$，并以相同的方式计算 $\boldsymbol{\alpha}^*(t+1)$ 得到 $t+2$ 时间点的预报值，依此类推，实现动态更新预报。

6.5.3 综合预报模型

在某些情况下，需要对时间序列的预报值进行约束。对于大气污染物浓度的预报问题，其受多种复杂或不确定因素影响浓度在某一个范围内变化，但污染物的均值的变化却满足环境风场中物质的基本传输规律。当预报的时间尺度范围较长，预报结果则越明显地体现出必然性规律。而这里必然性规律是指 Navier-Stokes 方程和扩散方程所揭示的流体动力学规律。综合预报可以同时使用统计模型和流体动力学模型相结合的方式给出预报结果。一般情况下，时间序列的均值序列满足某种既定的趋势，而整个时间序列则表现为围绕此均值做有规律的随机振动。机理模型的预报结果可以以均值的方式耦合到时间序列模型当中。

现为综合预报设计构造数学规划问题。需要对预报的均值进行约束，如有必要还需要对随机振动的范围作出约束，即需要给出预报值的合理取值范围。因为均值体现必然性规律，而将其设置为刚性的约束条件；另一方面，要求预报值处于人为给定的经验范围时，应当允许预报的结果充分接近在无范围约束条件下的预报结果，让人为的经验干预较小，而对预报范围使用柔性约束。所以利用罚函数法，建立均值刚性约束和阈值柔性约束的最优化问题如式（6.53）：

$$\min F(a_1,a_2,a_3,\cdots,a_I)=\sum_{i=0}^{N-1}\left(x_{t-i}-\sum_{k=1}^{I}a_k x_{t-i-k}\right)^2+P\left(\sum_{k=1}^{I}a_k x_{t+1-k};x_{\text{bot},t+1},x_{\text{top},t+1}\right)$$

$$\text{s.t.}\quad \mu_{t+1}=\sum_{i=1}^{I}a_i\mu_{t+1-i} \tag{6.53}$$

式中，μ_t 是随机变量 X_t 的均值，其为已知条件，由机理模型给出。P 是罚函数，如以式（6.54）所定义。$x_{\text{bot},t+1}$ 和 $x_{\text{top},t+1}$ 分别是预报值 x_{t+1} 的下界和上界，即预报指标所应处于的人为给定的经验取值范围的阈值。一般情况下其上下界分别等距地处于均值的两边：$x_{\text{bot},t+1}=\mu_{t+1}-R$ 和 $x_{\text{top},t+1}=\mu_{t+1}+R$。$R$ 已知。

$$P(x;x_{\text{bot}},x_{\text{top}})=\begin{cases}M_P\ (x-x_{\text{bot}})^2, & x<x_{\text{bot}}\\ 0, & x_{\text{bot}}\leqslant x\leqslant x_{\text{top}}\\ M_P\ (x-x_{\text{top}})^2, & x>x_{\text{top}}\end{cases} \tag{6.54}$$

参数 M_P 是惩罚值，为较大正数，其是限制预报值处于预报范围 $[x_{\text{bot},t+1},\ x_{\text{top},t+1}]$ 之内的强度，体现阈值柔性约束。

均值刚性约束和阈值柔性约束的规划问题式（6.51）是一种较好的机理模型和随机模型的综合方式。此等式约束规划问题式（6.51）可转化为 Lagrange 极值问题，进而使用 Newton 迭代法[32,38]解其最优解 $\boldsymbol{\alpha}^*$。同样地，可以利用不断更新获得的样本值，实现更新预报。

这里叙述了刚性均值和柔性阈值的组合方式，如认为均值的变化同样具有某些不确定性因素，或者当机理模型的可信度并不那么高时，可以考虑使用柔性均值和柔性阈值的组合。

此时应完全使用罚函数法建立最优化模型，使用罚函数将均值和阈值的两类约束条件融入目标函数当中进行求解。

时间序列模型和机理模型综合的方式并不止一种，统计模型结合机理模型的综合预报方式是个有吸引力的模型研究和应用领域。

6.5.4 模型验证

图 6.6 给了使用无约束的有限自回归模型（6.50）和模型（6.49）对使用伪随机数所构造的 ARIMA（21，1，15）时间样本序列的一个预报。图中实线是预报值，虚线是原数据。如图所示预报结果与数据吻合得非常好。

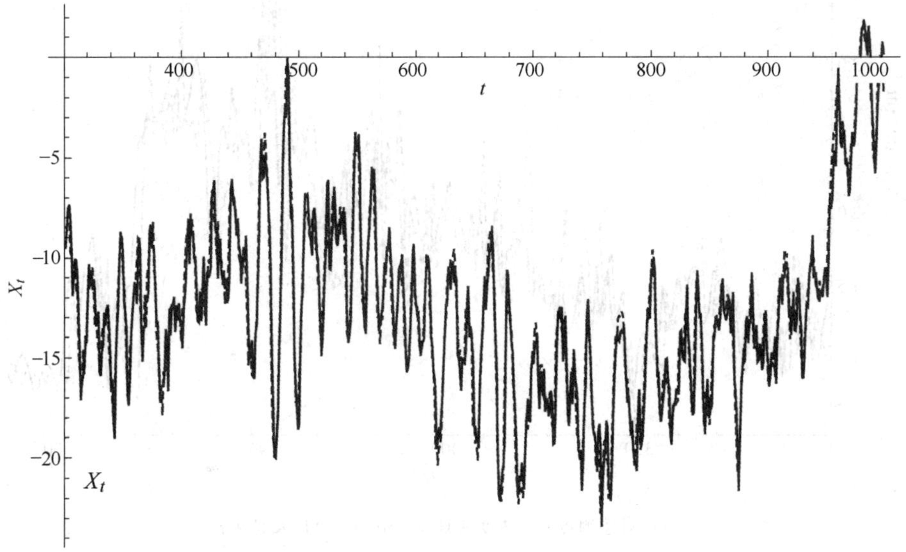

图 6.6　无约束有限自回归方法对时间序列 ARIMA（21，1，15）的预报

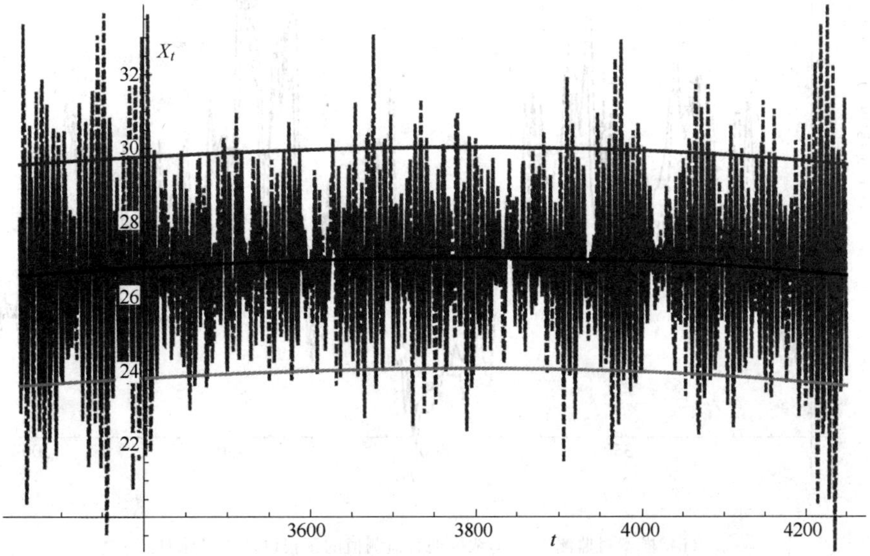

图 6.7　均值刚性约束和阈值柔性约束的有限自回归方法的预报

图 6.7 显示的是均值刚性约束和阈值柔性约束的有限自回归模型（6.53）对某以伪随机数所构造的时间序列进行的预报。此算例规定了均值的变化趋势和预报值的变化范围。如图所示，图中虚线是原始值，震荡的实线为预报值，其他三条实线曲线自上而下分别是预报值的柔性上界、均值和柔性下界。本算例选择惩罚值 M_P 为 20，如要求预报值更集中地分布在上下界以内，可以适当增大惩罚值 M_P。预报结果与原始数据具有共同的均值和相似的变化趋势，预报值最大限度地兼顾了接近原始值和分布控制两方面的要求。

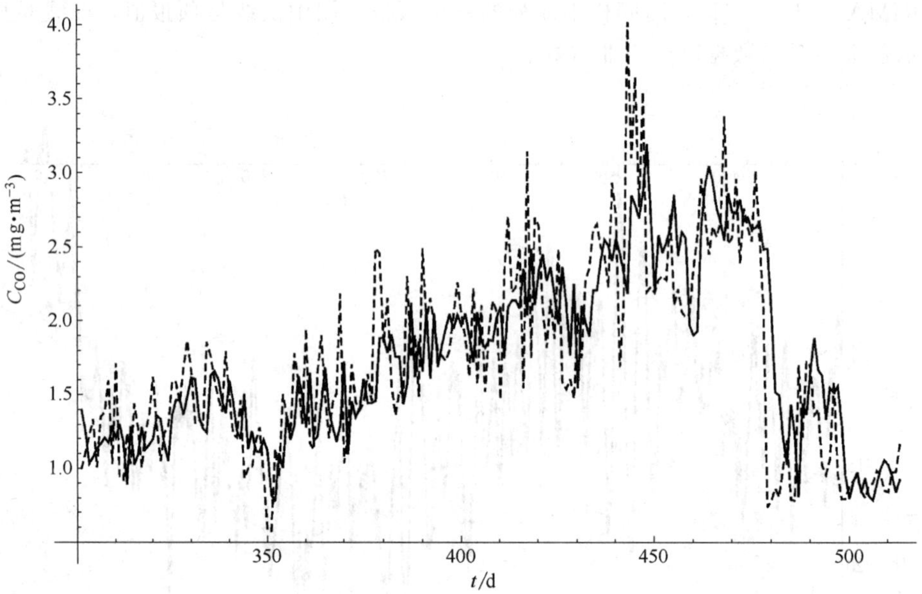

（a）模型对监测点 CO 浓度的日监测值的预报以及结果比对

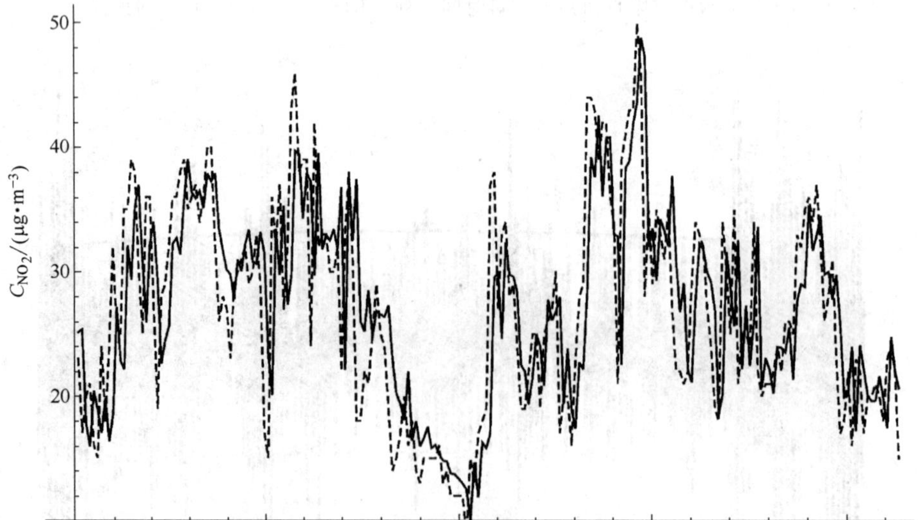

（b）模型对监测点 NO_2 浓度的日监测值的预报以及结果比对

图 6.8

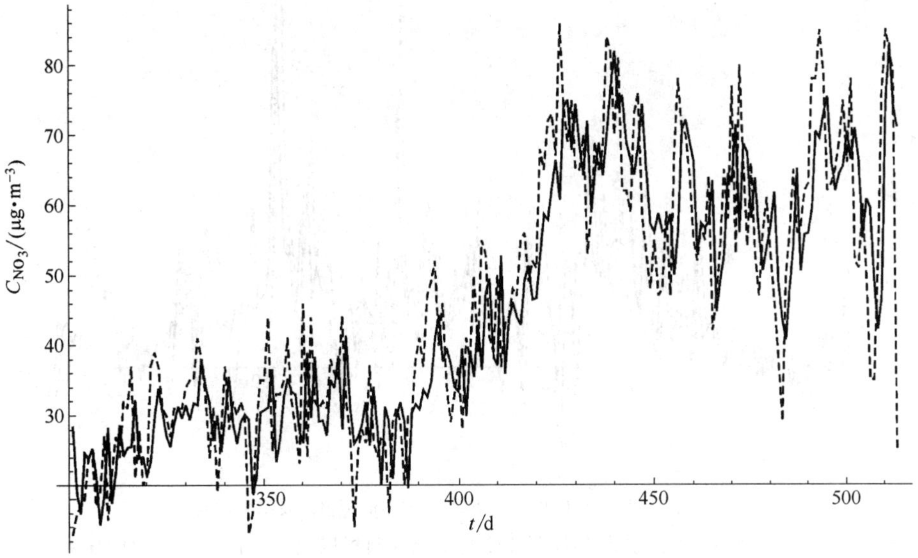

（c）模型对监测点 O_3 浓度的日监测值的预报以及结果比对

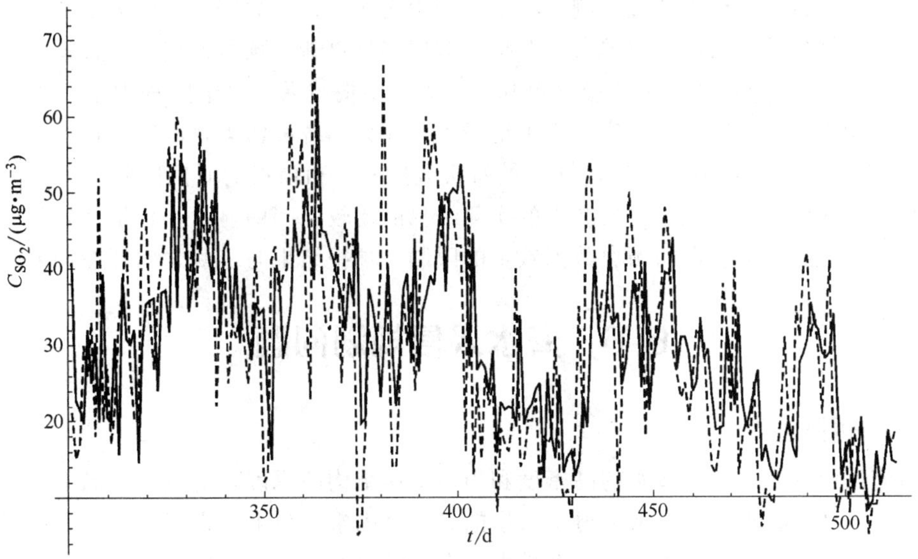

（d）模型对监测点 SO_2 浓度的日监测值的预报以及结果比对

图 6.8

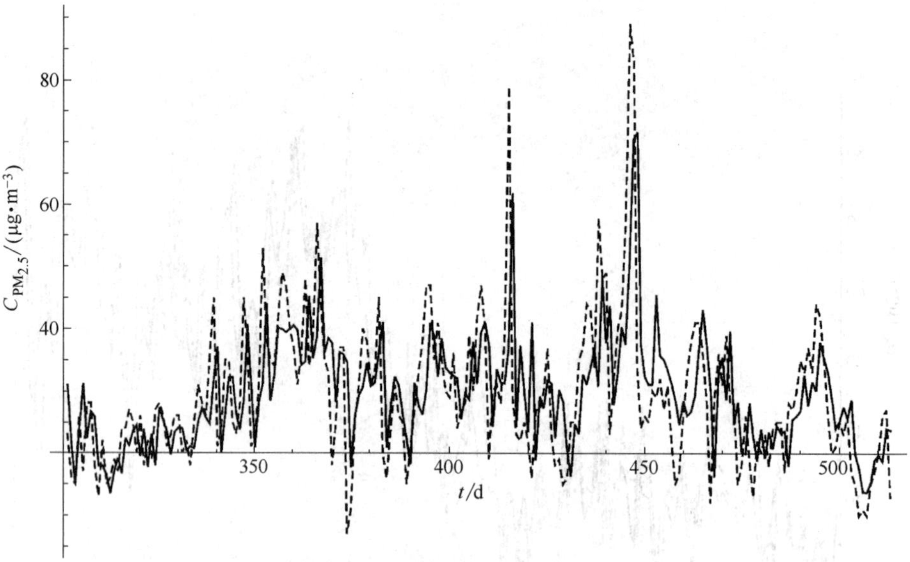

(e) 模型对监测点 $PM_{2.5}$浓度的日监测值预报以及结果比对

图 6.8 模型对 2015 年玉溪市大营街各监测指标的预报以及预报值与实测值的比对结果

6.5.5 模型预报

图 6.8 给出的是使用自回归模型对一组实测大气质量数据的预报结果，以及预报值与之后获得的实测值之间的比较。此共有五组指标，分别是 CO、NO_2、O_3、SO_2和 $PM_{2.5}$的质量浓度。数据来自于云南省环境监测中心站。当中实线为预报数据，虚线为更新获得的实际采样数据。数据均采自云南省玉溪市大营街，数据每日更新。预报使用前两百天的监测数据计算回归参数 α_i（$i=1, 2, \cdots, I$），得到下一天的预报结果。整个过程中不断更新的监测数据以更新预报结果。所有时间序列样本记录了 513 天的各种污染物浓度指标，时间范围自 2014 年 1 月到 2015 年 5 月份，时间序列的每次数据采集和预报的时间间隔皆为一天。图中给出了后 300 天的预报结果与之后获得的实测结果的比较。图中显示，预报结果与实测值之间吻合较好，但受所能获得的历史数据数量的限制，预报结果与实测之间存在偏差。

6.6 海水入侵规划问题

6.6.1 问题陈述

在沿海滨海地区，由于海水的高密度和当地地质结构的原因，造成海水局部入侵。社会的发展、人为建设在近几年也成为海水入侵的又一个因素。自上个世纪以来，我国海水入侵问题逐渐受到重视，发现范围也在逐渐扩大。在环渤海经济区，如山东、河北、辽宁等沿岸海水入侵问题比较突出，特别是山东莱州湾沿海地区比较典型[59]。由于含较高盐分海水渗透至沿岸地区地下含水层，导致该地区饮用水和受到侵害，也导致土壤退化，而使得局部农业生产受到影响。海水入侵给当地居民的经济生产和社会活动造成了一定程度的危害。

在沿海地区滨海含水层地质结构相对疏松或存在空隙结构，高密度海水的渗透或渗流现象随之发生。部分含盐海水从海底渗透至陆地地表以下含水层范围内，使该范围内地下水受到影响。为满足居民生产和生活需要，人们在海滨打井开采淡水时，抽水打井使局部淡水压力减小，可能进一步加剧海水的入侵，直至水井抽出盐水而报废，含水层淡水区域后退。为了预防此类问题的发生，有必要了解海滨地区的局部地质情况和地下水资源情况，并在此基础上制订淡水利用方案，保护海滨含水层防止海水入侵。较为概括的问题的提法可以是：当确定淡水井地理位置的情况下，如何确定井水的抽水速率，以保证不发生海水入侵的同时最大限度地利用淡水资源。

6.6.2　渗流方程

在不考虑存在地下暗河的情况下，地下含水层中淡水和盐水的质量传递基本上是通过渗流实现的，除此之外，含水层以外的地表径流或降雨会向地下补充水分，人为的打井抽水也会改变地下淡水的质量分布。

在海滨底层中存在淡水分布的空间范围，此为含水层。淡水在含水层内发生渗流迁移。渗流通量描述了渗流发生的快慢的程度，是个矢量。渗流通量指单位时间内，因渗流作用通过某定面积的液体的量。渗流现象与扩散现象类似，物质总是从稠密分布地区向稀疏分布地区转移。与扩散现象不同的是，渗流的方向还受到局部地质空隙的影响。对于含水层内淡水，水从高重力势能位置向低重力势能位置迁移，而渗流通量面密度矢量则是重力势能和局部地质空隙共同作用的结果。因此有式（6.55）：

$$\boldsymbol{J}_p = -\boldsymbol{K}\,\nabla h \tag{6.55}$$

水头高度 h(m) 的负梯度 $-\nabla h$ 体现重力在渗流中的作用。$\boldsymbol{K}$ 为渗流扩散矩阵（张量），其中各元素可以关于空间位置的不同而不同。在三维空间中 $\boldsymbol{K}$ 为 3×3 矩阵（张量），如在二维平面上考察渗流传输问题 $\boldsymbol{K}$ 为 2×2 矩阵（张量）。局部空隙结构使得水因重力迁移方向发生改变，$\boldsymbol{K}$ 体现空隙对因重力而发生迁移的体积通量向各侧面各方向扩散的疏导效果。特别地，当 $\boldsymbol{K}$ 为对角阵时，渗流通量的方向指向水重力梯度的负方向，当 $\boldsymbol{K}$ 为对角阵时并各对角元素相同时，渗流表现为各向同性。以下皆在水平面上讨论渗流问题。

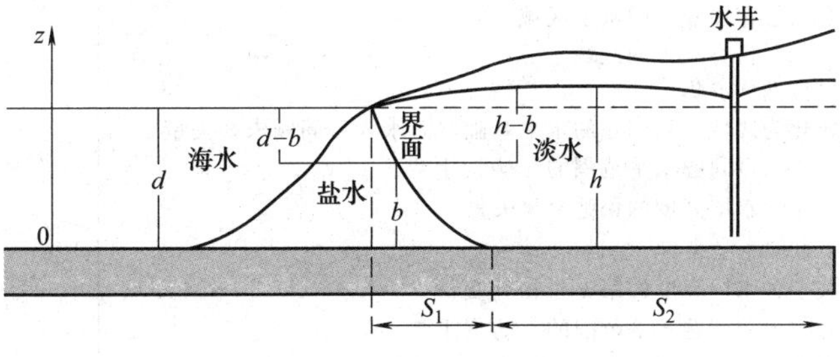

(a) 水平基础层

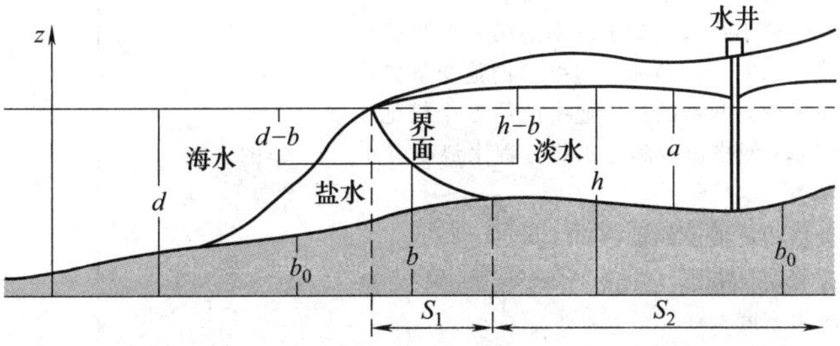

(b) 起伏基础层

图 6.9　滨海海水入侵问题示意图

海岸附近的地质情况可以表示为图 6.9 所示的样子。在底层中存在一层水无法渗透的基础层，即图中灰色部分。图 6.9 (a) 为基础层水平的情况，图 6.9 (b) 为基础层有明显起伏时的一般情况。在此基础层以上是含水层。海水在含水层内渗透，而侵入内陆。记基础层的相对高度为 b_0(m)。b_0可以随水平位置的改变而有所不同，即 $b_0=b_0(x, y)$，而对于近似水平层的情况 $b_0\equiv 0$。水的渗流方程在两种基础层形态下是不一样的。以下对基础层分别为水平层和曲面底层的两种情况单独讨论。首先给出本节符号说明如表 6.9。

表 6.9 海水入侵规划问题符号说明

变量	意 义	量纲
$\boldsymbol{a}$	各离散网格点淡水含水层深度值所组成的矢量	m
a	含水层总厚度	m
a_f	含水层淡水厚度	m
a_s	含水层海水厚度	m
b	含水层内淡水和盐水层交界面的相对高度	m
b_0	不渗水基础层相对高度	m
c_k	第 k 口井的最低水头抬升量	m
d	海水水面的相对高度	m
$f_{i,j}$	(i,j)网格点处起伏基础层离散渗流方程	$m^3 \cdot s^{-1} \cdot m^{-2}/m$
g	重力加速度	$m \cdot s^{-2}$
$\boldsymbol{H}$	抽水速率系数矩阵	—
h	含水层内淡水水头高度(淡水上表面相对高度)	m
i	x 轴方向网格编号($i=1,2,3,\cdots,I$)	—
$\boldsymbol{J}$	渗流通量面密度	$m^3 \cdot s^{-1} \cdot m^{-2}$
j	y 轴方向网格编号($j=1,2,3,\cdots,J$)	—
$\boldsymbol{K}$	渗流扩散张量	$m^3 \cdot s^{-1} \cdot m^{-2}$
L	拉格朗日函数	$m^3 \cdot s^{-1} \cdot m^{-2}$
$\boldsymbol{M}$	水势系数矩阵	$m^3 \cdot s^{-1} \cdot m^{-4}$/—
$\boldsymbol{N}$	环境补水速率系数矩阵	—
N	环境补水速率	$m^3 \cdot s^{-1} \cdot m^{-2}$
$\boldsymbol{Q}$	各井抽水速率所组成的矢量	$m^3 \cdot s^{-1} \cdot m^{-2}$
Q	井水的抽水速率	$m^3 \cdot s^{-1} \cdot m^{-2}$
S	渗流方程求解域——海水入侵问题水平范围	—
S_1	含水层存在盐水的水平区域	
S_2	含水层仅有淡水的区域	
S_G	离散网格点集	
$\boldsymbol{U}$	转化为线性规划问题的水平基础层海水入侵问题未知矢量	$m^3 \cdot s^{-1} \cdot m^{-2}$
$X_{\max}$	海水入侵问题水平范围的 x 方向上界	—
$\boldsymbol{x}$	关于含水层高度的松弛变量矢量	$m^{0.5}$
x	x 方向水平坐标	m
x_k	关于含水层高度的第 k 个松弛变量	$m^{0.5}$
$Y_{\max}$	海水入侵问题水平范围的 y 方向上界	m
$\boldsymbol{y}$	关于最小井水的抽水速率的松弛变量矢量	$m^{1.5} \cdot s^{-0.5} \cdot m^{-1}$
y	y 方向水平坐标	m
y_k	关于最小井水的抽水速率的第 k 个松弛变量	$m^{1.5} \cdot s^{-0.5} \cdot m^{-1}$
$\boldsymbol{z}$	关于最大井水的抽水速率的松弛变量矢量	$m^{1.5} \cdot s^{-0.5} \cdot m^{-1}$
z_k	关于最大井水的抽水速率的第 k 个松弛变量	$m^{1.5} \cdot s^{-0.5} \cdot m^{-1}$
$\alpha_{i,j,i',j'}$	第 i,j 网格位置离散水势方程水势变量 $\Phi_{i+i',j+j'}$ 的系数	$s^{-1} \cdot m^{-1}$
δ	参数	—
$\boldsymbol{\lambda}$	拉格朗日乘子矢量	$m^3 \cdot s^{-1} \cdot m^{-3}$/—
λ	拉格朗日乘子	$m^3 \cdot s^{-1} \cdot m^{-3}$/—
ρ_f	淡水密度	$kg \cdot m^{-3}$
ρ_s	海水密度	$kg \cdot m^{-3}$
$\boldsymbol{\Phi}$	由离散网格点上的水势组成的矢量	m^2
Φ	水势	m^2

含有较高盐分的海水将淡水向内陆区域推挤，在近海区域淡水被抬高，因而在含水层内存在一个海水与淡水的交界面。此界面与基础层存在交线，据此交线将淡水水平区域划分为两个部分：S_1和S_2。淡水的下底面在S_1和S_2中有所不同，分别为盐水和淡水的交界面以及基础层与含水层的交界面。如图 6.9 所示，不论基础层是否水平，都可以将含水层水平区域划分为两个范围S_1和S_2。

含水层的淡水深度a_f(m) 是研究地下淡水渗流迁移的重要变量。以下分别给出基础层近似水平以及基础层起伏明显两种条件下的a_f。

在基础层为水平的条件下，a_f 在S_1和S_2范围内分别定义。S_1范围内，淡水的底面相对高度为b（m）。利用静压平衡有：$\rho_s g(d-b)=\rho_f g(h-b)$。从而$b=(\rho_s d-\rho_f h)/(\rho_s-\rho_f)$。进而得到含水层淡水深度$a_f$ 如（水平基础层$b_0=0$）式（6.56）所示：

$$a_f=\begin{cases} h-b=\dfrac{1+\delta}{\delta}(h-d), & (x,y)\in S_1 \\ h, & (x,y)\in S_2 \end{cases} \tag{6.56}$$

式中符号$\delta=(\rho_s-\rho_f)/\rho_f$ 为无量纲常数。因此，根据式（6.56）以S_1和S_2的交界处的a_f 值相等，可以给出基础层水平时水平区域S_1和S_2的确切定义是：$S_1=\{(x,y)\mid h\leqslant(1+\delta)d\}, S_2=\{(x,y)\mid h>(1+\delta)d\}$。$h$ 体现了局部淡水的重力势能，其在淡水的渗流传输中起关键作用。

当基础层为曲面地层时，含水层的淡水深度a_f 为式（6.57）：

$$a_f=\begin{cases} h-b=\dfrac{1+\delta}{\delta}(h-d), & (x,y)\in S_1 \\ h-b_0, & (x,y)\in S_2 \end{cases} \tag{6.57}$$

所以，S_1和S_2分别为$S_1=\{(x,y)\mid h\leqslant(1+\delta)d-\delta b_0\}, S_2=\{(x,y)\mid h>(1+\delta)d-\delta b_0\}$。

6.6.2.1　水平基础层的渗流方程

水平基础层条件下，只考虑淡水的渗流。先在x-y 水平平面上考察含水层淡水的传输，建立质量衡算方程。当存在外界水源的渗透以及抽水井的抽取时，在任意水平位置处（x，y）的$[x,x+\Delta x]\times[y,y+\Delta y]$ 局部范围内淡水量的多少，除了因外界渗透的补充和抽水的减少以外，其质量完全由渗流作用贡献。也就是体积$a_f\Delta x\Delta y$ 内水的体积的增减满足方程（6.58）

$$\frac{\partial}{\partial t}h\Delta x\Delta y=[J_{p,x}a_f\Delta y]_{x+\Delta x}^{x}+[J_{p,y}a_f\Delta x]_{y+\Delta y}^{y}+(N-Q)\Delta x\Delta y \tag{6.58}$$

当中$N(\mathrm{m^3\cdot s^{-1}\cdot m^{-2}})$ 为单位面积外界水源的补水速率，$Q(\mathrm{m^3\cdot s^{-1}\cdot m^{-2}})$ 为单位面积井水的抽取速率。$J_{p,x}(\mathrm{m^3\cdot s^{-1}\cdot m^{-2}})$ 和$J_{p,y}(\mathrm{m^3\cdot s^{-1}\cdot m^{-2}})$ 分别是二维水平平面上两个方向上的渗流通量面密度：$\boldsymbol{J}_p=(J_{p,x}, J_{p,y})^{\mathrm{T}}$。$\boldsymbol{J}_p$由式（6.53）给出。令$\Delta x$和$\Delta y$ 趋于 0，得到式（6.59）：

$$\frac{\partial h}{\partial t}=-\frac{\partial a_f J_{p,x}}{\partial x}-\frac{\partial a_f J_{p,y}}{\partial y}-Q+N \text{ 或 } \frac{\partial h}{\partial t}=\nabla\cdot a_f\boldsymbol{K}\nabla h-Q+N \tag{6.59}$$

此是关于h 的偏微分方程，在引入合适的边界和初值条件下，方程（6.56）和方程（6.59）规定了函数$h(t, x, y)$，也给出了地区地下淡水的质量的完整动态信息。

大多数自然条件下，人们并不去计较h 的短暂变化，而且在较长的时间尺度范围内地下淡水的分布也会趋于稳定，因此近似认为地下淡水相对高度将基本不再随时间改变。此时近似认为 $\partial h/\partial t=0$。渗流方程也变为式（6.60）：

$$\nabla \cdot a_f K \nabla h - Q + N = 0 \tag{6.60}$$

此为“稳态近似”。

由于变量 a_f 是关于 h 的分段函数，这给式（6.59）的求解造成困难。为了计算的方便，引入水势函数 Φ，并以连续函数的方式定义，如式（6.61）所示[60,61]：

$$\Phi = \begin{cases} \dfrac{1+\delta}{2\delta}(h-d)^2, & (x,y) \in S_1 \\ \dfrac{1}{2}[h^2-(1+\delta)d^2], & (x,y) \in S_2 \end{cases} \tag{6.61}$$

从而式（6.59）就等同于式（6.62a）：

$$\nabla \cdot \boldsymbol{K} \nabla \Phi - Q + N = 0 \tag{6.62a}$$

或者式（6.62b）：

$$\frac{\partial}{\partial x}K_{11}\frac{\partial \Phi}{\partial x}+\frac{\partial}{\partial x}K_{12}\frac{\partial \Phi}{\partial y}+\frac{\partial}{\partial y}K_{21}\frac{\partial \Phi}{\partial x}+\frac{\partial}{\partial y}K_{22}\frac{\partial \Phi}{\partial y}+N-Q=0 \tag{6.62b}$$

此为水平基础层的淡水渗流方程。K_{ij}（$i=1$，2；$j=1$，2）为矩阵 $\boldsymbol{K}$ 各元素。至此关于 h 的方程（6.60）就被改写为仅关于未知量 Φ 的方程（6.62），并消除了在求解过程中以 h 为未知量对分段函数 a_f 带来的麻烦。

6.6.2.2 起伏基础层的渗流方程

当基础层为曲面地层时，需要综合考虑淡水与海水的渗流行为。

记含水层范围内淡水高度为 a_f，含水层范围内盐水高度为 a_s，含水层总深度为 $a=a_f+a_s$。则在 S_1 范围内：$a=a_f+a_s$。；在 S_2 范围内：$a=a_f$。记淡水的渗流系数矩阵（张量）为 $\boldsymbol{K}_f$，盐水的渗流扩散矩阵（张量）为 $\boldsymbol{K}_s$。这样，含水层内，渗流通量面密度就可以写为式（6.63）：

$$\boldsymbol{J}_p = -\bar{\boldsymbol{K}} \nabla h \tag{6.63}$$

其中有式（6.64）：

$$\bar{\boldsymbol{K}} = \frac{a_f}{a}\boldsymbol{K}_f + \frac{a_s}{a}\boldsymbol{K}_s \tag{6.64}$$

所以，如果忽略盐水和淡水的在渗流传递上的差别，而近似认为 $\boldsymbol{K}_f \approx \boldsymbol{K}_s$，含水层内的渗流系数恒为常数，仍将其记为 $\boldsymbol{K}$，则可以在 $S_1 \cup S_2$ 范围内统一使用以 a 为未知量的均相稳态渗流方程（6.65）：

$$\nabla \cdot a\boldsymbol{K} \nabla (a+b_0) - Q + N = 0 \tag{6.65}$$

6.6.3 海水入侵问题规划模型

6.6.3.1 水平基础层规划模型

确定方程（6.62）的解还需要边界条件。$x=0$ 边界：$\Phi(0,y)=0$；$x=X_{\max}$ 边界：$(\partial\Phi/\partial x)(X_{\max},y)=0$；$y=0$ 边界：$\Phi(x,0)=\Phi_S(x)$；$y=Y_{\max}$ 边界：$\Phi(x,Y_{\max})=\Phi_N(x)$。$\Phi_S(x)$ 和 $\Phi_N(x)$ 为已知函数，由边界处的水头高度确定。

一类海水入侵的数学规划问题可以被简单描述为：在不至于使得水井位置处发生海水入侵，并保证抽水速率总处在允许范围内的情况下，最大化抽取淡水总量的最优化问题。而描述淡水质量分布规律的渗流方程（6.62）及其边界条件则是该规划问题的约束条件。然而如何求解以偏微分方程定解问题为约束条件的规划问题则成为难点。所以需要对规划问题进行二次建模。为了使建立的规划问题方便求解，首先需要将稳态渗流方程（6.62）及其各边界条件离散化。

现利用离散方法求解偏微分方程（6.62）及其边界条件组成的定解问题。定义渗流方程求解域 $S=[0, X_{max}]\times[0, Y_{max}]$ 并将其网格化。将分别处于 $[0, X_{max}]$ 和 $[0, Y_{max}]$ 两个方向的线段范围进行等距划分，分别为 I 份和 J 份，则建立了网格点集：$S_G=\{(i\Delta x, j\Delta y) \mid i=0, 1, 2, \cdots, I; j=0, 1, 2, \cdots, J\}$。当 I 和 J 足够大时，可以以 S_G 上的未知函数的离散解逼近其在 S 上未知函数的连续理论解。对于存在多个抽水井的渗流问题，要求适当选择网格尺度 Δx 和 Δy 以保证所有井口位置皆处于网格节点上。将各节点位置处单位面积井水的抽取速率 $Q(i\Delta x, j\Delta y)$ 的离散解记为 $Q_{i,j}$，并且列出式（6.66）：

$$Q_{i,j}=\begin{cases}Q_k, & (i\Delta x, j\Delta y)\text{为第 } k(k=1,2,\cdots,m)\text{口井位置,}\\ 0, & \text{其他位置}\end{cases} \tag{6.66}$$

进一步利用 x 和 y 方向上的微小步长 $\Delta x=X_{max}/I$ 和 $\Delta y=Y_{max}/J$ 上函数 Φ 的差分导数近似代替其真实导数。表 6.10 给出了方程（6.61）中各导数项的差分公式。其中符号 $\Phi_{i,j}(i=1, 2, 3, \cdots, I-1; j=1, 2, 3, \cdots, J-1)$ 表示 Φ 函数在网格节点 $(i\Delta x, j\Delta y)$ 处的近似取值。

表 6.10　方程（6.62）的各导数项的差分近似公式

导数项	差分近似	精度
$\frac{\partial}{\partial x}K_{11}\frac{\partial \Phi}{\partial x}$	$\frac{(K_{11,i+1,j}+K_{11,i,j})\Phi_{i+1,j}-(K_{11,i+1,j}+2K_{11,i,j}+K_{11,i-1,j})\Phi_{i,j}+(K_{11,i,j}+K_{11,i-1,j})\Phi_{i-1,j}}{2\Delta x^2}$	$o(\Delta^2)$
$\frac{\partial}{\partial x}K_{12}\frac{\partial \Phi}{\partial y}$	$\frac{K_{12,i+1,j}\Phi_{i+1,j+1}-K_{12,i+1,j}\Phi_{i+1,j-1}-K_{12,i-1,j}\Phi_{i-1,j+1}+K_{12,i-1,j}\Phi_{i-1,j-1}}{4\Delta x\Delta y}$	$o(\Delta^2)$
$\frac{\partial}{\partial y}K_{21}\frac{\partial \Phi}{\partial x}$	$\frac{K_{21,i,j+1}\Phi_{i+1,j+1}-K_{21,i,j+1}\Phi_{i-1,j+1}-K_{21,i,j-1}\Phi_{i+1,j-1}+K_{21,i,j-1}\Phi_{i-1,j-1}}{4\Delta x\Delta y}$	$o(\Delta^2)$
$\frac{\partial}{\partial y}K_{22}\frac{\partial \Phi}{\partial y}$	$\frac{(K_{22,i,j+1}+K_{22,i,j})\Phi_{i,j+1}-(K_{22,i,j+1}+2K_{22,i,j}+K_{22,i,j-1})\Phi_{i,j}+(K_{22,i,j}+K_{22,i,j-1})\Phi_{i,j-1}}{2\Delta y^2}$	$o(\Delta^2)$

注：$\Delta=\max\{\Delta x, \Delta y\}$

利用差分，方程（6.62）被转化为离散形式（6.67）：

$$\sum_{-1\leqslant i',j'\leqslant 1}\alpha_{i,j,i',j'}\Phi_{i+i',j+j'}-Q_{i,j}=-N_{i,j} \tag{6.67}$$

从表 6.10 可以看出，式（6.67）中各变量 $\Phi_{i+i',j+j'}$ $(i=1, 2, 3, \cdots, I-1; j=1, 2, 3, \cdots, J-1; i'=-1, 0, 1; j'=-1, 0, 1)$ 的各个系数 $\alpha_{i,j,i',j'}$ 由 Δx 和 Δy 以及各渗流系数给出，为已知量。另一方面关于水势变量在边界上的方程由各边界条件得到式（6.68）～式（6.71）：

$$\Phi_{0,j}=0, \quad (j=1,2,3,\cdots,J-1) \tag{6.68}$$

$$-\Phi_{I-1,j}+\Phi_{I,j}=0, \quad (j=1,2,3,\cdots,J-1) \tag{6.69}$$

$$\Phi_{i,0}=\Phi_S(i\Delta x), \quad (i=0,1,2,\cdots,I) \tag{6.70}$$

$$\Phi_{i,J}=\Phi_N(i\Delta x), \quad (i=0,1,2,\cdots,I) \tag{6.71}$$

至此，方程（6.67）～方程（6.71）共同组成了关于 $n=(I+1)(J+1)$ 维未知矢量：$\boldsymbol{\Phi}=(\Phi_{0,0}, \Phi_{0,1}, \cdots, \Phi_{0,J}, \Phi_{1,0}, \Phi_{1,1}, \cdots, \Phi_{1,J}, \cdots, \Phi_{i,j}, \cdots, \Phi_{I,0}, \cdots, \Phi_{I,J-1}, \Phi_{I,J})^{\mathrm{T}}$ 和 m 维矢量：$\boldsymbol{Q}=(Q_1, Q_2, Q_3, \cdots, Q_m)^{\mathrm{T}}$ 的线性方程组。可以将此简记为矩阵形式（6.72）：

$$\boldsymbol{M\Phi}-\boldsymbol{HQ}=-\boldsymbol{N} \tag{6.72}$$

其中 $\boldsymbol{N}$ 为 $n=(I+1)(J+1)$ 维矢量：$\boldsymbol{N}=(N_{0,0}, N_{0,1}, \cdots, N_{0,J}, N_{1,0}, N_{1,1}, \cdots, N_{1,J}, \cdots, N_{i,j}, \cdots, N_{I,0}, \cdots, N_{I,J-1}, N_{I,J})^{\mathrm{T}}$。$\boldsymbol{M}$ 为 $n\times n$ 阶对角占优稀疏矩阵，由元素 $\alpha_{i,j,i',j'}$ 组成。据各变量 $\Phi_{i,j}$ 在矢量 $\boldsymbol{\Phi}$ 中的排列顺序不难得到矩阵 $\boldsymbol{M}$ 中元素的具体排布方式。$\boldsymbol{H}$ 是 $n\times m$ 阶矩阵。$\boldsymbol{H}$ 矩阵中网格位置 (i, j) 所对应矩阵行（共 n 行），k 所在列（共 m 列）。$\boldsymbol{H}$ 元素为 1，当且仅当位置 $(i\Delta x, j\Delta y)$ 为第 k 口井，否则为 0。

在离散形式下水平基础层的海水入侵规划问题定义为式（6.73）：

$$\begin{aligned} &\max\sum_{k=1}^{m}Q_k \\ \text{s.t.}\quad &\boldsymbol{M\Phi}-\boldsymbol{HQ}=-\boldsymbol{N} \\ &Q_{\min,k}\leqslant Q_k\leqslant Q_{\max,k} \\ &\Phi_{\min,k}\leqslant\Phi_k\quad(k=1,2,\cdots,m) \end{aligned} \tag{6.73}$$

或者有式（6.74）：

$$\begin{aligned} &\max\sum_{k=1}^{m}Q_k \\ \text{s.t.}\quad &\boldsymbol{M\Phi}-\boldsymbol{HQ}=-\boldsymbol{N} \\ &Q_{\min}\leqslant\sum_{k=1}^{m}Q_k\leqslant Q_{\max} \\ &\Phi_{\min,k}\leqslant\Phi_k\quad(k=1,2,\cdots,m) \end{aligned} \tag{6.74}$$

两个规划问题的目标函数为总抽井速率最大化。两个规划问题的约束条件的第一项（地下水分布）符合稳态渗流规则，第二项约束为各个抽井速率的范围约束，第三项约束为抽井位置处的水势足够大而满足无海水入侵条件。规划问题可以分别单独对抽井速率进行约束，如式（6.73），也可以总对抽水速率进行约束，如式（6.74）。对总抽水速率进行总控制的约束方式放宽了此类规划的限制条件。

现需要给出 $\Phi_{\min,k}(k=1, 2, \cdots, m)$ 的具体表达式。区域 S_1 和 S_2 交界处的界面高度为 $(1+\delta)d$。而且在 $S_1\cup S_2$，井口处的水头高度 $h_k(k=1, 2, \cdots, m)$ 不应小于 $(1+\delta)d$。因此 $h_k=(1+\delta)d+c_k$，$(c_k\geqslant0, k=1,2,\cdots,m)$。由 Φ 的定义式（6.61）得到式（6.75）：

$$\Phi_{\min,k}=\frac{1}{2}[\delta(1+\delta)d^2+2(1+\delta)dc_k+c_k^2] \tag{6.75}$$

各井位置处最低水头抬升量 c_k 需要人为给出。

可以看出离散条件下的海水入侵规划问题式（6.73）和式（6.74）是目标函数及约束条件皆为线性方程（组）的线性规划问题，其变量为 $\boldsymbol{U}=(\boldsymbol{\Phi}^{\mathrm{T}}, \boldsymbol{Q}^{\mathrm{T}})^{\mathrm{T}}$，可以使用单纯型法求解。线性规划问题式（6.73）和式（6.74）也有可能出现无解的情况。

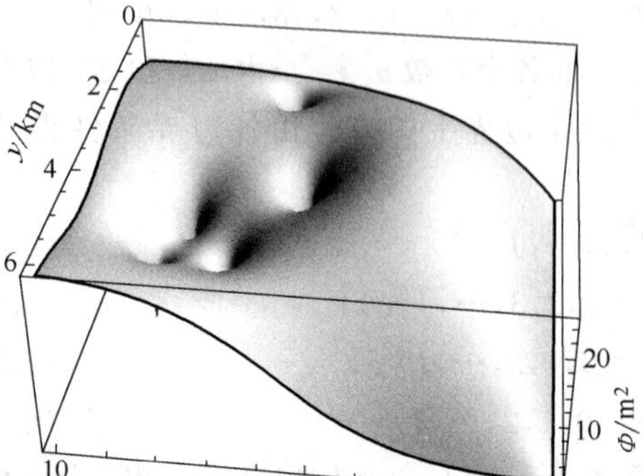

图 6.10 滨海海水入侵问题式（6.73）最优解条件下水势函数

图 6.10 给出了规划问题式（6.73）的某一算例取得最优解时水势函数的分布图像。该算例中共设定有 5 口抽水井，解得各井的最优抽水速率分别为：$Q_1=985.436\mathrm{m}^3\cdot\mathrm{d}^{-1}\cdot$

m^{-2}、$Q_2=953.48m^3\cdot d^{-1}\cdot m^{-2}$、$Q_3=1080m^3\cdot d^{-1}\cdot m^{-2}$、$Q_4=826.925m^3\cdot d^{-1}\cdot m^{-2}$、和 $Q_5=967.643m^3\cdot d^{-1}\cdot m^{-2}$；总抽水速率为 $4813.48m^3\cdot d^{-1}\cdot m^{-2}$。在相同条件下，使用式（6.73）中 $Q_{k,\max}$ 的总和定义在式（6.74）中的 $Q_{\max}$，使用式（6.73）中 $Q_{k,\min}$ 的总和定义在式（6.73）中的 $Q_{\min}$，则规划问题式（6.74）给出的最优解则略显更优：$Q_1=984.164m^3\cdot d^{-1}\cdot m^{-2}$、$Q_2=952.564m^3\cdot d^{-1}\cdot m^{-2}$、$Q_3=1109.09m^3\cdot d^{-1}\cdot m^{-2}$、$Q_4=826.492m^3\cdot d^{-1}\cdot m^{-2}$、和 $Q_5=967.293m^3\cdot d^{-1}\cdot m^{-2}$；总抽水速率为 $4839.6m^3\cdot d^{-1}\cdot m^{-2}$。

6.6.3.2 起伏基础层规划模型

对于起伏基础层的此类规划问题，需要使用渗流方程（6.65）。在对方程（6.65）补充边值条件后，将其差分离散化。与之前不同的是，方程（6.65）的差分离散方程组并不是线性形式。辅以离散边界条件的离散形式渗流方程（6.65）为关于变量 $\boldsymbol{a}=(a_{0,0}, a_{0,1}, \cdots, a_{0,J}, a_{1,0}, a_{1,1}, \cdots, a_{1,J}, \cdots, a_{i,j}, \cdots, a_{I,0}, \cdots, a_{I,J-1}, a_{I,J})^{\mathrm{T}}$ 的（多元）二次方程组。因此起伏基础层的此类规划问题最终会被转化为较为复杂的非线性规划形式。以下简述其规划模型的建立过程。

首先确定渗流方程（6.65）的边值条件。$x=0$ 边界：$a(0,y)=d-b_0(0,y)$；$x=X_{\max}$ 边界：$(\partial a/\partial x)(X_{\max},y)=0$；$y=0$ 边界：$a(x,0)=h_S(x)-b_0(x,0)$；$y=Y_{\max}$ 边界：$a(x,Y_{\max})=h_N(x)-b_0(x,Y_{\max})$。$h_S(x)$ 和 $h_N(x)$ 为边界处的水头高度。立即给出边界处的离散方程。对 $j=1, 2, 3, \cdots, J-1$ 有：$a_{0,j}=d-b_{0,0,j}$，$-a_{I-1,j}+a_{I,j}=0$；对 $i=0, 1, 2, \cdots, I$ 有：$a_{i,0}=h_{S,i}-b_{0,i,0}$，$a_{i,J}=h_{N,i}-b_{0,i,J}$。

再对式（6.65）离散化，其中各导数项的差分计算方式如式（6.76）～式（6.79）所示：

$$\left[\frac{\partial}{\partial x}aK_{11}\frac{\partial}{\partial x}(a+b_0)\right]_{i,j}=\frac{a_{i+1,j}K_{11,i+1,j}\left[(a+b_0)_{i+1,j}-(a+b_0)_{i,j}\right]-a_{i,j}K_{11,i,j}\left[(a+b_0)_{i,j}-(a+b_0)_{i-1,j}\right]}{2\Delta x^2}+\frac{a_{i,j}K_{11,i,j}\left[(a+b_0)_{i+1,j}-(a+b_0)_{i,j}\right]-a_{i-1,j}K_{11,i-1,j}\left[(a+b_0)_{i,j}-(a+b_0)_{i-1,j}\right]}{2\Delta x^2} \tag{6.76}$$

$$\left[\frac{\partial}{\partial x}aK_{12}\frac{\partial}{\partial y}(a+b_0)\right]_{i,j}=\frac{a_{i+1,j}K_{12,i+1,j}\left[(a+b_0)_{i+1,j+1}-(a+b_0)_{i+1,j-1}\right]-a_{i-1,j}K_{12,i-1,j}\left[(a+b_0)_{i-1,j+1}-(a+b_0)_{i-1,j-1}\right]}{4\Delta x\Delta y} \tag{6.77}$$

$$\left[\frac{\partial}{\partial y}aK_{21}\frac{\partial}{\partial x}(a+b_0)\right]_{i,j}=\frac{a_{i,j+1}K_{21,i,j+1}\left[(a+b_0)_{i+1,j+1}-(a+b_0)_{i-1,j+1}\right]-a_{i,j-1}K_{21,i,j-1}\left[(a+b_0)_{i+1,j-1}-(a+b_0)_{i-1,j-1}\right]}{4\Delta x\Delta y} \tag{6.78}$$

$$\left[\frac{\partial}{\partial y}aK_{22}\frac{\partial}{\partial y}(a+b_0)\right]_{i,j}=\frac{a_{i,j+1}K_{22,i,j+1}\left[(a+b_0)_{i,j+1}-(a+b_0)_{i,j}\right]-a_{i,j}K_{22,i,j}\left[(a+b_0)_{i,j}-(a+b_0)_{i,j-1}\right]}{2\Delta y^2}$$

$$+\frac{a_{i,j}K_{22,i,j}\left[(a+b_0)_{i,j+1}-(a+b_0)_{i,j}\right]-a_{i,j-1}K_{22,i,j-1}\left[(a+b_0)_{i,j}-(a+b_0)_{i,j-1}\right]}{2\Delta y^2} \tag{6.79}$$

简记网格位置（i，j）（$i=0$，1，2，…，I；$j=0$，1，2，…，J）处的离散方程为 $f_{i,j}$（$\boldsymbol{a}$，$\boldsymbol{Q}$）$=0$。至此，能够给出起伏基础层的规划模型为如式（6.80）的形式：

$$\begin{aligned} &\max\sum_{k=1}^{m}Q_k \\ \text{s.t.}\quad & f_{i,j}(\boldsymbol{a},\boldsymbol{Q})=0 \quad (i=0,1,2,\cdots,I;j=0,1,2,\cdots,J) \\ & Q_{\min,k}\leqslant Q_k\leqslant Q_{\max,k} \\ & a_{\min,k}\leqslant a_k \quad (k=1,2,\cdots,m) \end{aligned} \tag{6.80}$$

或者有式（6.81）形式：

$$\begin{aligned} &\max\sum_{k=1}^{m}Q_k \\ \text{s.t.}\quad & f_{i,j}(\boldsymbol{a},\boldsymbol{Q})=0 \quad (i=0,1,2,\cdots,I;j=0,1,2,\cdots,J) \\ & Q_{\min}\leqslant \sum_{k=1}^{m}Q_k\leqslant Q_{\max} \\ & a_{\min,k}\leqslant a_k \quad (k=1,2,\cdots,m) \end{aligned} \tag{6.81}$$

当中 $a_{\min,k}=h_c+c_k-b_0=(1+\delta)(d-b_0)+c_k$。由于存在非线性约束，此规划式（6.80）和式（6.81）应利用松弛变量将其变成等式约束，之后构造拉格朗日函数，可以使用最速下降法或共轭梯度法求解，也可以使用 Newton 迭代直接求解拉格朗日极值问题的驻点方程。式（6.80）和式（6.81）所对应的拉格朗日极值问题分别为以下式（6.82）和式（6.83）：

$$\begin{aligned} &\max L(\boldsymbol{a},\boldsymbol{Q},\boldsymbol{x},\boldsymbol{y},\boldsymbol{z},\boldsymbol{\lambda}_1,\boldsymbol{\lambda}_2,\boldsymbol{\lambda}_3,\boldsymbol{\lambda}_4)=\sum_k Q_k+\sum_{i,j}\lambda_{1,i,j}f_{i,j} \\ &+\sum_k\left[\lambda_{2,k}(a_k-x_k^2-a_{\min,k})+\lambda_{3,k}(Q_k-y_k^2-Q_{\min,k})+\lambda_{4,k}(Q_k+z_k^2-Q_{\max,k})\right] \end{aligned} \tag{6.82}$$

$$\begin{aligned} &\max L(\boldsymbol{a},\boldsymbol{Q},\boldsymbol{x},\boldsymbol{y},\boldsymbol{z},\lambda_1,\lambda_2,\lambda_3,\lambda_4)=\sum_k Q_k+\sum_{i,j}\lambda_{1,i,j}f_{i,j}+\sum_k\lambda_{2,k}(a_k-x_k^2-a_{\min,k}) \\ &+\lambda_3\left(\sum_k Q_k-y^2-Q_{\min}\right)+\lambda_4\left(\sum_k Q_k+z^2-Q_{\max}\right) \end{aligned} \tag{6.83}$$

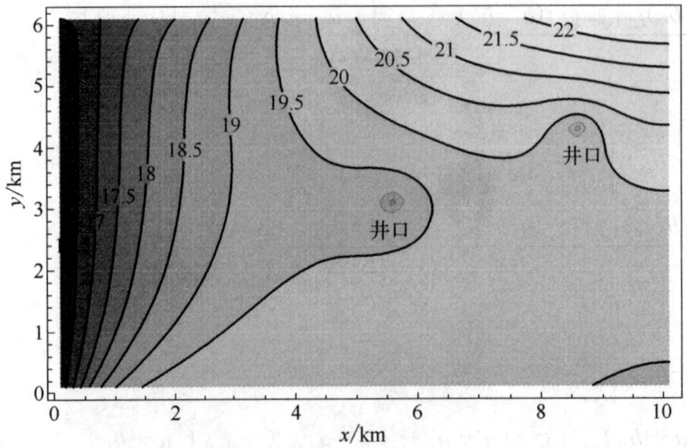

图 6.11　起伏基础层滨海海水入侵问题式（6.80）最优含水层厚度分布

其中 x_k、y_k、z_k（$k=1$，2，…，m）以及 y 和 z 为松弛变量，不同下标的 λ 为拉格朗日乘子。

图 6.11 是规划问题如式（6.80）的一个算例。图中显示了在一定条件下取得最优解时含水层厚度 a 的稳态空间分布，此时海水深度 $d=15$m。图中等高线上标注的数值为 a 值，单位是 m。算例中共设定了 5 口抽水井。计算得到的最优解显示，有两口井抽取速率分别为：4717.44$m^3 \cdot d^{-1} \cdot m^{-2}$和 7244.64$m^3 \cdot d^{-1} \cdot m^{-2}$，其余 3 口井抽取速率为 0。这两口井分别对应图中从左至右两个含水层厚度的极小位置。

习　题

1. 某城市有多个排放废气的企业，存在多种排放物种。现以排放标准的限制为约束并同时维护各企业的利益目标分析之。要求以各排放物种的排放量（浓度）为变量，所有企业利润总量为目标函数，地方规定的排放标准为约束条件。认为各企业每排放单位某物质的收益（边际收益）为常数。试使用线性规划的方式建立最优化模型框架。

2. 本章 6.3 部分“山地风电场风机选址问题”中存在在约束条件中有函数局部不可导的情况，即安装架设风机的成本 C_m 的定义式（6.34）。这是分段函数，在断点处会存在不可导情况。之前使用有限差分导数代替理论导数求解，但这种方法并不严密。请思考：如根据架设风机成本 C_m 的定义式（6.34）中各 $\boldsymbol{P}_i$（$i=1$，2，…，n）的取值范围的分段（或分区域）情况，将原问题分解成 $l \cdot n$ 个子规划，其中每个规划对应各个 $\boldsymbol{P}_i$（$i=1$，2，…，n）的一种取值范围，这样，这个子规划问题则不存在不可导的情况，而可以用局部搜索算法求解，求解所有各 $l \cdot n$ 个规划之后，比较所有子规划中目标函数最优者，并以其解作为原规划问题的解，这样做是否可行？

参考文献

[1] 左玉辉，华新，柏益尧，孙平等. 环境学原理 [M]. 北京：科学出版社，2010.

[2] 臧荣春，夏凤毅. 微生物动力学模型 [M]. 北京：化学工业出版社，2004.

[3] 宁平，孙嵩. 复杂地形条件下重气扩散数值模拟 [M]. 北京：冶金工业出版社，2013.

[4] 杨志民，刘广利. 不确定性支撑向量机算法及应用 [M]. 北京：科学出版社，2012；杨晓伟，郝志峰. 支持向量机的算法设计与分析 [M]. 北京：科学出版社，2013.

[5] Johanna Mieleiner, Peter Reichert. Modeling functional groups of phytoplankton in three lakes of different tropic state. Ecological Modelling, 2008, 211 (3).

[6] Martin Omlin, Peter Reichert, Richard Forster. Biogeochemical model of Lake Zurich: Model equations and results. Ecological Modelling, 2001, 141 (1-3).

[7] Steel J. Note on some theoretical problems in production ecology. Primary Production in Aquatic Environments. Berkley, California: University of California Press, 1965.

[8] Lalli C M Parsons T R. Biological Oceanography: An Introduction. 2nd Oxford: Butterworth-Heinemann, 1997.

[9] 张明亮. 河流水动力学及水质模型研究 [D]. 大连：大连理工大学，2007.

[10] 陈长胜. 海洋生态系统动力学与模型 [M]. 北京：高等教育出版社，2004.

[11] 程声通. 环境系统分析教程 [M]. 第 2 版. 北京：化学工业出版社，2012.

[12] 刘玉生，唐宗武，韩梅，邹兰，郑炳辉. 滇池富营养化生态动力学模型及其应用 [J]. 环境科学研究，1991，4 (6).

[13] Ricardo Ruiz-Baier, Héctor Torres. Numerical solution of a multidimensional sedimentation problem using finite volume-element methods. Applied Numerical Mathematics. 2015, 95 (C).

[14] Bird R B, Steuart W E, Lightfoot E N. Transport Phenomena. Second Edition. John Wiley & Sons. Inc, 2002.

[15] 魏文礼，王德意. 计算水力学理论及应用 [M]. 西安：陕西科学技术出版社，2001.

[16] Shiyan Zhang, Jennifer G Duan. 1D finite volume model of unsteady flow over mobile bed. Journal of Hydrology, 2011, 405 (1-2).

[17] 杨国录. 河流数学模型 [M]. 北京：海洋出版社，1993.

[18] 曹祖德，王运洪. 水动力泥沙数值模拟 [M]. 天津：天津大学出版社，1994.

[19] 程浩亮. 高原湖泊湿地生态水动力学模拟研究 [D]. 昆明：昆明理工大学，2012.

[20] 盛裴轩，毛节泰，李建国，张霭琛，桑建国，潘乃先. 大气物理学 [M]. 北京：北京大学出版社，2006.

[21] Tauseef S M, Rashtchian D, Abbasi S A. CFD-based simulation of dense gas dispersion in presence of obstacles [J]. Journal of Loss Prevention in the Process Industries, 2011, 24 (4).

[22] Hankin R K S, Britter R E. TWODEE: the Health and Safety Laboratory's shallow layer model for heavy gas dispersion Part 1. Mathematical basis and physical assumptions [J]. Journal of Hazardous Materials, 1999, 66.

[23] Hankin R K S, Britter R E. TWODEE: the Health and Safety Laboratory's shallow layer model for heavy gas dispersion Part 2: Outline and validation of the computational scheme [J]. Journal of Hazardous Materials, 1999, 66.

[24] Hankin R K S, Britter R E. TWODEE: the Health and Safety Laboratory's shallow layer model for heavy gas dispersion Part 3: Experimental validation (Thorney Island) [J]. Journal of Hazardous Materials, 1999, 66.

[25] Amita T. Computational Fluid Dynamics and Mesoscale Modelling Techniques for solving Complex Air Pollution Problems [M]. The 2004 Workshop of Merging Mesoscale of CFD, AMS Committee of Meteorological Aspect of Air Pollution, UK, 2004.

[26] Morton, K W Mayers D, F. Numerical Solution of Partial Differential Equations [M]. Second edition. Cambridge: Cambridge University Press, 2005.

[27] 李德元，陈光南. 抛物型方程差分方法引论 [M]. 北京：科学出版社，1995.

[28] 周爱月主编. 化工数学 [M]. 第 2 版. 北京：化学工业出版社，2005.

[29] 陆金甫，关治. 偏微分方程数值解法 [M]. 第 2 版. 北京：清华大学出版社，2004.

[30] Mitchell A R, Griffiths D F. The Finite Difference Method in Partial Differential Equations [M]. New York: John Wiley & Sons, 1980.

[31] 李治平. 偏微分方程数值解讲义 [M]. 北京：北京大学出版社. 2010.
[32] 李庆扬，王能超，易大义. 数值分析 [M]. 第5版. 北京：清华大学出版社，2008.
[33] 孙志忠，袁尉平，闻震初. 数值分析 [M]. 第2版. 南京：东南大学出版社，2002.
[34] 吉米多维奇. 数学分析习题集题解 [M]. 第3版. 济南：山东科学技术出版社，2005.
[35]《现代应用数学手册》编委会. 现代应用数学手册 [M]. 北京：清华大学出版社，2007.
[36] 李董辉，童小娇，万中. 数值最优化 [M]. 北京：科学出版社，2005.
[37]《运筹学》教材编写组. 运筹学 [M]. 第3版. 北京：清华大学出版社，2005.
[38] 高力. 数值最优化方法 [M]. 北京：北京大学出版社，2014.
[39] Horst R，Pardalos P M，Thoai N V 著. 全局最优化引论 [M]. 黄红选译. 北京：清华大学出版社. 2003.
[40] 申培萍. 全局优化方法 [M]. 北京：科学出版社. 2006.
[41] 华东师范大学数学系. 数学分析（下册）[M]. 第3版. 北京：高等教育出版社，2001.
[42] 刁在筠，郑汉鼎，刘家状，刘桂真. 运筹学 [M]. 第2版. 北京：高等教育出版社，2001.
[43] 赵海波，郑楚光，徐明厚. 离散系统通用动力学方程求解算法的研究进展 [J]. 力学进展，2006，36 (1).
[44] 李倩，程景才，杨超，毛在砂. 群体平衡方程在搅拌反应器模拟中的应用. 化工学报，2014，65 (5).
[45] Menwer Attarakih，Hans-Jörg Bart. Solution of the Population Balance Equation using the Differential Maximum Entropy Method (DMaxEntM)：An application to liquid extraction columns [J]. Chemical Engineering Science，2014，108 (108).
[46] Gonzalez-Tello P，Camacho F，Vicaria J M，Gonzalez P A. A modified Nukiyama-Tanasawa distribution function and a Rosin-Rammler model for the particle-size-distribution analysis [J]. Powder Technology，2008，186 (3).
[47] Hung D V，Tong S，Nakano Y，Tanaka F，Hamanaka D，UchinoT. Measurements of particle size distributions produced by humidifiers operation in high humidity storage environments [J]. Biosystems Engineering. 2010，107 (1).
[48] 谢小芳，孙在，杨文俊. 杭州市春季大气超细颗粒物粒径谱分布特征 [J]. 环境科学，2014，35 (2).
[49] 孙在，谢小芳，杨文俊，陈秋方，蔡志良. 煤燃烧超细颗粒物的粒径分布及数浓度排放特征试验 [J]. 环境科学学报. 2014，34 (12).
[50] Zhang L Z，Xu D L A new maximum entropy probability function for the surface elevation of nonlinear sea waves [J]. China Ocean Eng，2005，19 (4).
[51] Sheng Dong，Nannan Wang，Wei Liu，C Guedes Soares. Bivariate maximum entropy distribution of significant wave height and peak period. Ocean Engineering，2013，59 (1).
[52] 陶山山. 多维最大熵模型及其在海岸和海洋工程中的应用研究 [D]. 青岛：中国海洋大学. 2013.
[53] 宋永端，李鹏，刘卫，张凯. 风力发电系统与控制技术 [M]. 北京：电子工业出版社. 2012.
[54] http：//en. wikipedia. org/wiki/Blade element momentum theory.
[55] Majid Bastankhah，Fernando Porté-Agel. A new analytical model for wind-turbine wakes [J]. Renewable Energy，2014，70 (5).
[56] Mohan M，Siddiqui T A. Analysis of various Schemes for the estimation of Atmospheric Stability Classification [J]. Atmospheric Environmental，1998，32 (21).
[57] http：//en. wikipedia. org/wiki/Wind profile power law.
[58] 孙嵩，宁平，史建武，张朝能，钟耀谦，孙宝磊. 基于改进时间序列统计模型的空气质量预报 [J]. 昆明理工大学学报，2017，42 (1).
[59] 袁益让，芮洪兴，梁栋. 环境科学数值模拟的理论和实际应用 [M]. 北京：科学出版社，2014.
[60] Aristotelis Mantoglou，Maria Papantoniou，Panagiotis Giannoulopoulos. Management of coastal aquifers based on nonlinear optimization and evolutionary algorithms [J]. Journal of Hydrology，2004，297 (1).
[61] Strack O D L. A single-potential solution for regional interface problems in coastal aquifers. Water Resources Research，1976，12 (6).